新工科建设·电子信息类系列教材

嵌入式系统实践及工程应用

——从基础到人工智能

李　磊　主编

高　学　靳贵平　余翔宇　副主编

电子工业出版社
Publishing House of Electronics Industry
北京·BEIJING

内 容 简 介

本书以广州风标教育技术股份有限公司的嵌入式实验系统为平台，系统讲解嵌入式系统与 AI 应用开发。本书共 6 章，涵盖单片机、边缘计算与 AI 基础，实验硬件系统，Linux 与 Qt 开发，Android 应用及 JNI 调用，STM32 核心板上 TinyML 部署，以及 Jetson Nano 核心板上图像识别与深度学习实战等内容。通过循序渐进的实验案例，帮助读者掌握嵌入式与 AI 应用开发的核心技能，提升实践能力。

本书可作为高等院校电气与电子信息类、自动化类等专业嵌入式系统课程的教材，也可供从事嵌入式系统开发的工程技术人员参考。

图书在版编目（CIP）数据

嵌入式系统实践及工程应用 ： 从基础到人工智能 ／
李磊主编. -- 北京 ： 电子工业出版社，2025. 8.
ISBN 978-7-121-50874-5

Ⅰ. TP332.021

中国国家版本馆 CIP 数据核字第 2025H4T050 号

责任编辑： 凌　毅
印　　刷： 三河市君旺印务有限公司
装　　订： 三河市君旺印务有限公司
出版发行： 电子工业出版社
　　　　　北京市海淀区万寿路 173 信箱　邮编： 100036
开　　本： 787×1 092　1/16　印张： 17.5　字数： 470 千字
版　　次： 2025 年 8 月第 1 版
印　　次： 2025 年 8 月第 1 次印刷
定　　价： 59.80 元

前　　言

随着科技的飞速发展，嵌入式系统与人工智能（Artificial Intelligence，AI）的结合已成为推动现代技术革新的关键力量。本书旨在为读者提供一个全面的学习路径，从基础的电子系统知识到前沿的嵌入式 AI 应用，涵盖嵌入式系统与 AI 的发展历程、相互关系以及在实际应用中的融合。本书以实验案例为核心，采用由浅入深的方法，介绍一系列从基础到高级的实验案例，以满足不同层次读者的需求，从而使读者不仅掌握嵌入式系统和 AI 的基础知识，而且能够理解并实践边缘计算的集成开发。

本书共 6 章。

第 1 章绪论，概述单片机、嵌入式系统、边缘计算以及嵌入式系统与 AI 的发展过程和相互关系，为读者提供本书知识内容的背景和发展脉络。

第 2 章实验硬件系统，详细介绍本书实验案例所使用的硬件系统，旨在为读者提供一个统一的实验环境，以便快速上手并开展相关的学习和实验。

第 3 章嵌入式 Linux 系统开发，深入讲解嵌入式 Linux 系统开发的相关知识，重点介绍 Linux 驱动开发的核心概念及 Qt 应用开发框架，帮助读者构建和调试嵌入式系统应用。

第 4 章 Android 系统开发，聚焦于 Android 的两个关键领域——应用开发和 C/C++框架调用，通过介绍 Android 应用的开发流程和 JNI（Java Native Interface）框架的使用，帮助读者了解 Android 应用与驱动的调用。

第 5 章基于 STM32 核心板的 TinyML 开发，介绍在资源有限的嵌入式平台上实现 AI 的方法，具体聚焦于 STM32 核心板的 TinyML 开发。读者将学习如何在微控制器上部署和运行机器学习模型，并应用于边缘计算场景。

第 6 章具备 AI 算力的嵌入式系统开发，介绍在具备较强算力的嵌入式平台（如 Jetson Nano）上开发深度学习应用，重点讲解图像处理与深度学习算法的开发与部署。

本书适合希望学习嵌入式系统和 AI 技术，特别是边缘计算部署 AI 技术的读者。我们假设读者：

- 具备基本的 C、Java 或 Python 语言基础；
- 对深度学习有一定的认识和了解；
- 对 Linux、Android、Keil 等有一定的了解；
- 了解图像处理相关的基础知识。

本书由李磊担任主编，高学、靳贵平、余翔宇担任副主编，另外，邓洪波、崔寅鸣、秦慧平、甘伟明、汪伟捷参与编写了本书的部分内容。本书在编写过程中，得到了广州风标教育技术股份有限公司的鼎力协助，在此表示衷心的感谢。由于本书内容涉及众多计算机专业知识，书中部分内容和图片参考自互联网，在此向这些作者表示诚挚的感谢。

本书内容涉及广泛，但受篇幅限制，加之作者水平有限，难免有疏漏和不足之处，恳请读者批评和指正。

目　　录

第1章 绪 论

1.1 嵌入式系统的发展

1.1.1 数字电路系统的演进

随着电子技术的发展，人们已经能将输入信号抽象为二进制的"0"和"1"（分别代表逻辑上的"是"与"否"），并通过基本的逻辑运算（如"与""或""非"等）来处理数据。通过卡诺图化简或逻辑函数表达式约简，设计人员能够将复杂的电路表达转换为数字集成电路单元。在硬件实现方面，传统的数字集成电路单元，如 TTL 结构的 7400 系列和 CMOS 结构的 CD4000 系列（见图 1-1），为设计人员提供了构建数字电路系统的基础。

图 1-1　数字集成电路单元

在数字电路系统的具体实现中，由于单个数字集成电路单元的逻辑处理能力有限，需要多个单元级联以实现复杂功能。随着功能的增加，集成电路单元的数量和连接的复杂性也随之增加，导致数字电路系统的面积和功耗不断上升。图 1-2 展示了一个典型的数字电路系统。

图 1-2　典型的数字电路系统

面对复杂的数字电路系统设计，设计人员开始采用硬件描述语言（Hardware Description Language，HDL）来降低设计难度。设计人员将传统的硬件电路设计转换为计算机语言，通过设计软件的编译和综合，最终将 HDL 设计的系统下载到专用的数字系统芯片（如 CPLD 或 FPGA）中，实现数字电路硬件系统，如图 1-3 所示。

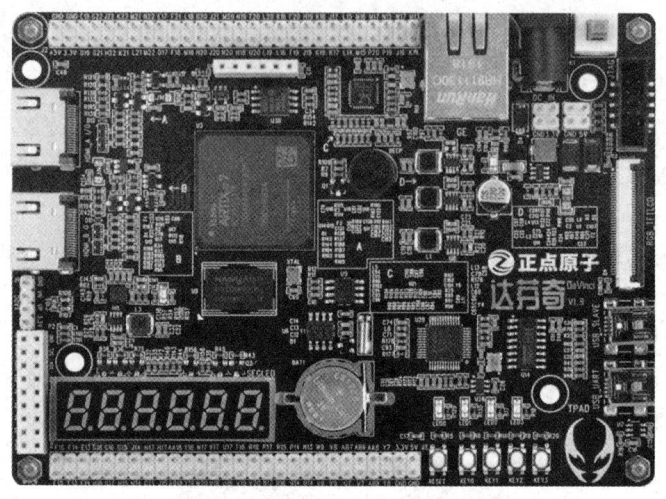

图 1-3　CPLD 和 FPGA 构成的数字电路硬件系统

1.1.2　单片机的兴起及发展

20 世纪 80 年代，单片机的出现推动了汽车、航空、家电和通信装置等行业的发展。最早的单片机包括 Intel 公司的 8008、Motorola 公司的 68HC05 以及 Zilog 公司的 Z80 系列处理器等，但这些处理器的资源非常有限。图 1-4 展示了早期 Intel 8008 处理器的外形。

图 1-4　早期 Intel 8008 处理器的外形

20 世纪 80 年代，Intel 公司在 8048 单片机的基础上推出了 8051 单片机，这一架构至今仍被广泛使用，被称为 51 核单片机。Atmel 公司生产的 AT89S51 是 8051 单片机中最为常用的一种，在其开发流程中通常使用 Keil C 等开发环境编写程序。在 AT89S51 的外围接上少量电子器件，如键盘、液晶屏和电源等，可作为数字电路系统的核心控制模块。同时期，AVR 系列单片机以其单周期指令和 RISC（精简指令集）占据了一定的市场份额。2000 年左右，集成电路厂商推出了 16 位单片机，如 TI 公司的低功耗 16 位 MSP430 单片机，成为便携式仪器设计的核心器件。图 1-5 展示了 16 位单片机开发系统。

图 1-5　16 位单片机开发系统

1.1.3　操作系统在嵌入式系统中的应用

随着技术和需求的发展，单任务处理已无法满足复杂环境下的系统处理需求，人们开始尝试将计算机操作系统移植到单片机上，实现多任务的切换和调度运行。但由于资源限制，一些传统的操作系统如 Linux 和 Windows 无法移植到单片机上。因此，一些微型内核操作系统如 μCOS 开始在嵌入式领域出现。同时，集成电路厂商也在原有单片机上推出了资源增强的单片机，如 AT89S53，以支持微型内核操作系统的运行。

2004 年，ARM7 架构的单片机已经能够运行"特殊"的 Linux 操作系统，如不支持 MMU 的 μCLinux 成为 ARM7 电路系统的首选操作系统；随后推出的 ARM9 单片机，则可以直接运行完整版本的 Linux 操作系统。同时期，随着消费电子市场的发展，对多媒体处理的需求不断增长，一些特殊的 32 位嵌入式单片机应运而生，通过集成视频编解码电路单元提供多媒体数据处理，如图 1-6 所示。

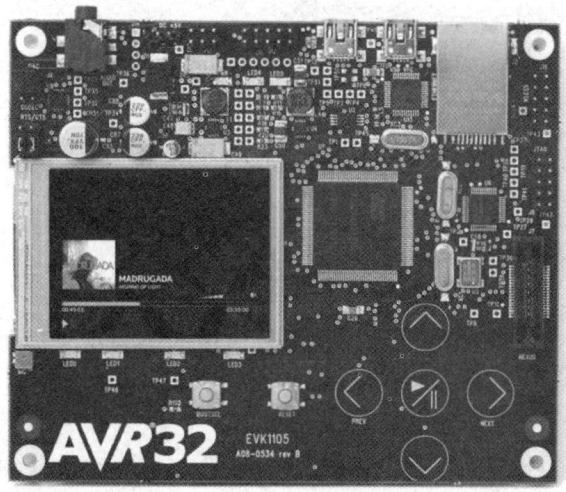

图 1-6　AVR 32 位单片机开发板

1.1.4　嵌入式终端的普及

随着 ARM 架构的不断更新和发展，嵌入式终端的处理性能得到了显著提升。ARM 架构因其低功耗、高性能的特点，在嵌入式系统中的应用越来越广泛。从智能手机到智能家居设备，ARM 嵌入式处理器已经成为这些领域的主流选择。当今 ARM 嵌入式处理器的发展趋势为标准化、便携化和平台化。其中嵌入式操作系统的发展是推动嵌入式系统技术革新的主要动力，尤其是 Android 操作系统自 2005 年由 Google 支持并收购以来，已发展成为全球最受欢迎的智能手机操作系统之一。Android 操作系统基于 Linux 内核，以其开源、灵活和高度可定制性的特点迅速占领市场。随着物联网（Internet of Things，IoT）的兴起，Android 操作系统在嵌入式领域的应用也日益广泛，从智能手机、平板电脑扩展到智能家居、车载系统、智能穿戴等多个领域。Android 操作系统界面如图 1-7 所示。

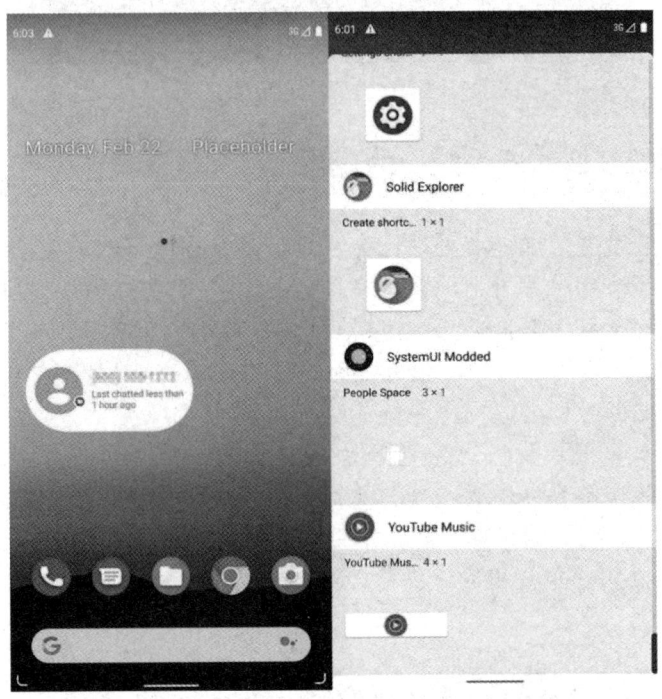

图 1-7　Android 操作系统界面

1.2　人工智能与嵌入式系统的发展

1.2.1　嵌入式系统与人工智能的融合趋势

目前，人工智能（Artificial Intelligence，AI）技术的迅猛发展正在深刻地改变着我们的生活和工作方式。随着计算能力的大幅提升和成本的逐步降低，AI 技术开始从云端走向边缘，并与嵌入式系统紧密结合，形成嵌入式 AI 这一新兴趋势。嵌入式 AI 是指将 AI 算法和模型直接集成到嵌入式系统中，使得设备能够在本地进行数据处理和智能决策，而无须依赖云端服务器。这种融合不仅显著提高了响应速度，还增强了数据的安全性和隐私保护。在此背景下，以 Ubuntu 为代表的跨平台操作系统，使得过去只能在计算机端运行的 AI 软件框架（如 TensorFlow、PyTorch 等）能够在嵌入式终端上无差别地运行，从而推动了 AI 在嵌入式系统应用中的广泛普及。更为重要的是，以往软件移植到嵌入式平台时，通常需要通过 C/C++进行跨平台的交叉编译。然而，Python 语言的普及，使得同一套 AI 软件代码能够无缝地移植到不同的嵌入式终端。

另外，ARM 等处理器性能的不断发展，进一步促进了嵌入式系统的进化，并为 AI 的跨平台部署提供了必要的硬件基础和支持，如图 1-8 所示。

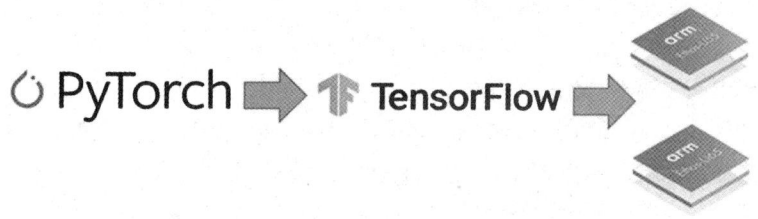

图 1-8　AI 软件框架与 ARM 结合

1.2.2　边缘计算的兴起

随着嵌入式 AI 的发展，边缘计算也成为这一技术的重要组成部分。边缘计算将数据处理从传统的云端转移至数据产生的源头附近，即在"边缘计算设备"上完成处理。这种计算架构能够显著降低数据传输的延迟和带宽需求，尤其对于实时性要求极高的应用场景，如自动驾驶、工业自动化、智能制造和智能医疗等，边缘计算展现了巨大的应用潜力。

与传统的云计算架构相比，边缘计算在以下几个方面具有显著优势。

① 低延迟：由于数据处理发生在离数据源最近的边缘计算设备上，避免了远程数据传输的延迟，尤其在需要实时响应的应用场景中，边缘计算显得尤为重要。例如，在自动驾驶中，车载计算单元需要实时处理来自传感器的数据并快速做出决策。

② 节省带宽：通过局部化处理数据，边缘计算减少了上传至云端的数据量，从而有效降低了带宽消耗和网络压力。这不仅节省了网络资源，还减轻了数据中心的负担。

③ 数据隐私与安全：边缘计算可以在本地处理数据，避免了敏感数据的远程传输，降低了数据泄露的风险。在医疗、金融等高度关注数据隐私的领域，边缘计算为数据安全提供了有力保障。

④ 高效能计算：随着嵌入式硬件技术的不断进步，越来越多的边缘计算设备具备强大的计算能力，能够处理复杂的 AI 算法和数据分析任务。高性能的嵌入式计算平台，如基于 GPU、FPGA 的边缘计算设备，已经能够支持深度学习模型的训练与推理任务，推动了 AI 应用的落地。

传统云 AI 服务与云边协同 AI 服务对比如图 1-9 所示。

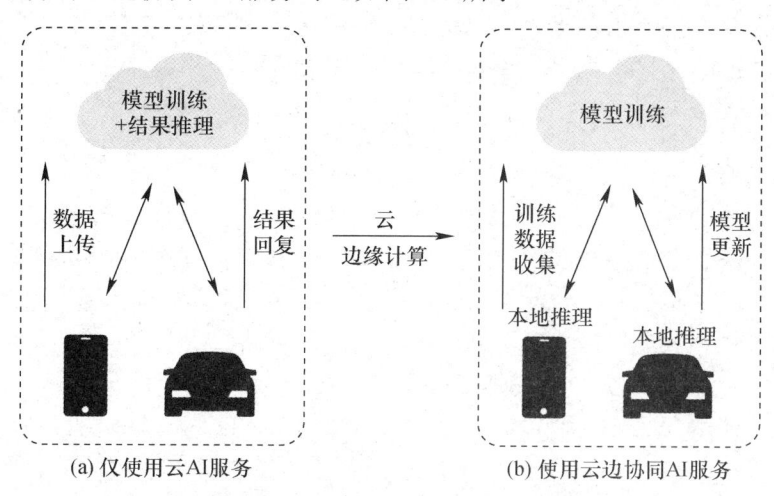

图 1-9　传统云 AI 服务与云边协同 AI 服务对比

1.2.3　嵌入式系统与边缘计算的结合

嵌入式系统的快速发展为边缘计算提供了强大的硬件基础。传统的嵌入式系统通常基于简单处理器，主要处理一些基本任务。然而，随着物联网（IoT）、5G 通信及 AI 技术的发展，嵌入式系统能够处理更为复杂的数据和任务，性能得到了极大提升。例如，一些高性能的嵌入式 AI 芯片，如 NVIDIA Jetson 系列、Intel Movidius、Google Coral 等，已具备执行 AI 推理深度学习模型的能力，从而使边缘计算能够更加高效地执行复杂的机器学习任务。

在自动驾驶领域，车辆上的各种传感器（如摄像头、雷达等）不断采集实时数据，并通过边缘计算设备进行本地处理。这些边缘计算设备需要具备极高的 AI 算力，能够实时分析周围环境，识别路况、行人、其他车辆等信息，并做出驾驶决策。例如，目前的智能驾驶系统通过边缘计算技术，在车辆上搭载强大的计算平台，实时处理各类传感器的数据，以确保车辆能够快速应对复杂的交通环境。

在工业自动化领域，边缘计算同样发挥着重要作用。通过将数据处理与机器控制紧密结合，工业机器人、智能传感器、生产线设备等可以在极短的时间内做出决策，优化生产流程并提升工作效率。例如，工业生产中的传感器可以实时收集温度、压力等数据，通过边缘计算设备进行即时分析，从而判断设备的运行状态并进行故障预警或维护，避免潜在的生产事故。

1.2.4　边缘计算的挑战与发展趋势

尽管边缘计算在嵌入式 AI 应用中具有显著优势，但也面临着一些挑战。首先，边缘计算设备的硬件资源通常较为有限，如何在有限的算力、存储空间和能源消耗下，保证计算任务的高效完成，仍然是亟待解决的问题。其次，随着 AI 算法的不断复杂化和数据量的激增，如何在边缘计算设备上高效、实时地处理大量数据，成为未来边缘计算发展的一个关键课题。此外，边缘计算涉及的设备种类繁多，且分布在不同的地理位置，如何有效地协调和管理这些分布式设备，以及如何保障数据流的安全性和一致性，仍是技术上的难题。为应对这些挑战，云边协同、分布式 AI 以及 5G 网络的融合将是未来边缘计算发展的关键方向。

随着算力的进一步增强、AI 芯片的持续创新以及网络通信技术的不断发展，边缘计算将逐渐成为物联网、大数据、AI 等技术的重要支撑，为各行各业提供更加高效、智能的解决方案。展望未来，边缘计算不仅会推动嵌入式 AI 的应用落地，还将成为数字化转型过程中不可或缺的技术基石，推动各行各业的智能化转型以及数字化社会的到来。

第 2 章　实验硬件系统

2.1　Linux 与 Android 实验硬件系统介绍

本书采用广州风标教育技术股份有限公司开发的高级嵌入式综合实验系统,如图 2-1 所示。

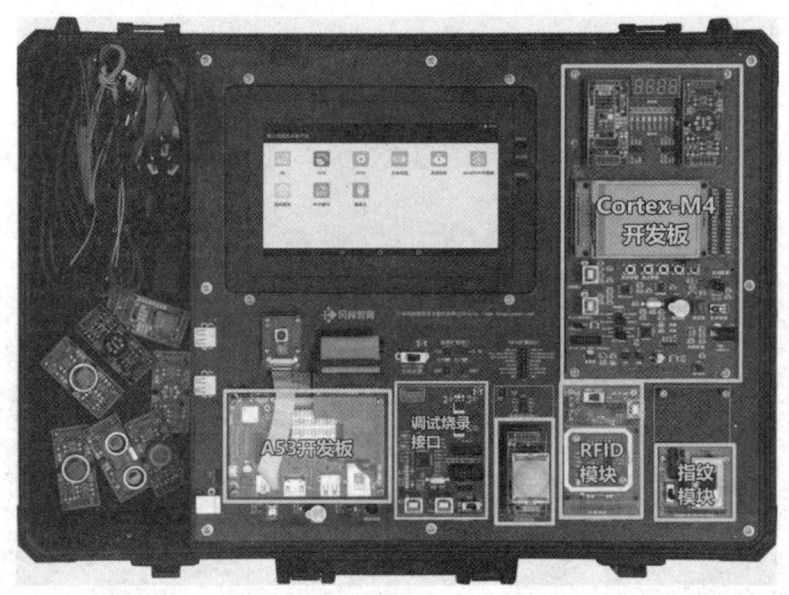

图 2-1　高级嵌入式综合实验系统

该实验系统具备双设计系统,包括 A53 与 Cortex-M4。其中,Linux 与 Android 部分采用卡片电脑进行设计,型号为 NanoPC-T2,它配备了三星公司生产的四核 Cortex-A53 架构的 S5P6818 处理器。该实验系统的主要技术参数如下。

- CPU:S5P6818,动态运行主频 400MHz~1.4GHz。
- 电源管理:采用 ARM Cortex-M0 单片机进行电源管理,支持动态调压、软件关机和定时开机等功能。
- 内存:2GB。
- SD:1 个标准 SD 卡槽。
- 网口:千兆以太网接口(RTL8211E)。
- 无线:IEEE 802.11 a/b/g。
- 蓝牙:4.0 双模式。
- 天线:Wi-Fi 和蓝牙共用,板载陶瓷天线,同时提供 IPX 接口。
- 视频输入:DVP Camera/MIPI-CSI(双摄像头接口)。
- 视频输出:HDMI/LVDS/并行 RGB-LCD/MIPI-DSI(4 个视频输出接口)。
- 音频:3.5mm 耳机座/HDMI。
- 麦克风:板载麦克风。

- USB：4 个 USB 2.0 主接口，其中两个是标准 A 型接口，另外两个是 2.54mm 排针。
- 微型 USB：1 个 USB 2.0 从接口。
- 液晶屏接口：45 针，0.5mm 间距，FPC 贴片座，支持全彩 TFT LCD。
- GPIO 扩展接口：包含 3 个 UART，1 路 I²C，1 路 SPI，3 路 PWM 和 11 个 GPIO。
- 调试烧录串口：4 针，2.5mm 间距。
- 按键：K1，电源按键。
- LED 灯：一个电源指示 LED 灯，两个 GPIO 控制的 LED 灯。
- RTC：支持 RTC，有备份电池。
- 操作系统：Linux/Android。

本书第 3 章的 Linux 实验内容与第 4 章的 Android 实验内容都是基于该实验系统进行设计与验证的。

2.2　TinyML 与 AI 算力嵌入式实验硬件系统介绍

本书采用广州风标教育技术股份有限公司开发的高级嵌入式 AI 综合实验系统，如图 2-2 所示。

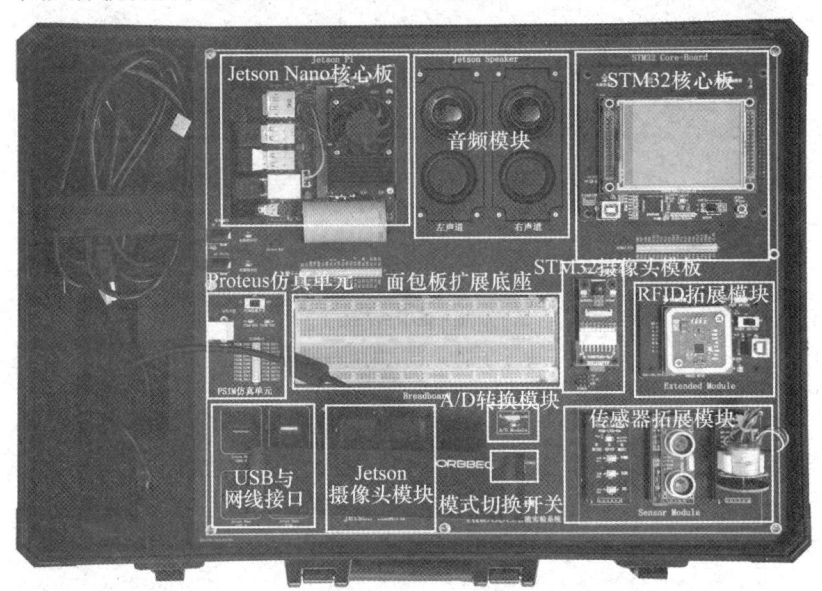

图 2-2　高级嵌入式 AI 综合实验系统

该实验系统采用双总线模式转换高性能 Jetson 与 STM32F4 处理器，用于 AI 算力实验和 TinyML 实验的设计与验证。该实验系统的主要组成如下。

- Jetson Nano 核心板：采用 Jetson Nano，是基于 ARM+GPU 的异构化边缘计算设备，可高效地执行多个深度学习任务，如图像分类、目标检测、分割和语音处理等，最大功耗仅为 5W，支持 Ubuntu 操作系统。
- 音频模块：配备 USB 音频模块与 8Ω/5W 扬声器，支持音频输入与输出。
- STM32 核心板：采用 STM32F407ZGT6 处理器，其主频为 168MHz，包括 3 个 12 位 ADC、2 个 DAC、1 个低功耗 RTC、12 个通用 16 位定时器以及 2 个 PWM 定时器。该核心板主要用于 TinyML 实验。
- Proteus 仿真单元：用于与 Proteus 软件的通信，支持虚拟外围硬件电路扩展与联动实验。

● STM32 摄像头模块：由 STM32 核心板驱动的固定摄像头，适用于图像采集与相关 TinyML 实验。

● RFID 拓展模块：可根据不同应用需求替换，支持多种类型的 RFID 标签和读写器。

● USB 与网线接口：提供 3 个 USB3.0 接口，1 个 USB2.0 接口，后者可用于虚拟网络调试，进行数据传输与设备管理。同时，提供 1 个 RJ45 网络接口，用于 Jetson Nano 以太网连接。

● Jetson 摄像头模块：支持高清摄像头和深度摄像头，适用于深度学习、计算机视觉及图像分割等应用。

● A/D 转换模块：基于 I²C 总线，支持模拟信号与数字信号之间的转换，用于 Jetson Nano 核心板的数模转换。

● 传感器拓展模块：支持接入各种外部传感器。

● 模式切换开关：用于 Jetson Nano 核心板与 STM32 核心板之间传感器拓展模块的控制切换。

其中，Jetson Nano 核心板配置标准的 Ubuntu 操作系统，支持 AI 技术中标准的软件框架（如 CUDA、Torch、OpenCV 等）；STM32 核心板支持 TinyML 软件框架，支持 CubeMX 的轻量级 AI 应用设计。

本书第 5 章的 TinyML 实验和第 6 章的 AI 算力嵌入式实验都是基于该实验系统进行设计与验证的。

第3章 嵌入式 Linux 系统开发

3.1 嵌入式 Linux 系统介绍

Linux 作为当前主流的操作系统，已经被广泛用于人工智能计算、网站服务、云计算平台、通信设备等。嵌入式系统是最早也是最广泛使用 Linux 系统的平台之一。常见使用 Linux 的嵌入式设备介绍如下。

① 智能手机和平板电脑：市面上常见的智能手机和平板电脑，尤其是运行 Android 系统的，都是基于 Linux 内核构建的。

② 路由器和网络设备：家用和企业级路由器、防火墙和交换机通常使用嵌入式 Linux 来实现复杂的网络功能。其中常见的 OpenWRT 操作系统就是基于 Linux 构建的，如小米路由器 4 可支持 OpenWRT 系统。

③ 智能家居设备：一些智能音箱、智能电视、智能冰箱、智能洗衣机、安防摄像头等，通常都会基于 Linux 构建系统，以满足多任务、复杂逻辑的处理需求。

④ 工业自动化设备：Linux 广泛用于工业控制器、监控系统和自动化设备中，通过为 Linux 内核加载实时补丁（RT Patch），让 Linux 在处理任务时能满足实时性（Real-Time）的要求。

⑤ 汽车电子系统：现代汽车上的娱乐信息系统和高级驾驶辅助系统基本都使用 Linux 系统作为平台。

⑥ 物联网（IoT）设备：Linux 常用于许多物联网设备中，以支持数据收集与传输、边缘计算等功能。物联网通信中的 MQTT（消息队列遥测传输）多基于 Linux 平台运行。

⑦ 医疗电子设备：一些 CT、X 射线、核磁共振、心跳监测等设备，利用 Linux 进行数据采集、处理和设备控制。一个典型的医疗电子系统方案如图 3-1 所示。

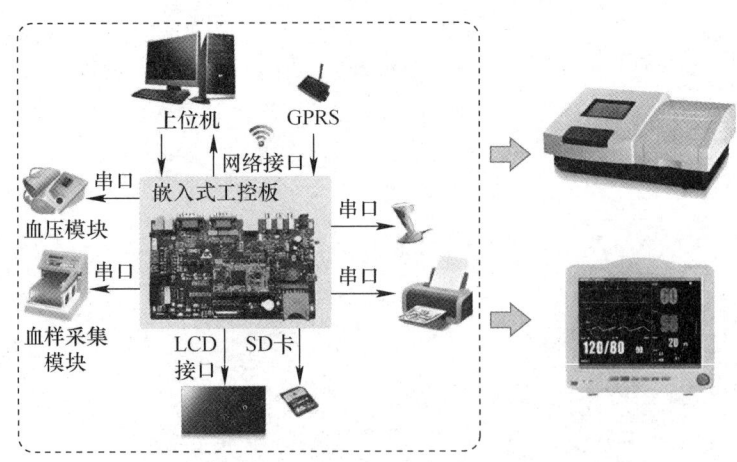

图 3-1 典型的医疗电子系统方案

⑧ 消费类电子产品：如数码相机、电子阅读器、媒体播放器等，基本以 Linux 内核构建平台。如图 3-2 所示为基于 Linux 的电子墨水阅读器。

图 3-2　基于 Linux 的电子墨水阅读器

⑨ 服务器和存储设备：一些小型的服务器、NAS 存储器等，在资源受限的环境下使用嵌入式 Linux 实现设备的控制。基于 Linux 的 NAS 存储器如图 3-3 所示。

图 3-3　基于 Linux 的 NAS 存储器

3.1.1　嵌入式 Linux 系统结构

典型的嵌入式 Linux 系统结构如图 3-4 所示。

1. 应用程序

应用程序是 Linux 系统的最上层。这一层包括各种软件，如文本编辑器、网页浏览器、开发工具等，为用户提供具体功能和服务。应用程序主要通过 Shell 指令或直接调用系统调用接口与操作系统进行交互。

2. Shell

Shell 提供了命令行或图形化的交互界面：①命令行界面（CLI），如 Bash、Zsh；②图形用户界面（GUI），如 GNOME、KDE 提供的终端工具等。

3. 系统调用接口

系统调用接口是应用程序与 Linux 内核之间的桥梁。它提供了一组标准化的函数，使应用程序能够请求内核服务。功能包括：①提供用户空间和内核空间之间的安全边界；②实现应用程序访问底层硬件和系统资源；③实现操作系统的硬件抽象层（HAL），简化应用程序开发。

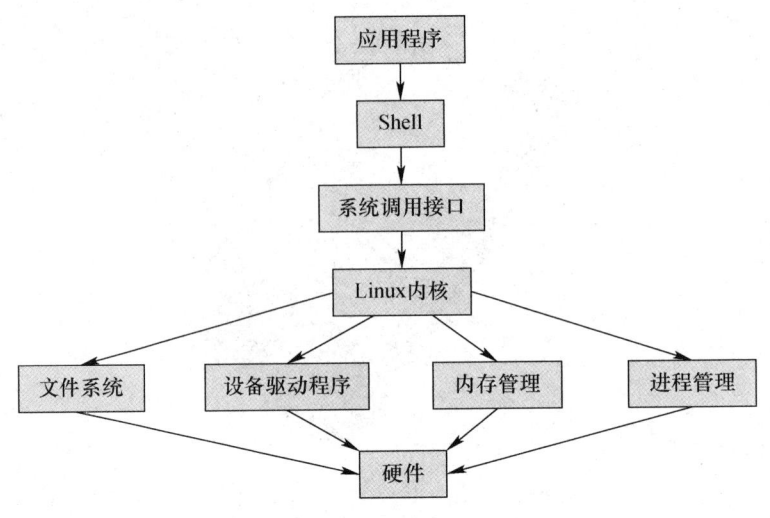

图 3-4　典型的嵌入式 Linux 系统结构

常见系统调用接口函数如下所示。

- 文件操作：open()、read()、write()、close()。
- 进程控制：fork()、exec()、exit()。
- 内存管理：malloc()、free()。
- 设备操作：ioctl()。
- 进程间通信：pipe()、socket()。

系统调用接口实际上集成在 Linux 内核中，而不是一个独立的层。因此，系统调用接口不仅是内核提供的一组函数入口，同时也是内核代码的一部分。

4．Linux 内核

Linux 内核是操作系统的核心，负责管理系统资源并提供硬件抽象层和系统服务。Linux 内核的模块化设计允许开发者裁剪不需要的部分，从而适应资源受限的嵌入式系统。内核的配置是根据特定应用需求和硬件特点来进行定制的，其中内核的主要职责包括：①进程管理；②内存管理；③文件系统管理；④设备驱动管理；⑤网络协议栈管理；⑥安全和权限控制。其中，Linux 内核的一些主要的功能模块如下所述。

（1）文件系统

文件系统负责管理存储资源并提供数据访问接口，在设计时需要考虑嵌入式系统资源受限的特性，并选择合适的文件系统类型，以适应不同存储设备和系统资源限制。虽然 Linux 内核提供了支持各种文件系统的框架和核心功能，但构建操作系统时需要单独构建文件系统。具体而言，文件系统主要负责管理文件的存储、目录结构、数据读写、空间分配和元数据的管理，并维护系统文件信息的一致性以确保系统稳定性。

① 文件系统驱动程序：文件系统驱动程序作为内核与具体文件系统的接口，具有模块化设计、动态加载等特点；支持多种文件系统格式，如 Ext4、JFFS2、UBIFS 等。

② 存储空间管理：在嵌入式系统中，存储空间管理的重要性体现在物理存储设备（如闪存）的空间分配与回收。其中，闪存的磨损均衡技术和日志文件系统的使用对嵌入式系统可靠性和性能优化至关重要。

③ 文件操作管理：文件系统提供标准文件接口、支持异步 I/O 和缓存机制。此外，文件操作的并发访问一致性管理（如文件锁定）在数据处理中至关重要。当多个进程或线程同时

尝试访问或修改同一文件时，文件锁定机制能够确保数据的一致性和完整性，防止数据竞争、冲突或损坏。

常见的嵌入式 Linux 文件系统如下：

● JFFS2——专为闪存设计的日志文件系统，支持压缩和磨损均衡，特别适用于资源受限的嵌入式系统；

● YAFFS——专门用于 NAND 闪存优化，特别适合高效存储小文件，广泛应用于嵌入式系统；

● UBIFS——一种适用于大容量 NAND 闪存的文件系统，支持写时复制和垃圾回收，应用于存储空间较大的嵌入式设备；

● SquashFS——只读的压缩文件系统，适用于空间受限且需要快速启动的嵌入式系统；

● Ext4——通用文件系统，适合 SD 卡或 eMMC 存储设备使用的嵌入式系统。

（2）设备驱动程序

该模块作为内核与硬件之间的接口，将通用的内核请求转换为特定硬件的指令，并支持模块化加载，提高系统的灵活性。

（3）内存管理

该模块负责物理内存分配与回收，提供虚拟内存管理，包括页面置换算法，同时实现内存映射和内存共享。

（4）进程管理

该模块负责进程创建、调度和终止，提供进程间通信（IPC）机制和线程管理。

5．硬件

硬件是整个系统的物理执行基础，其中嵌入式系统的硬件设备主要包括中央处理器（CPU）、内存（RAM）、存储设备（HDD、SSD）、输入/输出设备（触摸屏、键盘、鼠标、显示器）、网卡（NIC）等。

由于 Linux 系统提供了硬件抽象层（HAL），通过统一的硬件访问接口简化了设备驱动程序的开发，提高了系统的可移植性。

一般而言，Linux 系统应用程序的指令流程包括：

① 用户通过应用程序或 Shell 发起请求；

② 请求通过系统调用接口传递给 Linux 内核；

③ Linux 内核处理请求，这个过程涉及多个内核模块的协作；

④ Linux 内核通过设备驱动程序与硬件交互；

⑤ 执行的结果沿原路径返回给用户。

6．启动加载器

启动加载器（bootloader），如 U-Boot，并不作为嵌入式 Linux 系统的核心模块（图 3-4 中未画出）。但该模块负责在系统上电时将内核加载至内存中，并设置 CPU 取指寄存器指向内存中内核的地址，从而引导操作系统的启动。在嵌入式环境中，启动加载器还需要支持快速启动和固件更新功能，从而满足设备的快速启动及安全性的需要。

3.1.2　开发过程

1．环境搭建

目前大多数的嵌入式处理器在出厂时已具备了完善且稳定的板级支持包（BSP），因此，开发嵌入式系统时通常具备了可用操作系统镜像。开发人员需要在 PC 端搭建交叉编译环境，安装 arm-linux-gcc 等工具，提供程序编译、链接等功能。

2．内核配置与编译

根据目标硬件和软件的需要，有时需要更新或者重新编译 Linux 源码。Linux 源码文件中提供了 Makefile 文件等，如 make menuconfig 可对内核进行配置和裁剪，主要包括选择必要的设备驱动、文件系统、网络协议栈以及所需的功能模块。

3．制作根文件系统

根文件系统是构建嵌入式操作系统的核心部分，包含了所有必要的文件和目录，提供系统运行的基本功能。制作根文件系统主要包括以下几个方面。

① 选择文件系统格式：根据需求选择合适的文件系统格式，如 Ext4、SquashFS、JFFS2、UBIFS 等。

② 创建目录结构：搭建标准的 Linux 目录结构，包括/bin、/lib、/etc、/dev、/proc 等目录。

③ 安装基本工具和库：使用 BusyBox 等工具安装基本命令行工具，并配置必要的库文件。

④ 配置启动脚本：在/etc 目录下配置系统的初始化脚本，如 init.d 等。

⑤ 创建设备文件：在/dev 目录下手动或自动创建设备文件。

⑥ 压缩或打包文件系统：将文件系统打包为镜像文件，使用 mkfs.ext4 或 mksquashfs 创建文件系统。

⑦ 测试和优化：将文件系统加载到目标设备，进行测试并根据需求进行优化。

4．系统引导与调试

在完成内核和文件系统制作后，需要将其部署至目标设备，并使用 JTAG、串口或以太网等接口和 GDB 等工具对硬件进行调试。

受篇幅限制，本书主要介绍基于嵌入式操作系统的开发，对环境的搭建、Linux 系统的制作不再做详细介绍。

3.2 嵌入式 Linux 开发基础与基本操作

3.2.1 Linux 基础命令

下面对实验中常用的 Linux 操作 Shell 命令进行介绍，为后续的开发做准备。

1．用户切换命令（su）

（1）功能

变更用户，主要用于将普通用户切换为超级用户，需要输入 root 密码。

（2）格式

su [选项] [身份]

（3）常见选项参数

选项	含义
-，-l，--login	为该用户重新登录，大部分环境变量（如 HOME、SHELL 和 USER 等）和工作目录都以当前的用户（user）为主。若没有指定用户，默认为 root
-m，-p	执行 su 命令时不改变环境变量
-c，--command	变更账号为 user，并执行指令（command）后再变回原来用户

（4）示例

```
user@ubuntu:~$ su - root
Password:
root@ubuntu:~#
```

通过 su 命令将普通用户变更为 root 用户，并使用选项 "-" 传入 root 环境变量。

2. 系统管理命令（ps 和 kill）

（1）功能

ps：显示当前系统中由该用户运行的全部进程。

kill：终止指定 PID（进程号）的进程。

（2）格式

ps：ps [选项]

kill：kill [选项] 进程号（PID）

（3）常见参数

① ps 命令的主要选项参数如下：

选项	含义
-ef	查看所有进程及其 PID（进程号）、系统时间、命令详细目录、执行者等
-aux	除可显示-ef 所有内容外，还可显示 CPU 及内存占用率、进程状态
-w	显示加宽，并且可以显示较多的信息

② kill 命令的主要选项参数如下：

选项	含义
-s	根据指定信号发送给进程
-p	打印出进程号（PID），但并不送出信号
-l	列出所有可用的信号名称

（4）示例

查询进程信息：

```
user@ubuntu:~$ ps -ef
UID        PID     PPID    C STIME TTY         TIME CMD
root        1       0      0 12:02 ?           00:00:03 /sbin/init auto noprompt
root        2       0      0 12:02 ?           00:00:00 [kthreadd]
root        5       2      0 12:02 ?           00:00:00 [kworker/0:0H]
root        11      2      0 12:02 ?           00:00:00 [mm_percpu_wq]
root        13      2      0 12:02 ?           00:00:00 [ksoftirqd/0]
```

终止指定 PID（18264）的进程，一般需要 root 权限：

```
root@ubuntu:~$kill   18246
```

（5）使用说明

① ps 通常可以与其他一些命令结合起来使用，以提高效率。例如，ps -A | grep top，从当前输出等进程列表中过滤出名为 top 的进程信息。

② ps 命令选项中的参数 w 可以重写多次，通常最多重写 3 次，其含义是加宽 3 次，用以显示内容较长的命令行。例如：ps -auxwww。

3. 磁盘挂载命令（mount）

（1）功能

挂载磁盘到指定的挂载点（文件夹），权限是超级用户或/etc/fstab 中允许的使用者。mount

命令可以把文件系统挂载到相应的目录下，并且由于 Linux 中把设备驱动都当作文件使用，因此，mount 命令也可以挂载各种类型的设备。

通常，Linux 下的"/mnt"目录专门用于挂载不同的设备或文件系统。此外，根据需求也可以在其他路径下新建不同的目录作为挂载点来挂载不同的设备或文件系统。

（2）格式

mount [选项] [类型] 设备文件名 挂载点目录

其中，类型是指设备文件的类型。

（3）常见选项参数

选项	含义
-a	按照/etc/fstab 的内容挂载所有相关内容
-l	列出当前已挂载的设备、文件系统名称和挂载点
-t	将后面的设备以指定类型的文件格式装载到挂载点上，常见的类型有 vfat、ext4、ext3、ext2、iso9660、nfs 等

（4）使用说明

使用 mount 命令主要通过以下几个步骤。

① 确认是否为 Linux 可以识别的文件系统。

② 确定设备的名称，可通过使用命令"fdisk -l"查看。

③ 查找挂接点。必须确定挂载点已经存在，一般建议在/mnt 下新建如/mnt/windows、/mnt/usb 等子目录，用于不同系统文件的挂载。注意：一个挂载点只能挂载一次，如果需要再次挂载其他的文件系统，需要执行：umount [选项] 文件系统 | 挂载点。其中，选项为：

● -a，卸载所有已挂载的文件系统（在某些情况下）。

● -l，延迟卸载（Lazy Unmount），即立即返回，但会在文件系统不被使用时再完成卸载。

● -f，强制卸载，即使文件系统正忙（不推荐，可能导致数据丢失）。

● -r，如果卸载失败，则尝试以只读模式重新挂载。

4．文件目录相关命令

主要包括修改当前路径、查看目录、创建目录、查看文件内容、复制文件、移动文件和删除文件等。

1）cd 指令

（1）功能

改变路径，即进入指定的工作目录。

（2）格式

cd [路径]

其中，路径为要改变的工作目录，可为相对路径或绝对路径。

（3）示例

```
user@ubuntu:~$ cd /home/user/
user@ubuntu:~$ pwd
/home/user
```

该例中变更工作目录为"/home/user/"，后面的 pwd（显示当前目录）指出了当前的路径。

（4）使用说明

该命令将当前目录改变至指定路径的目录。若没有指定路径，则回到用户主目录。为了改变到指定目录，用户必须拥有对指定目录的执行和读权限。

① 可使用"cd ~"命令回到用户的主目录。例如，如果用户名是 user，那么~相当于/home/user。

② "./"代表当前目录，"../"代表上级目录。

2）ls 命令

（1）功能

列出目录下全部的文件信息。

（2）格式

ls [选项] [文件]

其中，文件为查看指定文件的相关内容，若未指定文件，默认查看当前目录下的所有文件信息。

（3）常见选项参数

选项	含义
-1,--format=single-column	一行输出一个文件（单列输出）
-a, -all	列出目录中的所有文件，包括以"."开头的文件
-d	将目录名和其他文件一样列出，而不是列出目录的内容
-l,--format=long, --format=verbose	除每个文件名外，增加显示文件类型、权限、硬链接数、所有者名、组名、大小（Byte）及时间信息（如未指明是其他时间，即指修改时间）
-f	不排序目录内容，按它们在磁盘上存储的顺序列出

（4）示例

```
user@ubuntu:/$ ls -l
total 56
drwxr-xr-x      5 root root        4096 1 月      9 11:38 bin
drwxr-xr-x      9 root root        4096 3 月      2 09:23 boot
drwxrwxr-x     12 root root        4096 4 月     11 22:01 cdrom
drwxr-xr-x     23 root root        4060 4 月     14 12:22 dev
drwxr-xr-x    134 root root       12288 4 月      1 12:23 etc
drwxr-xr-x      7 root root        4096 5 月      9 22:22 home
```

（5）使用说明

在 ls 命令的参数中，-l（长文件名显示格式）可以详细显示出各种信息。若需要显示出所有"."开头的文件，可以使用-a。

3）mkdir 命令

（1）功能

创建一个指定名称的目录。

（2）格式

mkdir [选项] 路径（名称）

（3）常见选项参数

选项	含义
-m	对新建目录设置存取权限，也可用 chmod 命令设置
-p	可以是一个路径名称。此时若此路径中的某些目录尚不存在，加上此选项后，系统将自动创建不存在的目录，即一次可以建立路径中的多级目录

（4）示例

使用选项"-p"一次创建./hello/world 路径中的多级目录：

```
user@ubuntu:~$ mkdir -p ./hello/world
```

```
user @ubuntu:~$ cd hello/world/
user @ubuntu:~/hello/world$ pwd
/home/user/hello/world
user@ubuntu:~/hello/world$
```

使用选项"-m"创建相应权限的目录，"777"是chmod命令的参数，用以将文件设置为指定的权限：

```
user@ubuntu:~/hello/world$ mkdir -m 777 ./test
user@ubuntu:~/hello/world$ ls -l
total 4
drwxrwxrwx 2 user user 4096 9 月  2 12:22 test
```

（5）使用说明

该命令要求创建目录的用户在创建路径的上级目录中具有写权限，并且路径名不能是当前目录中已有的目录或文件名称。除了user主目录，其他路径都需要root权限才能创建目录。

4）cat 命令

（1）功能

连接并显示指定的一个和多个文件的有关信息。

（2）格式

cat [选项] 文件1 文件2…

其中，文件1、文件2……为要显示的多个文件。

（3）常见选项参数

选项	含义
-n	从第一行开始对所有输出的行数编号
-b	和-n 相似，但对空白行不编号

（4）示例

```
user@ubuntu:~$ cat hello.c
    #include<stdio.h>
    int main()
    {
        printf("hello world\n");
        return 0;
    }
```

在该例中，指定对 hello1.c 的内容进行输出。

5）cp、mv 和 rm 命令

（1）作用

cp：将指定的文件或目录复制到另一个文件或目录中。

mv：为文件或目录改名或将文件由一个目录转移到另一个目录中。

rm：删除一个目录中的一个或多个文件或目录。

（2）格式

cp：cp [选项] 源文件或目录 目标文件或目录

mv：mv [选项] 源文件或目录 目标文件或目录

rm：rm [选项] 文件或目录

（3）常见参数

① cp 命令的主要选项参数如下：

选项	参数含义
-a	保留链接、文件属性，并复制其子目录
-d	复制时保留链接
-f	删除已经存在的目标文件且不提示
-i	在覆盖目标文件之前将给出要求用户确认提示。若回答 y（是），目标文件将被覆盖，而且是交互式复制
-p	此时 cp 除复制源文件的内容外，还将把其修改时间和访问权限也复制到新文件中
-r	若给出的源文件是一个目录文件，此时 cp 将递归复制该目录下所有的子目录和文件，目标文件必须为一个目录名

② mv 命令的主要选项参数如下：

选项	参数含义
-i	如果 mv 操作将覆盖已存在的目标文件，系统会询问用户是否要进行覆盖，并要求用户输入 y（是）或 n（否）
-f	在使用 mv 命令移动或重命名文件时，如果目标文件已经存在，此选项会强制执行覆盖操作，并且不向用户提示任何信息

③ rm 命令的主要选项参数如下：

选项	参数含义
-i	进行交互式删除
-r	忽略不存在的文件，不给出提示
-f	将参数中列出的全部目录和子目录按照递归顺序删除

（4）示例

① cp 命令示例：

```
user@ubuntu:~/hello$ cp ../test.c .
user@ubuntu:~/hello$ ls
test.c
```

② mv 命令示例：

```
user@ubuntu:~/hello$ ls
test.c    world
user@ubuntu:~/hello$ mv world/ ../
user@ubuntu:~/hello$ ls
```

③ rm 命令示例：

```
user@ubuntu:~$ ls hello -l
total 0
user@ubuntu:~$ rm hello/ -rf
user@ubuntu:~$ ls hello -l
ls: cannot access 'hello': No such file or directory
```

（5）使用说明

① cp 命令将指定的源文件复制到目标文件中，或将多个源文件复制到目标目录中。

② mv 命令根据第二个参数的类型（目标是文件还是目录）决定以下操作：

● 如果第二个参数是文件，mv 会将源文件或目录重命名为目标文件名；

● 如果第二个参数是已存在的目录，mv 会将所有源文件移动到该目录中；

● 跨文件系统移动时，mv 先复制文件，再删除源文件，此过程会导致指向源文件的链接丢失。

③ rm 如果没有使用-r 选项，则不会删除目录。使用该命令时，一旦文件被删除，文件是不能被恢复的，所以建议使用-i 参数。

6）chown 和 chgrp 命令

（1）功能

chown：用于修改文件的所有者和组。

chgrp：用于更改文件的组所有权。

（2）格式

chown [选项]... 新所有者[:新组]文件

其中，新所有者是更新后的文件所有者。

chgrp [选项]... 新组文件

其中，新组文件是更改后的文件组所有者。

（3）常见参数

chown 和 chgrp 的常见参数意义相同，其主要选项参数如下：

选项	含义
-c, -changes	详尽描述每个文件实际改变的所有权
-f, --silent,--quiet	跳过安全确认或不输出任何信息

（4）示例

获取系统中一个文件的所有者信息如下：

```
user@ubuntu:~$ ls test.c -l
-rw-rw-r-- 1 user user 12 月　22 12:23 test.c
```

test.c 是一个文件，其所有者是 user，具有可读、写但不可执行的权限。所属用户组是 user，同样具有可读、写但不可执行的权限。其他系统用户对该文件仅有可读权限。

使用 chown 命令将文件所有者改为 root：

```
user@ubuntu:~$ sudo chown root test.c
[sudo] password for user:
user@ubuntu:~$ ls -l test.c
-rw-rw-r-- 1 root user 12 月　22 12:26 test.c
```

可以看出，此时，该文件所有者变为了 root，而它的所属用户组不变。

使用 chgrp 命令将所属用户组变为 root：

```
user@ubuntu:~$ sudo chgrp root test.c
user@ubuntu:~$ ls -l test.c
-rw-rw-r-- 1 root root 12 月　22 12:29 test.c
```

（5）使用说明

使用 chown 和 chgrp 命令时必须拥有 root 权限。

7）chmod 命令

（1）功能

改变文件的访问权限。

（2）格式

chmod 命令可以使用符号标记或八进制数来更改文件权限。

① 符号标记方式：chmod [选项]... 符号权限[,符号权限]...文件

符号权限可以指定多个，多个权限之间用逗号分隔。如果没有显式指定，则表示不予更改。

② 八进制数方式：chmod [选项]... 八进制权限文件...

八进制权限指定的是更改后的文件权限。

（3）选项参数

选项	含义
-c	若该文件权限确实已经更改，才显示其更改动作
-f	若该文件权限无法被更改，也需要显示错误信息
-v	显示权限变更的详细信息

（4）示例

chmod 命令涉及文件的访问权限。文件的访问权限可表示成：- rwx rwx rwx，在此设有 3 种不同的访问权限 [读（r）、写（w）和可执行（x）] 和 3 个不同的用户级别 [文件所有者（u）、所属的用户组（g）和系统里的其他用户（o）]。此外，可增加一个用户级别 a（all）来表示所有这 3 个不同的用户级别。

对于符号标记方式的 chmod 命令，用加号"+"代表增加权限，用减号"−"删除权限，用等号"="设置权限。

例如系统中有文件 test.c，其权限如下：

```
user@ubuntu:~$ ls -l test.c
-rw-rw-r-- 1 root root 0 12 月   22 12:31 test.c
user@ubuntu:~$ sudo chmod a+x,o+w test.c
user@ubuntu:~$ ls -l test.c
-rwxrwxrwx 1 root root 0 12 月   22 12:31 test.c
```

执行了 chmod 命令之后，文件所有者除拥有所有用户都有的可读、写权限外，还有可执行权限。

对于八进制数方式的 chmod 命令，将文件权限字符代表的有效位设为"1"，即"rw-""rw-""r--"分别表示为"110""110""100"，把它们分别转换成对应的八进制数，就是 6、6、4，即该文件的权限为 664（3 位八进制数）。八进制数、二进制数及对应权限的关系如下：

八进制数	二进制数	对应权限	八进制数	二进制数	对应权限
0	000	没有任何权限	4	100	只读
1	001	只可执行	5	101	只读和可执行
2	010	只写	6	110	读和写
3	011	只写和可执行	7	111	读、写和可执行

同上例，系统中有文件 test.c，其权限如下：

```
user@ubuntu:~$ ls -l test.c
-rwxrwxrwx 1 root root 0 12 月   22 13:12 test.c
user@ubuntu:~$ sudo chmod 765 test.c
user@ubuntu:~$ ls -l test.c
-rwxrw-r-x 1 root root 0 12 月   22 13:14 test.c
```

执行了 chmod 765 后，该文件的所有者权限、用户组权限和其他用户权限都完成了对应的设置。

（5）使用说明

使用 chmod 命令必须具有 root 权限。

8）grep 命令

（1）功能

在指定文件中搜索特定的内容，并将含有这些内容的行标准输出。一般与其他命令结合使用，如：ps -A | grep top。

（2）格式

grep [选项] 格式 [文件及路径]

其中的格式是指要搜索的内容格式，若缺少文件及路径，则默认表示在当前目录下搜索。

（3）常见选项参数

选项	含义
-c	只输出匹配行的计数
-I	不区分大小写（只适用于单字符）
-h	查询多文件时不显示文件名
-l	查询多文件时只输出包含匹配字符的文件名
-n	显示匹配行及行号
-s	不显示不存在或无匹配文本的错误信息
-v	显示不包含匹配文本的所有行

（4）示例

```
user@ubuntu:~$ grep "hello" /home/user/test.c -r
    printf("hello world\n");
```

"hello"是要搜索的内容，"/home/user/test.c -r"是指定的文件，表示搜索该目录下的所有文件。

（5）使用说明

在默认情况下，grep 只搜索当前目录。如果目录中有许多子目录，grep 会显示"grep: sound: Is a directory"这样的信息，使输出变得难以阅读。这可以通过以下两种方法解决：

① 明确要求搜索子目录，使用 grep -r。

② 忽略子目录，使用 grep -d skip。

当预期有大量输出时，可以通过管道将结果传递给 less 分页查看，例如：grep "h" /home/user -r | less。

9）find 命令

（1）功能

在指定目录中搜索文件，它的使用权限是所有用户。

（2）格式

find 命令的基本格式：

find [路径] [选项] [描述]

路径：指定文件搜索的起始路径，可以是一个或多个路径组成的列表，路径间用空格分隔。如果未指定路径，默认使用当前目录。

选项：用于控制查找行为，如查找深度、符号链接处理等。

描述：为匹配表达式，用于筛选和匹配文件或目录的条件，find 命令会根据这些条件进行查找并执行相应的操作。

（3）常见参数

选项的主要参数如下：

选项	含义
-depth	在某层指定目录中优先查找文件内容
-mount	不在其他文件系统（如 MS-DOS、vfat 等）的目录和文件中查找

描述的主要参数如下：

选项	含义
-name	支持通配符*和?
-user	用户名，搜索文件所有者为用户名（ID 或名称）的文件
-print	输出搜索结果，并且打印

（4）示例

```
user@ubuntu:~$ sudo find ./ -name test.c
./test.c
```

（5）使用说明

若使用目录路径为"/"，通常需要查找较多的时间，可以指定更为确切的路径以减少查找时间。

find 命令可以使用混合查找的方法，例如，在/etc 目录中查找大于 100000 字节并且在 24 小时内修改的某个文件，使用-and 把两个查找参数连接起来组合成一种混合的查找方式，如 find /etc -size +100000c -and -mtime -1。

10）ln 命令

（1）功能

在 Linux 中，当需要在不同目录中使用同一个文件时，用户无须在每个目录中存放重复的文件。通过使用 ln 命令，可以在目标位置创建符号链接，这样可以在引用源文件的同时，避免多次占用磁盘空间。

（2）格式

ln [选项] 目标目录

（3）常见参数

-s，建立符号链接（这也是通常唯一使用的参数）。

（4）示例

```
user@ubuntu:~$ ln -s test.c test1.c
user@ubuntu:~$ ls -l test1.c
lrwxrwxrwx 1 user user 6 12 月   22 12:36 test1.c -> test.c
```

在当前目录中创建 test1.c 文件，它是 test.c 文件的链接文件。在 test1.c 的 ls -l 输出中，首位显示为"l"，表示这是一个符号链接，同时也显示了链接的源文件 test.c。

（5）使用说明

ln 命令会保持链接文件与源文件的同步性，无论在哪个文件上进行修改，所有链接都会反映相同的更改。

ln 命令支持两种类型的链接。

● 软链接（符号链接）：使用 ln -s 源文件 目标文件。软链接仅在指定位置生成源文件的引用，不会占用额外的磁盘空间。

● 硬链接：使用 ln 源文件 目标文件（不带 -s 参数）。硬链接在目标位置创建一个与源文件大小相同的副本，但无论软链接还是硬链接，修改文件时内容都会保持一致。

5. 压缩、打包相关命令

Linux 中压缩、打包的命令如下所示：

命令	命令含义	格式
bzip2	.bz2 文件的压缩（或解压缩）程序	bzip2 [选项] 压缩（解压缩）的文件名
bunzip2	.bz2 文件的解压缩程序	bunzip2 [选项] .bz2 压缩文件
bzip2recover	用来修复损坏的.bz2 文件	bzip2recover .bz2 压缩文件
gzip	.gz 文件的压缩程序	gzip [选项] 压缩（解压缩）的文件名
gunzip	解压 gzip 命令压缩过的文件	gunzip [选项] .gz 文件名
unzip	解压 WinZip 压缩的.zip 文件	unzip [选项] .zip 压缩文件
tar	对文件目录进行打包或解包	tar [选项] [打包后的文件名] 文件目录列表

1）gzip 命令

（1）功能

对文件进行压缩和解压缩，而且 gzip 命令根据文件类型可自动识别压缩或解压缩。

（2）格式

gzip [选项] 压缩（解压缩）的文件名

（3）常见选项参数

选项	含义
-c	将输出信息写到标准输出上，并保留源文件
-d	将压缩文件解压缩
-l	对每个压缩文件，显示下列字段：压缩文件的大小、未压缩文件的大小、压缩比、未压缩文件的名称
-f	查找指定目录并压缩或解压缩其中的所有文件
-t	测试，检查压缩文件是否完整
-v	对每一个压缩和解压缩的文件，显示文件名和压缩比

（4）示例

```
user@ubuntu:~$ gzip test.c
user@ubuntu:~$ ls test.c.gz -l
-rwxrw-r-x 1 user user 95 12 月    22 13:24 test.c.gz
```

将目录下的 test.c 文件进行压缩，选项"-l"列出了压缩比。

（5）使用说明

使用 gzip 命令只能压缩单个文件，而不能压缩目录。

2）tar 命令

（1）功能

tar 命令用于对文件或目录进行打包或解包。在理解这个命令时，注意两个概念：打包和压缩。

● 打包：是指将多个文件或目录合并为一个总文件。

● 压缩：是将一个大文件通过压缩算法缩小体积。

在 Linux 中，许多压缩工具（如 gzip）只能对单个文件进行压缩。如果有多个文件需要压缩，首先需要使用工具（如 tar）将这些文件打包成一个文件，然后进行压缩。

（2）格式

tar [选项] [打包后的文件名] 文件目录列表

tar 会根据文件名自动识别是打包还是解包操作。

打包后文件名：用户自定义的打包文件名。

文件目录列表：可以是打包的文件或目录，也可以是解包时指定的文件或目录。

（3）主要选项参数

选项	含义
-c	建立新的打包文件
-r	向打包文件末尾追加文件
-x	从打包文件中解出文件
-o	将文件解开到标准输出
-v	处理过程中输出相关信息
-f	对普通文件操作
-z	调用 gzip 来压缩打包文件，与-x 联用时调用 gzip 完成解包
-j	调用 bzip2 来压缩打包文件，与-x 联用时调用 bzip2 完成解包
-Z	调用 compress 来压缩打包文件，与-x 联用时调用 compress 完成解包

（4）示例

```
user@ubuntu:~$ tar -zcvf test.tar.gz test.c
test.c
user@ubuntu:~$ ls -l test.tar.gz
-rw-rw-r-- 1 user user 184 12 月    22 13:39 test.tar.gz
```

将 test.c 目录下的文件加以打包，其中选项"-v"在屏幕上输出了具体过程：

```
user@ubuntu:~$ tar -zxvf test.tar.gz
test.c
user@ubuntu:~$ ls -l test.c
-rwxrw-r-x 1 user user 70 12 月    22 13:46 test.c
```

选项"-z"调用 gzip，并与-x 联用完成解包。

（5）使用说明

tar 命令除用于常规的打包外，更为频繁的是使用选项"-z"或"-j"调用 gzip 或 bzip2 来完成对各种不同文件的解包。

6．ifconfig 命令

（1）功能

用于查看和配置网络接口的地址和参数，包括 IP 地址、网络掩码、广播地址，需要 root 权限。

（2）格式

ifconfig 命令有以下两种使用格式，分别用于查看和更改网络接口。

ifconfig [选项] [网络接口]

用来查看当前系统的网络配置情况。

ifconfig 网络接口 [选项] 地址

用来配置指定接口（如 eth0、eth1）的 IP 地址、网络掩码、广播地址等。

（3）常见选项参数

选项	含义
-interface	指定的网络接口名，如 eth0 和 eth1
up	激活指定的网络接口卡
down	关闭指定的网络接口
broadcast address	设置接口的广播地址
point to point	启用点对点方式
address	设置指定接口设备的 IP 地址
netmask address	设置接口的子网掩码

（4）示例

使用 ifconfig 命令的第一种格式来查看网络接口的配置情况：

```
user@ubuntu:~$ ifconfig
eth0   Link encap:Ethernet HWaddr 00:1a:2b:3c:4d:5e inet addr:192.168.1.101 Bcast:192.168.1.255
        Mask:255.255.255.0 inet6 addr: fe80::1a2b:3cff:fe4d:5e6f/64 Scope:Link UP BROADCAST RUNNING
        MULTICAST MTU:1500 Metric:1 RX packets:200123 errors:0 dropped:321 overruns:0 frame:0 TX
        packets:7890 errors:0 dropped:0 overruns:0 carrier:0 collisions:0 txqueuelen:1000 RX bytes:30312345
        (30.3 MB) TX bytes:512345 (512.3 KB)
lo      Link encap:Local Loopback inet addr:127.0.0.1 Mask:255.0.0.0 inet6 addr: ::1/128 Scope:Host UP LOOPBACK
        RUNNING MTU:65536 Metric:1 RX packets:150 errors:0 dropped:0 overruns:0 frame:0 TX packets:150
        errors:0 dropped:0 overruns:0 carrier:0 collisions:0 txqueuelen:1000 RX bytes:12345 (12.3 KB) TX
        bytes:12345 (12.3 KB)
```

7．Linux 编辑器 vi 的使用

Linux 系统提供了多种编辑器，如 ed、ex、vi 和 emacs 等，根据功能可分为两类：行编辑器（如 ed、ex）和全屏幕编辑器（如 vi、emacs）。行编辑器只能逐行操作，使用较为烦琐。而全屏幕编辑器允许对整个屏幕进行操作，编辑内容直接显示，避免了行编辑器的局限性，更直观、易学且功能强大。

其中，vi 凭借其强大的功能，几十年来一直受到用户的喜爱，至今仍是主要的文本编辑工具之一。虽然许多用户习惯了 Windows 的 Word 等编辑器，初次使用 vi 可能会感到不适应，但熟悉后会发现它高效、便捷，不仅可用来输入代码、文字，也可以查看文件内容。

（1）vi 模式

vi 有 3 种模式，分别为命令行模式、插入模式及底行模式。

① 命令行模式。用户启动 vi 编辑器时，默认进入的是命令行模式。在此模式下，用户可以使用键盘上的上、下、左、右箭头移动光标，并执行诸如删除字符、删除整行、复制、粘贴等操作，但无法直接编辑或输入文字。

② 插入模式。只有进入插入模式后，用户才能进行文本的编辑和输入。在命令行模式下，按 i 键可以进入插入模式，编辑完后可按 Esc 键返回到命令行模式。

③ 底行模式。底行模式用于执行特定命令，光标会跳转到屏幕的底部。在此模式下，用户可以执行保存、退出等操作，也可以进行字符串搜索、设置行号显示等。进入该模式的方式是在命令行模式下按“:”键。

（2）vi 的基本操作流程

① 进入 vi，即在命令行下输入 vi hello（文件名）。此时进入的是命令行模式，光标位于屏幕的上方，如图 3-5 所示。

图 3-5　vi 编辑界面

② 在命令行模式下按“i”键进入插入模式，如图 3-6 所示。可以看出，在屏幕底部显示的“INSERT”表示插入模式，在该模式下可以输入文字信息。

③ 在插入模式中，按 Esc 键，则当前模式转入命令行模式，并在底行中输入“:wq”（存盘退出），即进入底行模式后，完成对当前文件的保存并退出，如图 3-7 所示。

上述完成了一个简单的 vi 操作流程，即命令行模式→插入模式→底行模式。由于 vi 在不同的模式下有不同的操作功能，操作人员要按需输入相应的指令。

图 3-6　vi 编辑界面中插入功能显示

图 3-7　vi 编辑界面中存盘退出

（3）vi 的各模式功能键

命令行模式常见功能键如下：

功能键	说明
I	切换到插入模式，此时光标处于开始输入文件处
A	切换到插入模式，且从目前光标所在位置的下一个位置开始输入文字
o	切换到插入模式，且从行首开始插入新的一行
Ctrl+b	屏幕往"后"翻一页
Ctrl+f	屏幕往"前"翻一页
Ctrl+u	屏幕往"后"翻半页
Ctrl+d	屏幕往"前"翻半页
0	光标移到本行的开头
G	光标移动到文本的最后
nG	光标移动到第 n 行
$	移动到光标所在行的行尾
n\<Enter\>	光标向下移动 n 行
/name	在光标之后查找一个名为 name 的字符串
?name	在光标之前查找一个名为 name 的字符串
x	删除光标所在位置的一个字符
X	删除光标所在位置的前面的一个字符
dd	删除光标所在行

功能键	说明
ndd	从光标所在行开始向下删除 *n* 行
yy	复制光标所在行
nyy	复制光标所在行开始的向下 *n* 行
p	将缓冲区内的字符粘贴到光标所在位置（与 yy 搭配）
u	恢复前一个动作

插入模式的功能键只有一个，也就是 Esc 键，退出到命令行模式。

底行模式常见功能键如下，即在“:”后输入的指令：

功能键	说明
:w	将编辑的文件保存到磁盘中
:q	退出 vi（系统对做过修改的文件会给出提示）
:q!	强制退出 vi（对修改过的文件不做保存）
:wq	存盘后退出
:w [filename]	另存一个名为 filename 的文件
:set nu	显示行号，设定之后，会在每一行的前面显示对应行号
:set nonu	取消行号显示

3.2.2 GCC 编译

GNU 编译器集合（简称为 GCC）是 GNU 项目中的一款符合 ANSI C 标准的编译系统，最初用于编译 C 程序。如今，GCC 功能强大，支持多种编程语言，如 C、C++、Java、Ada 等。除了多语言支持，GCC 还是一个跨平台编译器，能够在当前 CPU 上为其他不同体系结构的硬件平台生成代码，这使得 GCC 在嵌入式系统开发中成为必需的编译工具。

GCC 支持编译源文件的常用后缀名及其解释如下：

后缀名	解释	后缀名	解释
.c	C 源程序	.s/.S	汇编语言源程序
.C/.cc/.cpp	C++源程序	.h	预处理文件（头文件）
.m	Objective-C 源程序	.o	目标文件
.i	已经过预处理的 C 源程序	.a/.so	编译后的库文件
.ii	已经过预处理的 C++源程序		

GCC 的编译流程分为 4 个步骤，分别为：预处理（Pre-Processing），编译（Compiling），汇编（Assembling），链接（Linking）。

GCC 有超过 100 个的可用选项，主要包括总体选项、告警和出错选项、优化选项和体系结构相关选项等。

1. 选项内容

GCC 的总体选项如下：

总体选项	说明
-c	只编译不链接，生成.o 目标文件
-S	只编译不汇编，生成汇编代码
-E	只进行预编译，不做其他处理

总体选项	说明
-g	在可执行程序中包含标准调试信息
-o file	把输出文件输出到 file 中
-v	打印出编译器内部编译各过程的命令行信息和编译器的版本
-I dir	在头文件的搜索路径列表中添加 dir 目录
-L dir	在库文件的搜索路径列表中添加 dir 目录
-static	链接静态库
-library	链接名为 library 的库文件

2. 简单的 GCC 编译实验

（1）编写代码

用 touch 创建文件，并采用 vi 编辑器：

```
user@ubuntu:~$ touch test.c
user@ubuntu:~$ vi test.c
#include<stdio.h>
int main()
{
    printf("hello world\n");
    return 0;
}
```

vi 的编辑内容如图 3-8 所示。

图 3-8　vi 的编辑内容

最后输入:wq，保存并退出。

（2）编译代码

```
user@ubuntu:~$ gcc test.c -o test
user @ubuntu:~$ ls -l test
-rwxrwxr-x 1 user user 8600 12 月    23 14:31 test
```

（3）执行代码

```
user@ubuntu:~$ ./test
hello world
```

3.3　嵌入式 Linux 驱动开发

在嵌入式 Linux 系统中，驱动程序是连接软件与硬件的桥梁。驱动程序负责与硬件直接交互，它按照设备的工作原理来读/写设备的寄存器，处理轮询、中断和 DMA 通信等操作，并为应用软件提供标准的接口实现硬件的访问与使用。在嵌入式 Linux 系统中，不同的硬件设备通过驱动程序的设计，并插入内核中被操作系统统一管理。同时，驱动程序不仅负责物理内存与虚拟内存的映射，而且确保系统能够高效利用有限的硬件资源。在资源有限的嵌入式系统中，驱动程序尤为关键，它使操作系统能够正确地访问和管理硬件资源，保证设备按照设计要求正常工作，从而确保系统的整体运行性能和稳定性。

在开发驱动程序时，可以将编写的驱动代码包含在 Linux 内核中。因此，一种方式是将所有需要的功能都直接编译进内核中，这需要对全部的内核都编译一遍，并且生成的内核体积会变得非常庞大。如果需要增加、删除或修改内核中的某个功能，就必须重新编译整个内核。然而，在驱动开发的早期阶段，代码需要频繁修改。因此，这样反复重新编译内核的过程会导致开发效率低下。

为了解决这一问题，Linux 系统引入了驱动模块。简单来说，驱动模块是一段可以单独编译的内核代码，它能够根据需要动态地加载到内核中，从而扩展内核对硬件的管理功能。相应地，当某些功能不再需要时，模块也可以动态卸载，从内核中移除，以节约内存空间。这种方式非常适合驱动开发。通过这种机制，开发者只需编译驱动模块本身，避免重新编译整个内核，并且可以将新编译的驱动模块动态加载到内核中进行测试。只要新驱动模块不导致内核崩溃，开发者无须重启系统即可继续测试，提升了开发效率。

随着 Linux 系统的发展，内核文件中的驱动模块已经越来越多样化，并且大多数芯片的板级支持包（BSP）基本涵盖了现有常用的硬件驱动模块。本书主要面向指定的高级嵌入式综合实验系统，从简单的驱动开发开始，介绍 GPIO 和总线驱动的开发。

3.3.1 简单的驱动开发

【实验目的】

（1）了解 Linux 驱动开发框架和基本过程；

（2）掌握在 Linux 内核中添加驱动模块的方法；

（3）学习调试内核驱动的手段。

【实验环境】

硬件平台：高级嵌入式综合实验系统，PC。

【实验原理与内容】

最简单的驱动源码：

```
#include <linux/module.h>
#include <linux/kernel.h>
#include <linux/init.h>
MODULE_LICENSE ("GPL");
//加载函数，通过 insmod 命令执行
static int _ _init hello_2_init (void)
{
printk (KERN_INFO "Hello world\n");
return 0;
}
//卸载函数，通过 rmmod 命令执行
static void _ _exit hello_2_exit (void)
{
printk (KERN_INFO "Goodbye world\n");
}
```

```
module_init (hello_2_init);
module_exit (hello_2_exit);
```

一个最简单的 Linux 内核驱动模块通常只包含两个关键部分：加载函数和卸载函数。加载函数会在模块被插入内核时执行，卸载函数则在模块被移除时执行。用户可以通过 insmod 命令将编译生成的.ko 文件加载到内核中，通过 rmmod 命令卸载模块。本例所展示的驱动模块加载时会输出"Hello world"，卸载时输出"Goodbye world"。该驱动模块的执行流程如图 3-9 所示。

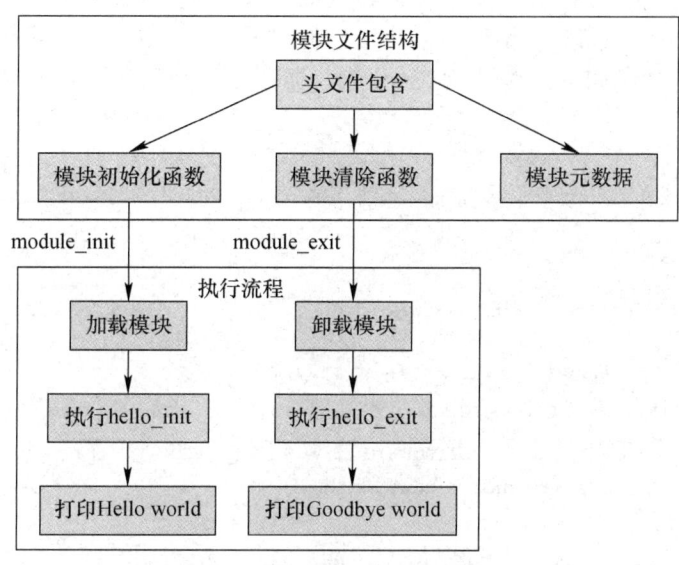

图 3-9 驱动模块的执行流程

需要指出的是，本模块并没有必需的模块元数据，这些数据一般用于模块的许可声明、作者信息和模块描述。一般形式如下：

```
MODULE_LICENSE("GPL");//模块的许可声明，常用 GPL
MODULE_AUTHOR("Author Name"); // 作者信息
MODULE_DESCRIPTION("A Simple Hello World Module"); //模块描述
```

一般而言，驱动模块的初始化函数和清除函数的名字是固定的，如同 C 的应用程序一样，入口函数为 main。我们借助 GNU 的函数别名机制，使得驱动模块的初始化函数和清除函数可以灵活指定：

```
module_init(hello_init);
module_exit(hello_exit);
```

其中，module_init 和 module_exit 是两个宏，分别用于指定 init_module 的函数别名是 hello_init，以及 cleanup_module 的别名是 hello_exit。此时，初始化函数和清除函数就可以用别名来定义了。

在编写内核模块时，模块代码最终会成为内核的一部分，因此驱动模块中的函数名称可能与内核中已有的函数发生重名冲突。由于 C 语言不像 C++语言那样具备命名空间的概念，无法通过命名空间来区分不同模块中的同名函数，这就可能导致函数重定义的问题。

为了解决这一问题，可使用 static 关键字修饰函数，其链接属性会变为内部链接，这意味着该函数的作用域仅限于当前源文件，无法被其他文件访问。因此，尽管函数名在不同模块中可能相同，但由于它们的作用域仅限于其所在的模块，冲突问题便得以解决。因此，在编写驱动程序时，通常需要在函数前加上 static 关键字，以确保这些函数的作用范围仅限于当前模块文件，从而防止与内核中其他模块或函数重名。

为什么增加__init 声明？其目的是节省有限的内存空间。驱动模块的初始化函数仅会被调用一次，之后该函数所占用的内存应该被释放掉，在函数名前加 __init 便为了达到此目的。具体而言，__init 的作用是把标记的函数放到 ELF 文件的特定代码段，在加载这些段时将会单独分配内存，当这些函数调用成功后，加载程序会释放这部分内存空间，从而节省必要的内容。类似地，__exit 用于修饰驱动清除函数，用于模块的卸载。

【实验步骤及现象】

（1）编写驱动代码，利用 vi 等工具将上述代码保存为 .c 文件。

（2）编写 Makefile。make 是编译工具集合，通过 make 可以实现对源码进行编译。本实验的 Makefile 文件编写参考如下，其中 obj-m 代表将源码编译成模块，KERNEL_DIR 是 Linux 内核源码存放目录：

```
obj-m := khello.o
KERNEL_DIR := /home/user/Workspace/linux
PWD := $(shell pwd)

all :
    make -C $(KERNEL_DIR) M=$(PWD) modules
clean:
    rm *.o *.ko *.mod.c *.mod *.order *.symvers
```

（3）在 Linux 内核目录 "drives/misc/" 下创建一个目录来存放编写的字符设备驱动源码，本实验的驱动源码放置在内核目录 "drivers/misc/windway/hello" 下：

```
user@ubuntu:~/Workspace/Linux/drivers/misc/windway/hello$ ls
khello.c Makefile
```

（4）在 hello 驱动目录下执行 "make ARCH=arm64"，则将驱动源码编译成 arm64 架构的模块（.ko 文件），make 则执行 make -C $(KERNEL_DIR) M=$(PWD) modules 。编译输出的日志如下：

```
user@ubuntu:~/Workspace/Linux/drivers/misc/windway/hello$ make ARCH=arm64 make -C
/home/user/Workspace/linux M=/home/user/Workspace/Linux/drivers/misc/windway/hello modules make[1]: Entering
directory '/home/user/Workspace/linux' CC [M] /home/user/Workspace/Linux/drivers/misc/windway/hello/khello.o
Building modules, stage 2. MODPOST 1 modules CC
/home/user/Workspace/Linux/drivers/misc/windway/hello/khello.mod.o LD [M]
/home/user/Workspace/Linux/drivers/misc/windway/hello/khello.ko make[1]: Leaving directory
'/home/user/Workspace/linux'
```

（5）编译成功后，生成的 .ko 文件会出现在驱动目录下，将该 .ko 文件通过 ftp 等通道传输到开发板上，例如将 khello.ko 传输到开发板的 "/home/pi/windway_driver" 目录，如图 3-10 所示。

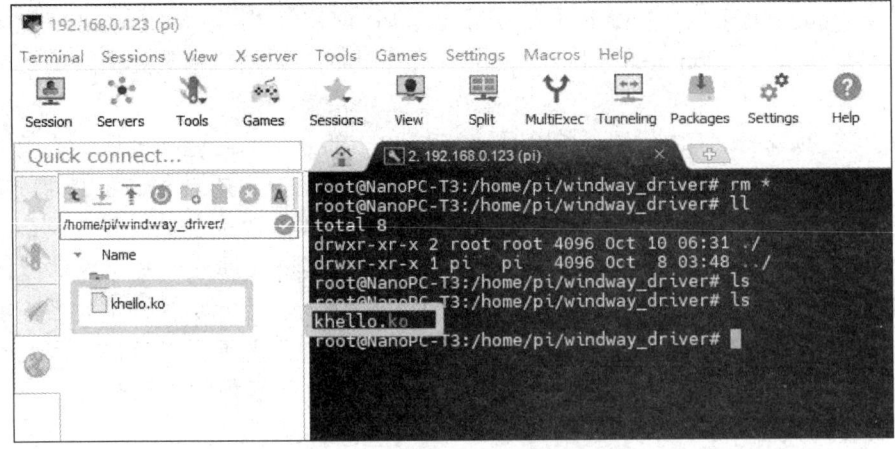

图 3-10　将文件传输到开发板

（6）执行“lsmod”命令，查看已有的 Linux 内核模块列表，确认没有同名的驱动模块。执行“insmod khello.ko”加载 hello 驱动模块，再通过执行“lsmod”命令查看加载 hello 驱动模块后的 Linux 内核模块列表，如图 3-11 所示。

```
root@NanoPC-T3:/home/pi/windway_driver# insmod khello.ko
root@NanoPC-T3:/home/pi/windway_driver# lsmod
Module                  Size  Used by
khello                 16384  0
ov5640                 36864  2
bnep                   20480  2
```

图 3-11　驱动模块加载完成

（7）输入“dmesg | tail”查看 Linux 的内核日志，由于在 hello 驱动模块加载函数中添加了“Hello world”的打印信息，终端信息输出如图 3-12 所示。

```
root@NanoPC-T3:/home/pi/windway_driver# dmesg | tail
[   17.028000] Bluetooth: BNEP socket layer initialized
[   22.668000] nexell-dwmac c0060000.ethernet eth0: Link is Up - 100Mbps/Full -
flow control rx/tx
[   29.296000] ov5640 0-003c: [OV5640] get chipid 0x5640
[   29.296000] 0-003c supply DOVDD not found, using dummy regulator
[   29.296000] 0-003c supply DVDD not found, using dummy regulator
[   29.296000] 0-003c supply AVDD not found, using dummy regulator
[   29.320000] nx-clipper c0000000.soc:clipper0@c0063000: [CLI 0] enable 0
[ 4502.536000] EXT4-fs (mmcblk0p1): mounted filesystem with ordered data mode. O
pts: (null)
[15954.924000] khello: loading out-of-tree module taints kernel.
[15954.928000] Hello world
root@NanoPC-T3:/home/pi/windway_driver#
```

图 3-12　内核日志查看驱动模块加载记录

（8）执行“rmmod khello.ko”卸载驱动模块。由于在 hello 驱动模块加载函数中添加了“Goodbye world”的打印信息，终端信息输出如图 3-13 所示。

```
root@NanoPC-T3:/home/pi/windway_driver# rmmod khello.ko
root@NanoPC-T3:/home/pi/windway_driver# dmesg | tail
[   22.668000] nexell-dwmac c0060000.ethernet eth0: Link is Up - 100Mbps/Full -
flow control rx/tx
[   29.296000] ov5640 0-003c: [OV5640] get chipid 0x5640
[   29.296000] 0-003c supply DOVDD not found, using dummy regulator
[   29.296000] 0-003c supply DVDD not found, using dummy regulator
[   29.296000] 0-003c supply AVDD not found, using dummy regulator
[   29.320000] nx-clipper c0000000.soc:clipper0@c0063000: [CLI 0] enable 0
[ 4502.536000] EXT4-fs (mmcblk0p1): mounted filesystem with ordered data mode. O
pts: (null)
[15954.924000] khello: loading out-of-tree module taints kernel.
[15954.928000] Hello world
[16195.052000] Goodbye world
root@NanoPC-T3:/home/pi/windway_driver#
```

图 3-13　内核日志查看驱动模块卸载记录

3.3.2　GPIO 驱动开发

1．分类

在 Linux 系统中，根据模型框架可以将设备的驱动分为 3 类。

（1）字符设备驱动

以字节流形式处理数据，可以支持随机访问。由于字符设备的数据量通常较小，因此一般不需要页高速缓存。典型的字符设备包括串口、键盘和帧缓冲设备等。例如，串口设备不限制收发数据的长度,可以是任意字节数,但不支持随机访问操作,数据按顺序发送和接收,无法通过 lseek 定位到特定位置进行读/写。串口的数据通常存储在 FIFO 缓冲区中,且数据一旦被读取或发送,不会再次被使用。相比之下,帧缓冲设备(如显卡)则支持随机访问,可以直接修改帧缓冲区中某个位置的数据,进而改变屏幕上对应像素点的显示内容,以实现灵活控制图像的显示。以下是一些常见的例子。

- 终端设备:如/dev/tty 设备,用于与终端进行交互。
- 串口:如/dev/ttyS0、/dev/ttyUSB0 等,用于串行通信。
- 虚拟控制台:如/dev/tty1、/dev/tty2 等。
- 帧缓冲设备:如/dev/fb0,用于图像显示。
- 键盘和鼠标设备:如/dev/input/eventX 和/dev/input/mice 或/dev/psaux。
- 声卡控制接口:尽管音频数据传输可使用混合模式,但控制接口通常是字符设备。

上面的这些设备通常具有以下特征:

- 支持 read()、write()、open()、close()等基本操作。
- 数据通常以字节流的形式读/写。
- 它们通常支持 ioctl()系统调用来进行设备特定的控制。
- 它们根据需要决定是否具备随机访问或寻址操作。
- 数据传输通常是顺序的。

(2)块设备驱动

以数据块为单位进行数据处理,由于每个数据块的大小是固定的,例如 4096 字节,因此每次读/写操作的最小数据量就是一个完整的块。块设备支持随机访问,即可以直接访问设备中任意位置的块数据。为了提高数据的读/写效率,块设备通常会将之前访问过的数据缓存起来,以便后续访问时可以直接从缓存中读取,避免重复从设备获取数据。常见的块设备包括硬盘、光盘和 SD 卡等。例如,硬盘的最小访问单位是一个扇区,每个扇区通常大小为 512 字节,因此,块的大小至少为 512 字节。并且,硬盘支持随机访问,可以直接访问硬盘上任意一个扇区的数据。此外,由于硬盘的物理读/写速度较慢,如果每次访问都直接从硬盘读取数据,系统性能会受到影响,因此,系统通常会使用页高速缓存,将之前读取的数据存放在内存中。当程序再次需要访问这些数据时,可以直接从缓存中读取,从而提高数据的访问效率。

(3)网络设备驱动

专门针对网络设备的一类驱动,控制网络数据的收发。

2.结构

现实中有的设备很难被严格界定为字符设备还是块设备,甚至有的设备同时具有两类驱动,如 MTD(存储技术设备,如闪存)和音频设备。一个设备的驱动选择上述 3 类中的哪一类,还要看具体的使用场合和最终的用途。一般而言,嵌入式系统外围电路的大部分硬件设备都可以采用字符设备驱动进行控制,下面介绍 GPIO 控制的字符设备驱动。

字符设备驱动的结构如图 3-14 所示。

字符设备驱动的开发主要包括驱动初始化、设备操作实现和驱动卸载。

(1)驱动初始化

字符设备的初始化是驱动开发的首要步骤,主要包括分配 cdev 结构体、初始化 cdev 结构体、注册 cdev 结构体及硬件初始化。

① 分配 cdev 结构体。cdev 结构体是用于描述字符设备的核心数据结构。它通常需要在驱动中进行分配,并与设备号关联。cdev 结构体的定义如下:

```
struct cdev {
    struct kobject kobj;              /* 内核对象  */
    struct module *owner;            /* 通常为 THIS_MODULE */
    struct file_operations *ops;     /* 指向文件操作函数集合, cdev_init()内与 cdev 结构体相关联*/
    struct list_head list;           /* 链表节点  */
    dev_t dev;                       /* 设备号, 高 12 位为主设备号, 低 20 位为次设备号  */
    unsigned int count;              /* 设备号范围 */
};
```

其中, dev_t 成员存储了字符设备的设备号, 设备号由 32 位构成, 高 12 位为主设备号, 低 20 位为次设备号。

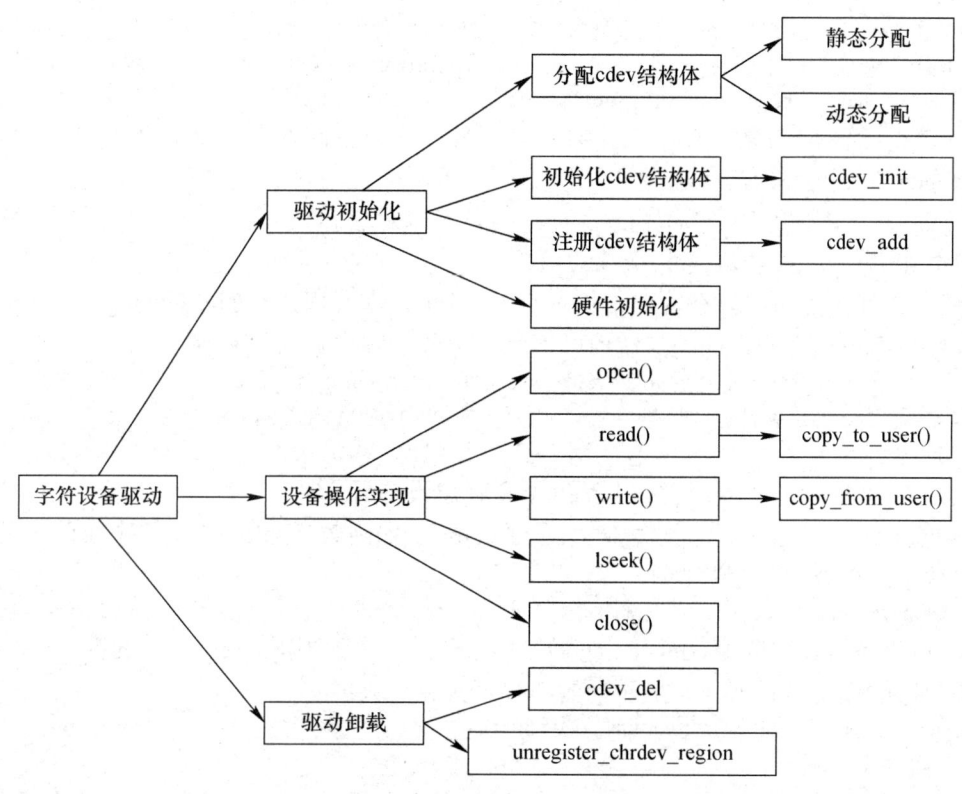

图 3-14 字符设备驱动的结构

② 初始化 cdev 结构体。在分配了 cdev 结构体后, 需要通过 cdev_init()函数初始化其成员, 并将 cdev 与 file_operations 结构体关联起来。cdev_init()函数的原型如下:
```
void cdev_init(struct cdev *cdev, struct file_operations *fops);
```
③ 注册 cdev 结构体。通过 cdev_add()函数将 cdev 结构体注册到系统中, 完成字符设备的注册操作。cdev_add()函数的原型为:
```
int cdev_add(struct cdev *cdev, dev_t dev, unsigned count);
```
④ 硬件初始化。硬件初始化是驱动开发的重要环节, 主要包括硬件资源的申请与配置, 从而保证驱动能够正常与底层硬件交互, 保证设备可以被正确控制和操作。在编写驱动时, 硬件初始化的主要任务是申请硬件资源、配置硬件寄存器、注册中断等。

（2）设备操作实现

字符设备的操作通过 file_operations 结构体与用户空间交互。用户空间程序通过系统调用接口函数（如 open()、read()、write()、close()等）访问字符设备, 而这些系统调用在驱动中最终由 file_operations 结构体中的函数指针实现。

① open()函数，用于处理设备文件的打开操作。其原型为：

int (*open)(struct inode *inode, struct file *file);

② read()函数，负责从设备中读取数据，返回读取的字节数。出错时，返回负值。其原型为：

ssize_t (*read)(struct file *file, char _ _user *buf, size_t count, loff_t *pos);

其中，buf 是指向用户空间的指针，不能直接在内核空间中访问。因此，需要通过专门的函数进行用户空间与内核空间之间的数据复制，其原型为：

unsigned long copy_from_user(void *to, const void _ _user *from, unsigned long count);

③ write()函数，用于将数据写入设备，返回写入的字节数。若未实现该函数，用户进行 write()函数调用时将返回-EINVAL。其原型如下：

ssize_t (*write)(struct file *file, const char _ _user *buf, size_t count, loff_t *pos);

④ close()函数，用于关闭设备文件（在 file_operations 中对应为 release()函数）。其原型为：

int (*release)(struct inode *inode, struct file *file);

struct file：代表打开的文件，每个打开的文件在内核空间都有一个关联的 file 结构，其成员 loff_t f_pos 表示文件的读/写位置。

struct inode：记录文件的物理信息。一个文件可以对应多个 file 结构，但只有一个 inode 结构。其成员 dev_t i_rdev 表示设备号。

⑤ 用户空间指针访问。在 read()和 write()函数中，涉及用户空间指针的操作。由于内核代码无法直接访问用户空间指针，需使用以下两个函数来实现数据的复制：

unsigned long copy_from_user(void *to, const void _ _user *from, unsigned long count);
unsigned long copy_to_user(void _ _user *to, const void *from, unsigned long count);

（3）驱动卸载

字符设备驱动的卸载主要包括删除 cdev 和释放设备号。

① 删除 cdev。在驱动模块卸载时，通过 cdev_del()函数将 cdev 从系统中删除，完成字符设备在内核中的卸载。其原型为：

void cdev_del(struct cdev *cdev);

② 释放设备号。在调用 cdev_del()函数卸载设备后，需调用 unregister_chrdev_region()函数释放之前申请的设备号，从而完成驱动的卸载。其原型为：

void unregister_chrdev_region(dev_t from, unsigned count);

【实验目的】

（1）了解 Linux 字符设备 GPIO 驱动的开发；

（2）了解应用程序调用驱动的方法。

【实验环境】

硬件平台：高级嵌入式综合实验系统，PC。

【实验原理与内容】

本实验通过开发一个字符设备驱动来控制 GPIO（如 LED 灯）的开关。字符设备驱动的核心在于创建一个 cdev 结构体，将其与设备号和 file_operations 结构体关联，最终将 cdev 结构体添加到内核中。实验原理分为以下几个步骤：

（1）设备号的分配与注册：设备号由主设备号和次设备号组成，使用 MKDEV 宏合成一个完整的设备号，并通过 register_chrdev_region()函数将设备号注册到内核，防止与其他驱动冲突。最后通过 unregister_chrdev_region()函数释放设备号，确保驱动可以安全卸载和重新加载。

（2）cdev 结构体的初始化与注册：字符设备的操作通过 cdev 结构体完成。使用 cdev_init()函数初始化 cdev 并关联 file_operations，然后使用 cdev_add()函数将 cdev 注册到内核，使其成为可访问的字符设备。

（3）GPIO 资源的申请与配置：在使用 GPIO 时，首先通过 gpio_request()函数申请 GPIO 资源，确保端口不与其他程序冲突。gpio_direction_output()函数用于设置 GPIO 为输出模式，可以用 gpio_set_value()函数控制其电平，以实现对外设硬件的开关控制。

（4）ioctl 系统调用实现：ioctl（输入/输出控制）允许用户空间程序通过文件描述符向驱动传递命令，从而对 GPIO 电平状态进行控制。在本实验中，ioctl 用于接收 LED_ON 和 LED_OFF 命令，通过传递参数来控制特定 GPIO 的状态。

（5）资源的释放：在模块卸载时，需要释放所有已申请的资源，包括设备号、cdev 结构体和 GPIO 资源，确保系统资源的可重用性。

【实验设备描述】

高级嵌入式综合实验系统的板载常用外设包含 LED 灯、蜂鸣器和振动电机，将它们分别连接到 ARM 处理器的不同 GPIO 引脚。因此，需要根据电路原理图，明确 GPIO 的编号和硬件驱动的方式，如图 3-15 所示。

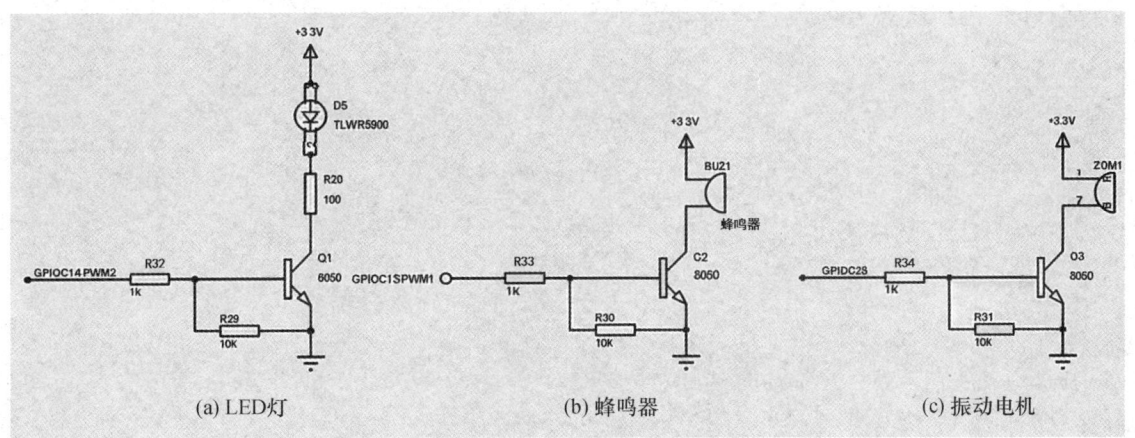

图 3-15　GPIO 硬件连接示意图

由图 3-15 可知，LED 灯的工作状态是由 NPN 型三极管控制的。当 GPIO C14 输出高电平信号时，三极管进入导通状态，LED 灯点亮；反之，当输出低电平信号时，三极管处于截止状态，LED 灯熄灭。控制蜂鸣器和振动电机的 NPN 型三极管分别与 GPIO C13 和 GPIO C28 引脚相连接，控制方式与 LED 灯相同。因此，通过程序控制这些 GPIO 引脚的输出电平状态，即可实现对这 3 个外设的控制。

【实验步骤及现象】

（1）编写控制 LED 灯等外设的 NPN 型三极管 GPIO 的驱动。由于这 3 个外设的控制方式相同，因此，这里统一采用 LED 灯控制驱动作为设计模式。基于此，本实验案例文件命名为 led_driver.c。可通过 vi 对驱动源码进行编辑：

```
/*
 * Linux GPIO 驱动程序
 * 功能：控制开发板上的 LED 灯等外设
 * 支持：通过 ioctl 系统调用实现 LED 灯等外设的开关控制
 */

/* 必要的头文件引入*/
#include <linux/module.h>        // 提供模块加载和卸载功能
#include <linux/cdev.h>          // 字符设备结构体定义
```

```c
#include <linux/fs.h>            // 文件操作结构体定义
#include <linux/device.h>        // 设备类相关定义
#include <linux/ioport.h>        // I/O 接口资源管理
#include <linux/io.h>            // I/O 内存映射
#include <linux/uaccess.h>       // 用户空间访问函数
#include <linux/gpio.h>          // GPIO 操作相关函数

/* GPIO 端口定义 */
#define PAD_GPIO_C 2*32          // GPIO C 组起始编号
#define PAD_GPIO_B 1*32          // GPIO B 组起始编号

/* ioctl 命令定义 */
#if 0
    #define LED_ON  _IO('L',0)       // 简单命令格式
    #define LED_OFF _IO('L',1)
#else
    #define LED_ON  _IOW('L',1,unsigned long)     // 带参数的命令格式
    #define LED_OFF _IOW('L',0,unsigned long)
#endif

/* 全局变量定义 */
unsigned int dev_number;         // 设备号
unsigned int major = 0;          // 主设备号（0 表示动态分配）
unsigned int minor = 0;          // 次设备号
static struct class *led_class = NULL;       // 设备类指针
static struct device *led_device = NULL;     // 设备节点指针

/* GPIO 配置结构体 */
struct led_gpio {
    unsigned     gpio;           // GPIO 编号
    const char   *label;         // GPIO 标签名
};

/* 定义 LED 灯使用的 GPIO 配置数组 */
static struct led_gpio led_gpios[] = {
    {PAD_GPIO_C + 14, "C14"},
    {PAD_GPIO_C + 28, "C28"},
    {PAD_GPIO_C + 13, "C13"},
};

/* 设备打开函数 */
int led_open(struct inode *node, struct file *file)
{
    return 0;
}

/* ioctl 控制函数
 * 参数:
 * file:文件指针
 * cmd:命令类型（LED_ON/LED_OFF）
 * args: 参数（LED 灯编号）
 */
long led_ioctl(struct file *file, unsigned int cmd, unsigned long args)
{
    switch(cmd) {
```

```
      case LED_ON:       // LED 灯打开命令
        switch(args) {
          case 14:
            gpio_set_value(led_gpios[0].gpio, 1);
            break;
          case 28:
            gpio_set_value(led_gpios[1].gpio, 1);
            break;
          case 13:
            gpio_set_value(led_gpios[2].gpio, 1);
        }
        break;
      case LED_OFF:       // LED 灯关闭命令
        switch(args) {
          case 14:
            gpio_set_value(led_gpios[0].gpio, 0);
            break;
          case 28:
            gpio_set_value(led_gpios[1].gpio, 0);
            break;
          case 13:
            gpio_set_value(led_gpios[2].gpio, 0);
        }
        break;
    }
    return 0;
}

/*文件操作结构体 */
static struct file_operations led_fops = {
    .owner = THIS_MODULE,
    .open = led_open,
    .unlocked_ioctl = led_ioctl,
};

/* 字符设备结构体 */
static struct cdev led_cdev;

/*模块初始化函数 */
static int __init led_dev_init(void)
{
    int retval, i;

    /* 1. 申请设备号 */
    if(major == 0) {      // 动态申请设备号
        retval = alloc_chrdev_region(&dev_number, minor, 1, "6818_dev_number");
    } else {              // 静态注册设备号
        dev_number = MKDEV(major, minor);
        retval = register_chrdev_region(dev_number, 1, "6818_dev_number");
    }

    if(retval < 0) {
        printk("register number error\n");
        goto register_number_error;
    }
```

```c
    /* 2. 初始化字符设备*/
    cdev_init(&led_cdev, &led_fops);

    /* 3. 添加字符设备到系统 */
    retval = cdev_add(&led_cdev, dev_number, 1);
    if(retval < 0) {
        printk("cdev_add error\n");
        goto cdev_add_error;
    }

    /* 4. 创建设备类 */
    led_class = class_create(THIS_MODULE, "led_class");
    if(led_class == NULL) {
        printk("class_create error\n");
        goto class_create_error;
    }

    /* 5. 创建设备节点 */
    led_device = device_create(led_class, NULL, dev_number, NULL, "led_drv");
    if(led_device == NULL) {
        printk("device_create error\n");
        goto device_create_error;
    }

    /* 6. 申请 GPIO 资源 */
    for(i = 0; i < 3; i++) {
        gpio_free(led_gpios[i].gpio);   // 释放可能被占用的 GPIO
        retval = gpio_request(led_gpios[i].gpio, led_gpios[i].label);
        if(retval < 0) {
            printk("gpio_request error\n");
            goto gpio_request_error;
        }
        // 设置 GPIO 为输出模式，初始状态为低电平
        gpio_direction_output(led_gpios[i].gpio, 0);
    }

    printk(KERN_ALERT "led_drv init\n");
    return 0;

    /* 错误处理部分 */
gpio_request_error:
    while(i--)
        gpio_free(led_gpios[i].gpio);
    device_destroy(led_class, dev_number);

device_create_error:
    class_destroy(led_class);
    led_class = NULL;

class_create_error:
    cdev_del(&led_cdev);

cdev_add_error:
    unregister_chrdev_region(dev_number, 1);
```

```
register_number_error:
    return retval;
}

/*模块卸载函数 */
static void __exit led_dev_exit(void)
{
    int i = 3;
    // 释放所有申请的资源
    while(i--)
        gpio_free(led_gpios[i].gpio);            // 释放 GPIO
    device_destroy(led_class, dev_number);       // 销毁设备节点
    class_destroy(led_class);                    // 销毁设备类
    led_class = NULL;
    cdev_del(&led_cdev);                         // 删除字符设备
    unregister_chrdev_region(dev_number, 1);     // 注销设备号
    printk(KERN_ALERT "led_drv exit\n");
}

/*模块加载和卸载函数注册 */
module_init(led_dev_init);                       // 注册模块初始化函数
module_exit(led_dev_exit);                       // 注册模块卸载函数

/*模块信息 */
MODULE_AUTHOR("RONGSY");                          // 作者信息
MODULE_DESCRIPTION("Led driver for 6818");// 模块描述
MODULE_LICENSE("GPL");                            // 模块许可证
```

上述驱动代码的结构如图 3-16 所示。

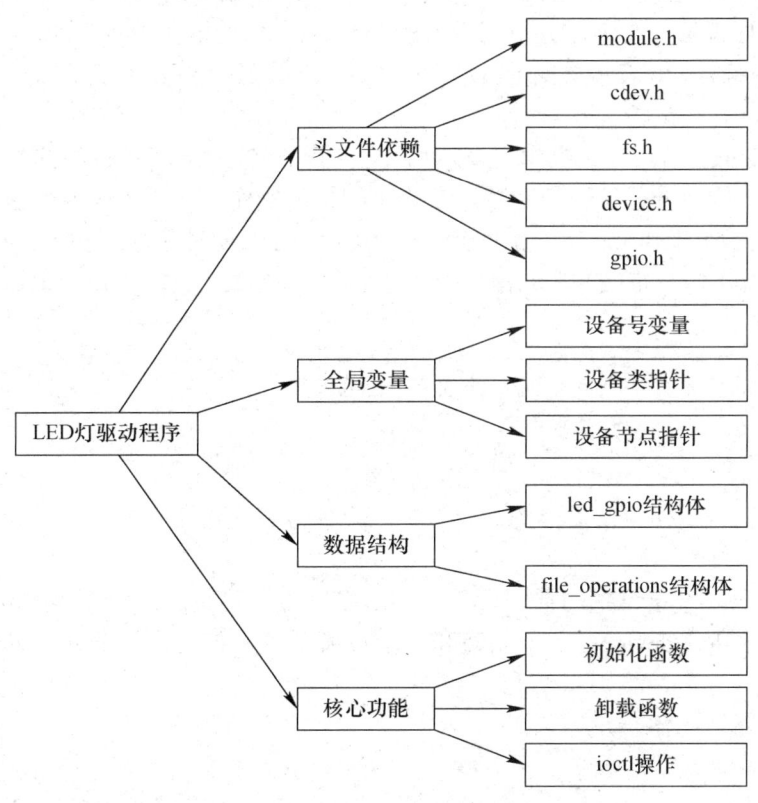

图 3-16　LED 灯驱动程序的结构图

该驱动程序的主要功能是通过 ioctl 系统调用控制实验系统上 LED 灯等外设的打开或关闭。上述驱动程序的主要部分介绍如下。

① 头文件：

● #include <linux/module.h>：提供模块的基本功能，如 module_init()和 module_exit()等模块加载和卸载相关的宏。

● #include <linux/cdev.h>：提供 cdev 等字符设备相关结构体。

● #include <linux/fs.h>：提供 file_operations 等文件操作结构体。

● #include <linux/device.h>：提供设备驱动模型，用于自动创建设备节点。

● #include <linux/ioport.h>：提供管理 I/O 接口资源，如 request_region()。

● #include <linux/io.h>：提供 ioremap()等 I/O 内存映射函数。

● #include <linux/gpio.h>：提供 GPIO 操作相关的 API，例如，gpio_request()申请 GPIO 资源、gpio_free()释放 GPIO 资源、gpio_direction_output()设置 GPIO 方向、gpio_set_value()设置 GPIO 输出值。

② GPIO 端口定义：

```
#define PAD_GPIO_C 2*32        // GPIO C 组起始编号
#define PAD_GPIO_B 1*32        // GPIO B 组起始编号
```

为了方便管理 GPIO 引脚，代码将 GPIO B 组和 C 组的起始编号定义为宏。其中，GPIOC 组起始于 64（2×32），GPIOB 组起始于 32（1×32）。计算方式如下：

$$实际 GPIO 编号=组起始编号+引脚号$$

③ ioctl 命令定义：

```
#define LED_ON _IOW('L',1,unsigned long)      // 带参数的命令格式
#define LED_OFF _IOW('L',0,unsigned long)
```

● 'L'：设备标识符，用来区分不同设备的 ioctl 命令。这里代表特定的设备，如 LED 灯。

● 1/0：命令编号，0 表示关闭 LED 灯，1 表示打开 LED 灯。一般而言，由驱动程序开发者定义。

● unsigned long：在_IOW 宏中，表示用户空间程序传递给驱动程序的数据类型。这里表示传递给驱动程序的一个无符号长整数。在简单的关闭操作中，并不需要传递复杂的数据。

● _IOW：表示写操作（从用户空间到内核），用于定义向设备写入数据的 ioctl 操作。其中，ioctl 是 Linux 系统中用户空间与驱动程序进行交互的一种方式，允许用户发出命令来控制设备。

④ 全局变量定义：

```
unsigned int dev_number;              // 设备号
unsigned int major = 0;               // 主设备号（0 表示动态分配）
unsigned int minor = 0;               // 次设备号
static struct class *led_class = NULL;       // 设备类指针
static struct device *led_device = NULL;     // 设备节点指针
```

这些全局变量用于存储设备号变量（包括主设备号和次设备号），以及设备类和设备节点的指针。

● dev_number：字符设备的唯一设备号，由主设备号和次设备号组合而成。

● led_class 和 led_device：用于创建和管理设备节点，使用户能够通过/dev/下的设备文件访问设备。

⑤ GPIO 配置结构体：

```
struct led_gpio {
  unsigned    gpio;         // GPIO 编号
  const char  *label;       // GPIO 标签名
```

```
};
static struct led_gpio led_gpios[] = {
    {PAD_GPIO_C + 14, "C14"},
    {PAD_GPIO_C + 28, "C28"},
    {PAD_GPIO_C + 13, "C13"},
};
```

该结构体和数组用于描述控制 LED 灯的 GPIO 引脚。

- gpio：表示具体的 GPIO 编号。
- label：为该引脚指定一个易于识别的标签名，便于调试和管理。

在实际操作中，驱动程序通过 led_gpios[]数组中的 GPIO 编号来控制相应的引脚状态，从而实现 LED 灯的开或关。

⑥ 文件操作函数。

led_open()函数打开设备文件：

```
int led_open(struct inode *node, struct file *file)
{
    return 0;
}
```

led_open()函数是字符设备驱动中的标准操作函数，表示设备文件被打开时的回调处理。在本驱动程序中，led_open()函数没有执行任何具体操作，直接返回 0 表示成功。

led_ioctl()函数处理 ioctl 命令：

```
long led_ioctl(struct file *file, unsigned int cmd, unsigned long args)
{
    switch(cmd) {
        case LED_ON:
            switch(args) {
                case 14:
                    gpio_set_value(led_gpios[0].gpio, 1);   // 设置 GPIO C14 引脚为高电平
                    break;
                case 28:
                    gpio_set_value(led_gpios[1].gpio, 1);   // 设置 GPIO C28 引脚为高电平
                    break;
                case 13:
                    gpio_set_value(led_gpios[2].gpio, 1);   // 设置 GPIO C13 引脚为高电平
            }
            break;
        case LED_OFF:
            switch(args) {
                case 14:
                    gpio_set_value(led_gpios[0].gpio, 0);   // 设置 GPIO C14 引脚为低电平
                    break;
                case 28:
                    gpio_set_value(led_gpios[1].gpio, 0);   // 设置 GPIO C28 引脚为低电平
                    break;
                case 13:
                    gpio_set_value(led_gpios[2].gpio, 0);   // 设置 GPIO C13 引脚为低电平
            }
            break;
    }
    return 0;
}
```

led_ioctl()函数用于处理来自用户空间的 ioctl 命令。该函数根据传入的命令类型（cmd）和

参数（args）来决定对 GPIO 引脚执行的操作。

● 当 cmd 为 LED_ON 时，驱动程序会根据 args 参数中的 LED 灯编号打开相应的 LED 灯（通过将对应的 GPIO 引脚设为高电平）。

● 当 cmd 为 LED_OFF 时，驱动程序会将相应的 GPIO 引脚设为低电平，关闭 LED 灯。

文件操作结构体：

```
static struct file_operations led_fops = {
    .owner = THIS_MODULE,
    .open = led_open,
    .unlocked_ioctl = led_ioctl,
};
```

led_fops 结构体定义了字符设备的文件操作接口，包括 owner()、open()和 unlocked_ioctl()函数。其中，unlocked_ioctl()是设备执行 ioctl 操作时的回调函数。

⑦ 字符设备的初始化与注册。

设备号分配与字符设备初始化：

```
/* 1. 申请设备号 */
if(major = = 0) {
    retval = alloc_chrdev_region(&dev_number, minor, 1, "6818_dev_number");
} else {
    dev_number = MKDEV(major, minor);
    retval = register_chrdev_region(dev_number, 1, "6818_dev_number");
}

/* 2.初始化字符设备*/
cdev_init(&led_cdev, &led_fops);

/* 3. 添加字符设备到系统 */
retval = cdev_add(&led_cdev, dev_number, 1);
```

在模块加载过程中，驱动程序需要为字符设备分配设备号，并将设备注册到内核。

● 设备号分配：通过 alloc_chrdev_region()或 register_chrdev_region()为设备分配主设备号和次设备号。

● 字符设备初始化：通过 cdev_init()初始化字符设备结构体，并将其与文件操作函数绑定。

● 字符设备注册：通过 cdev_add()将字符设备添加到内核中，使其可以被用户空间访问。

⑧ 设备类和设备节点创建。

```
/* 4. 创建设备类 */
led_class = class_create(THIS_MODULE, "led_class");

/* 5. 创建设备节点 */
led_device = device_create(led_class, NULL, dev_number, NULL, "led_drv");
```

驱动程序需要为字符设备创建设备类和设备节点，使其可以在用户空间中被访问。这里通过 class_create()和 device_create()创建/sys/class/下的设备类和/dev/led_drv 设备文件节点。

⑨ GPIO 初始化：

```
for(i = 0; i < 3; i++) {
    gpio_free(led_gpios[i].gpio);
    retval = gpio_request(led_gpios[i].gpio, led_gpios[i].label);
    gpio_direction_output(led_gpios[i].gpio, 0);
}
```

驱动程序会通过 gpio_request()请求使用 GPIO 引脚，并将这些引脚设置为输出模式（初始状态为低电平，即 LED 灯关闭）。gpio_free()用于释放可能已经被占用的引脚，确保引脚可用。

⑩ 模块的加载和卸载。

驱动初始化函数：

```
static int __init led_dev_init(void) { ... }
```

led_dev_init()是驱动的初始化函数，包含设备号分配、字符设备注册、GPIO 初始化等操作。当模块被加载时，该函数会被自动调用。

驱动卸载函数：

```
static void __exit led_dev_exit(void) { ... }
```

led_dev_exit()函数负责在驱动卸载时释放所有资源，包括销毁设备节点、释放 GPIO 资源、注销设备号等，确保系统不会有资源泄露。

⑪ 错误处理机制。在 led_dev_init()函数中，错误处理通过 goto "标签" 实现。每个步骤都有相应的错误检查和处理代码。一旦某个步骤失败，就跳转到相应的错误处理标签，逐步释放已分配的资源。以下是具体说明。

● 设备号申请失败：如果 alloc_chrdev_region()或 register_chrdev_region()失败，程序会跳转到 register_number_error，并返回错误代码 retval，表示初始化失败。

● 字符设备添加失败：如果 cdev_add()失败，程序会跳转到 cdev_add_error，先调用 unregister_chrdev_region()释放设备号，然后返回错误代码 retval。

● 设备类创建失败：如果 class_create()失败，程序会跳转到 class_create_error。此时会调用 cdev_del()删除字符设备，并注销设备号。

● 设备节点创建失败：如果 device_create()失败，程序跳转到 device_create_error。在此会先销毁设备类，再释放字符设备和设备号。

● GPIO 资源申请失败：GPIO 资源申请失败时，程序会跳转到 gpio_request_error。为了避免已申请的 GPIO 未释放，此处会执行 gpio_free()，释放之前已申请的 GPIO 资源。随后，调用 device_destroy()销毁设备节点，清理资源。

⑫ 模块信息部分：

```
MODULE_AUTHOR("RONGSY"); // 作者信息
MODULE_DESCRIPTION("Led driver for 6818"); //模块描述
MODULE_LICENSE("GPL"); //模块许可证
```

在 Linux 内核模块中，模块信息字段用于描述模块的作者、用途和许可证情况，帮助开发者和系统管理员识别和管理模块。这些信息通过 MODULE_* 宏定义来声明。

● MODULE_AUTHOR：声明模块的作者信息。例如，MODULE_AUTHOR("RONGSY");表明模块作者为 "RONGSY"，方便后续联系和识别。

● MODULE_DESCRIPTION：提供模块的简要描述，如 MODULE_DESCRIPTION("Led driver for 6818");说明模块是为 6818 开发板设计的 LED 灯驱动程序，这使得模块的用途和功能更易理解。

● MODULE_LICENSE：指定模块的许可证类型，MODULE_LICENSE("GPL");表示模块采用 GNU General Public License。使用 GPL 许可证的模块能够访问某些仅限 GPL 模块的内核接口，符合开源规范。

（2）编写 Makefile。通过 make 实现对驱动源码的动态编译，其中 obj-m 代表将源码编译成模块，KERNEL_DIR 是 Linux 内核源码存放目录：

```
obj-m := gpio_test.o
KERNEL_DIR := /home/user/Workspace/linux
```

```
PWD := $(shell pwd)

all :
    make -C $(KERNEL_DIR) M=$(PWD) modules
clean:
    rm *.o *.ko *.mod.c * .order *.symvers
```

（3）在 Linux 内核目录 drivers/misc/下创建目录 drivers/misc/windway/gpio_test，保存字符设备驱动，如下：

```
user@ubuntu:~/Workspace/Linux/drivers/misc/windway/gpio_test$ls
gpio_test.c Makefile
```

（4）在 gpio_test 驱动目录下执行"make ARCH=arm64"，则将驱动编译成模块（.ko 文件），编译输出的日志如下：

```
user@ubuntu16-04:~/Workspace/linux/drivers/misc/windway/gpio_test$ make ARCH=arm64 make -C
/home/user/Workspace/linux M=/home/user/Workspace/linux/drivers/misc/windway/gpio_test modules make[1]:
Entering directory '/home/user/Workspace/linux'
    CC [M] /home/user/Workspace/linux/drivers/misc/windway/gpio_test/gpio_test.o
    Building modules, stage 2.
    MODPOST 1 modules
    CC /home/user/Workspace/linux/drivers/misc/windway/gpio_test/gpio_test.mod.o
    LD [M] /home/user/Workspace/linux/drivers/misc/windway/gpio_test/gpio_test.ko
make[1]: Leaving directory '/home/user/Workspace/linux'
user@ubuntu16-04:~/Workspace/linux/drivers/misc/windway/gpio_test$ ls
gpio_test.c gpio_test.mod.c gpio_test.o modules.order
gpio_test.ko gpio_test.mod.o Makefile Module.symvers
```

（5）编译成功后，生成的.ko 文件会出现在驱动目录下，并将 gpio_test.ko 传输到开发板的 /home/pi/windway_driver 目录下，如图 3-17 所示。

图 3-17　GPIO 驱动文件

（6）执行"insmod gpio_test.ko"加载该驱动模块，再通过执行"lsmod"命令查看是否已加载成功，如图 3-18 所示。

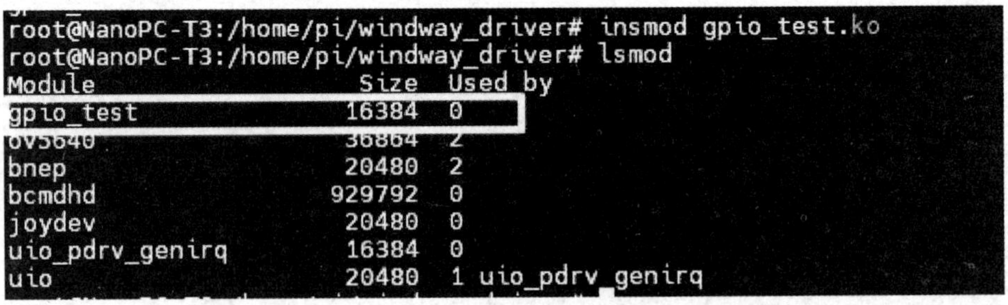

图 3-18　GPIO 驱动加载成功

（7）编写测试驱动程序（gpio_app.c）：该驱动测试程序通过 ioctl 接口控制 LED 灯的开或关，完整的代码如下：

```
#include <stdio.h>
#include <sys/types.h>
#include <sys/stat.h>
#include <fcntl.h>
```

```c
#include <unistd.h>
#include <sys/ioctl.h>
//测试代码与驱动程序之间的通信约定为 ioctl 方式，必须要与驱动程序中的 ioctl 使用一致的参数传入 GPIO 控
制命令
#if 0
    #define LED_ON _IO('L',0)
    #define LED_OFF _IO('L',1)
#else
    #define LED_ON _IOW('L',1,unsigned long)
    #define LED_OFF _IOW('L',0,unsigned long)
#endif

int main(void)
{
    int fd ;

    //打开 LED 灯的设备文件
    fd = open("/dev/led_drv",O_RDWR); //底层硬件所对应的设备文件，由驱动程序来设置
    if(fd < 0)
    {
        perror("open");
        return fd;
    }
    ioctl(fd,LED_OFF,13);
    ioctl(fd,LED_OFF,14);
    ioctl(fd,LED_OFF,28);
    //根据驱动程序中的接口，控制 LED 灯的 GPIO 引脚输出电平（高电平或低电平）
    while(1)
    {
        ioctl(fd,LED_ON,13);
        ioctl(fd,LED_ON,14);
        ioctl(fd,LED_ON,28);
        sleep(1);
        ioctl(fd,LED_OFF,13);
        ioctl(fd,LED_OFF,14);
        ioctl(fd,LED_OFF,28);
        break;
    }
    return 0;
}
```

① 头文件：

```c
#include <stdio.h>
#include <sys/types.h>
#include <sys/stat.h>
#include <fcntl.h>
#include <unistd.h>
#include <sys/ioctl.h>
```

这些头文件提供了基本的 I/O 接口：

● <fcntl.h> 提供了文件控制选项（如 open()函数）；

● <unistd.h> 提供了 POSIX 标准函数（如 sleep()函数）；

● <sys/ioctl.h> 提供了 ioctl 系统调用接口，用于与驱动程序通信。

② 宏定义 ioctl 命令：

```
#if 0
  #define LED_ON_IO('L',0)
  #define LED_OFF_IO('L',1)
#else
  #define LED_ON_IOW('L',1,unsigned long)
  #define LED_OFF_IOW('L',0,unsigned long)
#endif
```

定义了两个 ioctl 命令，分别用于打开和关闭 LED 灯。

● LED_ON 和 LED_OFF 是使用_IOW 宏定义带参数的 ioctl 命令，传递的参数为 unsigned long 类型（这里是 GPIO 引脚编号）。

● 'L'是一个字符，用作命令的类型标识。

● 数字 0 和 1 表示不同的命令编号。

③ 主函数：

```
int main(void)
{
  int fd;

  // 打开设备文件
  fd = open("/dev/led_drv",O_RDWR); // 打开 LED 灯驱动对应的设备文件
  if(fd < 0)
  {
    perror("open");
    return fd;
  }
```

通过 open()函数打开设备文件/dev/led_drv，这是驱动程序创建的设备节点。O_RDWR 表示以读/写方式打开设备文件。如果打开失败，会输出错误信息并返回错误代码。

④ 关闭所有 LED 灯：

```
ioctl(fd,LED_OFF,13);
ioctl(fd,LED_OFF,14);
ioctl(fd,LED_OFF,28);
```

使用 ioctl，将 LED 灯设置为关闭状态。这里假设 GPIO 引脚 13、14 和 28 分别控制不同的 LED 灯。

⑤ 循环控制 LED 灯的开或关：

```
while(1)
{
  ioctl(fd,LED_ON,13);
  ioctl(fd,LED_ON,14);
  ioctl(fd,LED_ON,28);
  sleep(1);
  ioctl(fd,LED_OFF,13);
  ioctl(fd,LED_OFF,14);
  ioctl(fd,LED_OFF,28);
  break;
}
```

在 while(1)循环中，首先通过 ioctl(fd, LED_ON, GPIO 编号)控制 GPIO 引脚 13、14、28 的 LED 灯等外设打开，再使用 sleep(1)使程序暂停 1s，然后使用 ioctl(fd, LED_OFF, GPIO 编号)关

闭 LED 灯等外设，最后 break 终止循环（因此 LED 灯等外设只工作 1s 后关闭）。

（8）编译生成可执行文件，如下：

```
user@ubuntu16-04:~/Workspace/linux/drivers/misc/windway/gpio_test$ aarch64-cortex-a53-linux-gnu-gcc gpio_app.c
-o gpio_app
user@ubuntu16-04:~/Workspace/linux/drivers/misc/windway/gpio_test$ ls gpio_app gpio_app
```

（9）将生成的可执行文件传输到高级嵌入式综合实验系统，并执行 chmod +x 命令，赋予可执行文件"可执行"的权限，如图 3-19 所示。

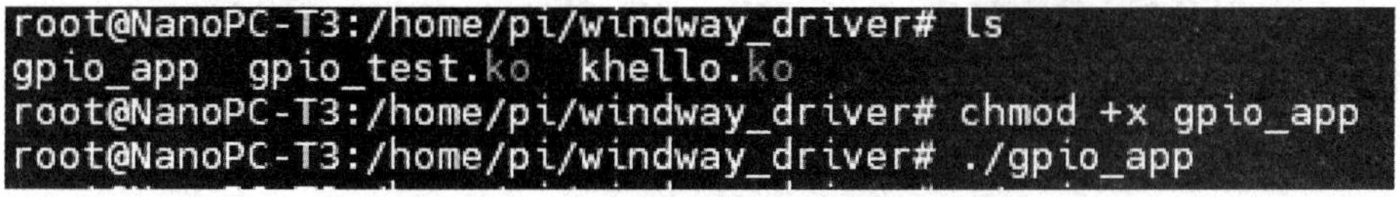

```
root@NanoPC-T3:/home/pi/windway_driver# ls
gpio_app  gpio_test.ko  khello.ko
root@NanoPC-T3:/home/pi/windway_driver# chmod +x gpio_app
root@NanoPC-T3:/home/pi/windway_driver# ./gpio_app
```

图 3-19　GPIO 驱动测试程序运行

驱动测试程序会打开 LED 灯、蜂鸣器和振动电机对应的 GPIO 引脚，相隔 1s 后又关闭这些 GPIO 引脚，因此，GPIO 引脚上的 LED 灯、蜂鸣器和振动电机都会间歇工作 1s。可以通过 rmmod gpio_test 卸载驱动。

3.3.3　总线驱动开发——MPU6050 驱动（I^2C）

【实验目的】

（1）了解 MPU6050 的工作原理；

（2）掌握 Linux I^2C 设备驱动开发。

【实验环境】

硬件平台：高级嵌入式综合实验系统，PC。

【实验原理与内容】

1．MPU6050 介绍

MPU6050 是 InvenSense 公司开发的一款 6 轴运动追踪器芯片，集成了三轴加速度计、三轴陀螺仪和温度传感器，能同时检测三轴加速度、三轴陀螺仪（三轴角速度）的运动数据和温度数据。该芯片内置 DMP（Digital Motion Processor，数字运动处理器）引擎，可对传感器数据进行滤波、融合处理，并通过 I^2C 接口直接输出经过姿态解算的数据，降低了系统 CPU 的计算负担。该芯片的姿态解算频率最高可达 200Hz，适用于需要高实时性的姿态控制场景。在通信方面，MPU6050 的 I^2C 总线支持最高 400kHz 的通信速率，其从机地址由 AD0 引脚电平决定：当 AD0 接地（低电平）时，7 位从机地址为 1101000(0x68)；当 AD0 接 V_{CC}（高电平）时，7 位从机地址为 1101001(0x69)。由于 MPU6050 具有高集成度、高性能和低功耗的特点，因此广泛应用于手机陀螺仪、智能手环、四轴飞行器、计步器等需要姿态检测的智能设备中。MPU6050 芯片外形与引脚排列如图 3-20 所示。

2．I^2C 框架

I^2C（Inter-Integrated Circuit）是一种简单的、双向的、两线制的同步串行总线。它仅使用两条信号线：SCL（串行时钟线）和 SDA（串行数据线）。一般而言，I^2C 硬件的两条线都需要上拉电阻，空闲状态下均为高电平，如图 3-21 所示。

主机通过控制 SCL 时钟信号，与从机进行数据传输。I^2C 总线可以连接多个从机，每个从机都有唯一的 7 位地址（部分从机支持 10 位地址）。I^2C 通信协议示意图如图 3-22 所示。

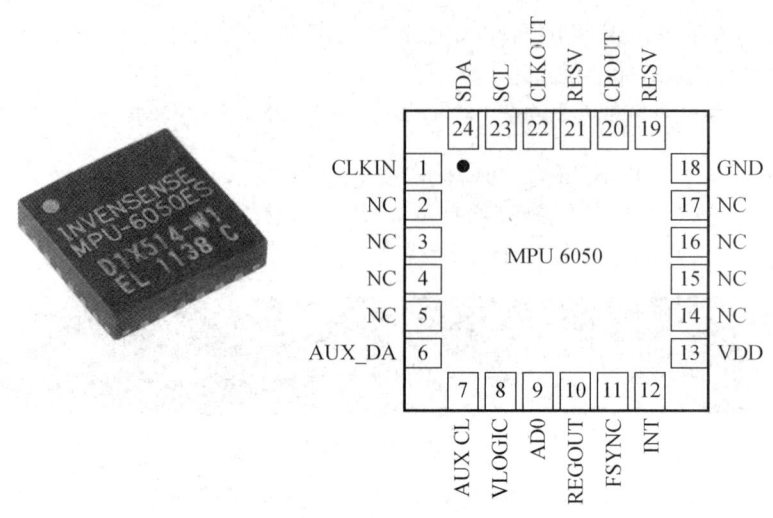

图 3-20　MPU6050 芯片外形与引脚排列

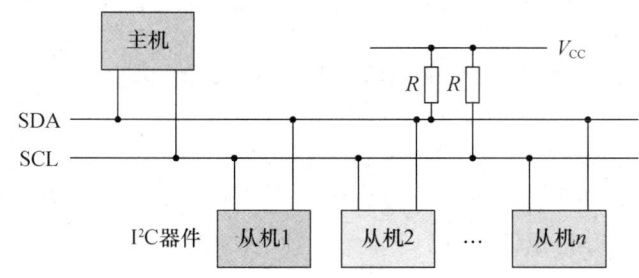

图 3-21　I²C 硬件连接示意图

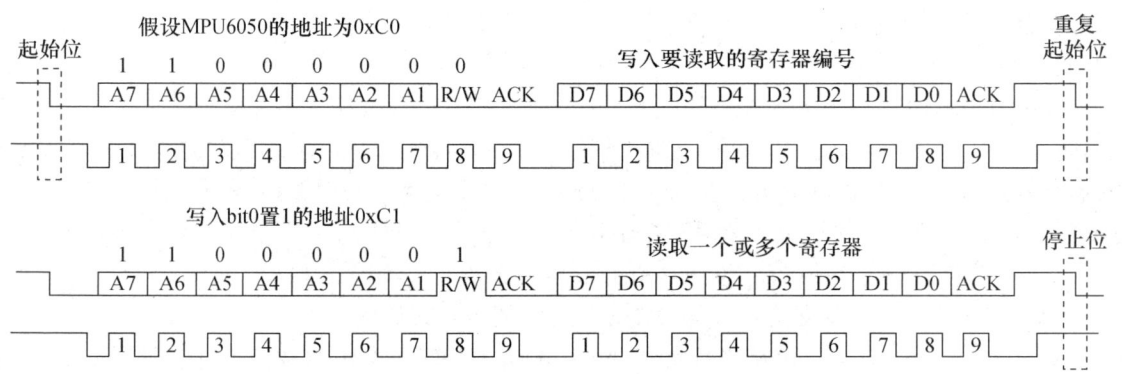

图 3-22　I²C 通信协议示意图

I²C 通信协议定义了 4 种基本信号：起始信号（Start）、停止信号（Stop）、应答信号（ACK）和数据。其中，起始信号是在 SCL 为高电平时，SDA 由高电平向低电平跳变产生的；停止信号是在 SCL 为高电平时，SDA 由低电平向高电平跳变产生的。在数据传输过程中，当 SCL 为低电平时才能改变 SDA 电平，在 SCL 为高电平期间 SDA 必须保持稳定，每个字节传输后都需要接收方发出 ACK 信号（以拉低 SDA 电平）。具体而言，一个完整的 I²C 数据传输过程包括：产生起始信号→发送从机地址（A7~A1，7 位）和读/写标志位（R/W，1 位）→等待从机应答（ACK）→传输数据（D7~D0，8 位）→等待应答→产生停止信号。写操作时，主机发送数据，从机应答；读操作时，从机发送数据，主机应答。对于连续读/写，可以在发送完 1 字节后不产生停止信号，直接发送下一个字节。此外，I²C 还支持时钟同步、总线仲裁等高级功能，保证了多主机情况下的正常工作。标准模式下 I²C 总线速率为 100kb/s，快速模式可达 400kb/s，高速模式可达 3.4Mb/s。

在 Linux 内核中，构建一个通用的 I²C 框架以适用于各种 I²C 设备和应用，其实现较为复杂，核心代码就有数千行。该框架自底向上包括 I²C 适配器（I²C Adapter）、I²C 核心、I²C 通用设备驱动以及 I²C 用户设备驱动 4 个层次。

其中，I²C 适配器是一个标准的 Linux 内核驱动，通过 platform_driver 结构体定义，包含驱动名称、驱动匹配以及 probe()和 remove()函数等。在 probe()函数中，I²C 接口会被初始化并使能，然后生成一个 I²C 适配器结构体（struct i2c_adapter），并通过调用 i2c_add_numbered_adapter()或 i2c_add_adapter()函数将其加载到 I²C 核心中。由于各芯片厂商的 I²C 总线控制接口的数据内容不同，Linux 内核 drivers/i2c/busses 目录下包含了上百个不同芯片的 I²C 适配器实现，这些通常由芯片厂商提供。

为了适应种类繁多的 I²C 适配器，Linux 使用统一的 I²C 适配器结构体作为对上层的接口。该结构体中包含一个重要的指针，指向 I²C 算法结构体（struct i2c_algorithm）。include/uapi/linux/i2c.h 文件的 master_xfer()函数实现了对芯片 I²C 硬件的具体控制操作，并且该函数还为上层提供了一个统一的指针接口，指向 I²C 传参结构体（struct i2c_msg），而该结构体也会用于应用程序层。

通过 I²C 适配器内核驱动和三个关键结构体的配合，可以实现 Linux 系统中 I²C 总线的完整功能。

- I²C 适配器内核驱动：负责初始化和使能 I²C，然后生成 I²C 适配器结构体，并加载进 I²C 核心。
- I²C 适配器结构体(struct i2c_adapter)：提供统一的 I²C 数据接口。
- I²C 算法结构体(struct i2c_algorithm)：提供 I²C 的读/写操作接口。
- I²C 传参结构体(struct i2c_msg)：提供 I²C 收发通信的传参接口。

3. I²C 设备驱动实例

具体而言，I²C 总线属于内核，I²C 适配器实现已经由芯片厂商编写，因此，I²C 设备驱动在加载完成后自动由内核进行管理。

在 Linux 系统中，I²C 设备驱动框架采用分离模式进行设计，即将设备驱动与设备信息分离开，当两者相匹配时，Linux 会调用设备驱动中的 probe()函数。

完整的基于 MPU6050 的 I²C 驱动程序（mpu6050.c）如下：

```
#include <linux/module.h>
#include <linux/kernel.h>
#include <linux/init.h>
#include <linux/fs.h>
#include <linux/slab.h>
#include <linux/uaccess.h>
#include <linux/io.h>
#include <linux/cdev.h>
#include <linux/device.h>
#include <linux/of.h>
#include <linux/of_address.h>
#include <linux/of_irq.h>
#include <linux/gpio.h>
#include <linux/of_gpio.h>
```

```c
#include <linux/string.h>
#include <linux/irq.h>
#include <asm/uaccess.h>
#include <asm/io.h>
#include <linux/interrupt.h>
#include <linux/input.h>
#include <linux/i2c.h>
#include <linux/delay.h>

#include "mpu6050.h"

struct mpu6050_device
{
    int irq; /*中断号*/
    int gpio;
    dev_t dev_no; /*设备号*/
    struct cdev chrdev;
    struct class *class;
    struct mutex m_lock;
    wait_queue_head_t wq; /*等待队列*/
    struct mpu6050_data data;
    struct i2c_client *client;
};

static struct mpu6050_device *mpu6050_dev;

static int mpu6050_i2c_write_reg(struct i2c_client *client, uint8_t reg_addr, uint8_t data)
{
    int ret = 0;
    uint8_t w_buf[2];

    struct i2c_msg msg;

    w_buf[0] = reg_addr;
    w_buf[1] = data;

    msg.addr = client->addr;
    msg.buf = w_buf;
    msg.flags = 0; /* I2C direction:  write */
    msg.len = sizeof(w_buf);

    ret = i2c_transfer(client->adapter, &msg, 1);
    if (ret < 0)
        return ret;
    else if (ret != 1)
        return -EIO;

    return 0;
}

static int mpu6050_i2c_read_reg(struct i2c_client *client, uint8_t reg_addr, uint8_t *data)
{
    int ret = 0;
```

```c
    struct i2c_msg msgs[2];

    msgs[0].addr = client->addr;
    msgs[0].buf = &reg_addr; /* send register */
    msgs[0].flags = 0;              /* I2C direction: write */
    msgs[0].len = 1;

    msgs[1].addr = client->addr;
    msgs[1].buf = data;             /*读取寄存器数据*/
    msgs[1].flags = I2C_M_RD; /* I2C direction: read */
    msgs[1].len = 1;

    ret = i2c_transfer(client->adapter, msgs, 2); /* */
    if (ret < 0)
        return ret;
    else if (ret != 2)
        return -EIO;

    return 0;
}

static int mpu6050_init(void)
{
    uint8_t reg_val = 0;
    int ret = 0;

    pr_err("mpu6050_init\r\n");
    /*解除休眠状态*/
    ret = mpu6050_i2c_write_reg(mpu6050_dev->client, MPU6050_PWR_MGMT_1, 0x00); /*    */

    /*陀螺仪采样频率输出设置*/
    ret = mpu6050_i2c_write_reg(mpu6050_dev->client, MPU6050_SMPLRT_DIV, 0x07);

    ret = mpu6050_i2c_write_reg(mpu6050_dev->client, MPU6050_CONFIG, 0x06);

    /*配置加速度计工作在 16g 模式，不自检*/
    ret = mpu6050_i2c_write_reg(mpu6050_dev->client, MPU6050_ACCEL_CONFIG, 0x18);

    /* 陀螺仪自检及测量范围，典型值：0x18(不自检，2000deg/s) */
    ret = mpu6050_i2c_write_reg(mpu6050_dev->client, MPU6050_GYRO_CONFIG, 0x18);
#if MPU6050_USE_INT
    /*配置中断产生时中断引脚为低电平*/
    ret = mpu6050_i2c_read_reg(mpu6050_dev->client, MPU6050_INT_PIN_CFG, &reg_val);
    reg_val |= 0xC0;
    mpu6050_i2c_write_reg(mpu6050_dev->client, MPU6050_INT_PIN_CFG, reg_val);

    /*开启数据就绪中断*/
    ret = mpu6050_i2c_read_reg(mpu6050_dev->client, MPU6050_INT_ENABLE, &reg_val);
    reg_val |= 0x01;
    mpu6050_i2c_write_reg(mpu6050_dev->client, MPU6050_INT_ENABLE, reg_val);
#endif
    return ret;
}
```

```c
static int mpu6050_deinit(void)
{
    int ret = 0;
    /* MPU6050 复位，寄存器恢复默认值*/
    ret = mpu6050_i2c_write_reg(mpu6050_dev->client, MPU6050_PWR_MGMT_1, 0x80);
    return ret;
}

static int mpu6050_read_id(uint8_t *id)
{
    uint8_t data;
    int ret = 0;

    ret = mpu6050_i2c_read_reg(mpu6050_dev->client, MPU6050_WHO_AM_I, &data);

    if (id != NULL)
        *id = data;

    if (data != MPU6050_IIC_ADDR)
        ret = -1;

    return ret;
}

static int mpu6050_read_accel(struct mpu6050_accel *acc)
{
    int i = 0;
    int ret = 0;
    uint8_t data[6] = {0};

    pr_err("read accel value\r\n");
    for (i = 0; i < 6; i++)
    {
        ret = mpu6050_i2c_read_reg(mpu6050_dev->client, MPU6050_ACCEL_XOUT_H+i, &data[i]);
    }
    acc->x = (data[0] << 8) + data[1];
    acc->y = (data[2] << 8) + data[3];
    acc->z = (data[4] << 8) + data[5];
    return ret;
}

static int mpu6050_read_gyro(struct mpu6050_gyro *gyro)
{
    int i = 0;
    int ret = 0;
    uint8_t data[6] = {0};

    pr_err("read gyro value\r\n");
    for (i = 0; i < 6; i++)
    {
        ret = mpu6050_i2c_read_reg(mpu6050_dev->client, MPU6050_GYRO_XOUT_H+i, &data[i]);
    }
```

```c
    gyro->x = (data[0] << 8) + data[1];
    gyro->y = (data[2] << 8) + data[3];
    gyro->z = (data[4] << 8) + data[5];
    return ret;
}

static int mpu6050_read_temp(short *temp)
{
    int i = 0;
    int ret = 0;
    uint8_t data[2] = {0};

    for (i = 0; i < 2; i++)
    {
        ret = mpu6050_i2c_read_reg(mpu6050_dev->client, MPU6050_TEMP_OUT_H+i, &data[i]);
    }
    *temp = (data[0] << 8) + data[1];
    return ret;
}

static int _drv_open(struct inode *node, struct file *file)
{
    uint8_t id;
    int ret = 0;

    file->private_data = mpu6050_dev;

    pr_err("_drv_open\r\n");

    ret = mpu6050_init();
    if (ret != 0)
    {
        printk("%d-%s init failed %d\r\n", _ _LINE_ _, _ _FUNCTION_ _, ret);
        return -ENXIO;
    }

    if (mpu6050_read_id(&id) != 0)
    {
        printk("don't find %s %d\r\n", DEV_NAME, id);
        return -ENXIO;
    }

    gpio_direction_input(mpu6050_dev->gpio);

    printk("%s open %d\r\n", DEV_NAME, _ _LINE_ _);
    return 0;
}

static ssize_t drv_read(struct file *filp, char _ _user *buf, size_t size, loff_t *offset)
{
    int ret;
    int data_size;
    struct mpu6050_device *tmp_mpu6050 = filp->private_data;
```

```c
    struct mpu6050_data data;

    pr_err("_drv_read\r\n");

    data_size = sizeof(data);
    if (size != data_size)
        return -EINVAL;
#if MPU6050_USE_INT == 0
    ret = mpu6050_read_accel(&data.accel);

    ret = mpu6050_read_gyro(&data.gyro);
#else

#endif
    if (copy_to_user(buf, &data, sizeof(data)))
    {
        ret = -EFAULT;
    }
    else
    {
        ret = data_size;
    }
    return ret;
}

static int _drv_release(struct inode *node, struct file *filp)
{
    int ret = 0;
    struct mpu6050_device *tmp_mpu6050 = filp->private_data;

    ret = mpu6050_deinit();
    return ret;
}

static struct file_operations mpu6050_drv_ops = {
    .owner = THIS_MODULE,
    .open = _drv_open,
    .read = _drv_read,
    .release = _drv_release,
};

static int mpu6050_probe(struct i2c_client *client,
            const struct i2c_device_id *id)
{

    int err = 0;
    struct device * _dev;
    struct device_node * _dts_node;

    pr_err("mpu6050 probe\r\n");

    mpu6050_dev = (struct mpu6050_device *)kzalloc(sizeof(struct mpu6050_device), GFP_KERNEL);
    if (!mpu6050_dev)
```

```c
{
    printk("can't kzalloc mpu6050 dev\n");
    return -ENOMEM;
}

_dts_node = client->dev.of_node;
if (!_dts_node)
{
    printk("mpu6050 dts node can not found!\r\n");
    err = -EINVAL;
    goto out_free_dev;
}

mpu6050_dev->client = client;

err = alloc_chrdev_region(&mpu6050_dev->dev_no, 0, 1, DEV_NAME);
if (err < 0)
{
    pr_err("Error: failed to register mbochs_dev, err: %d\n", err);

    goto out_cdev_del;
}

cdev_init(&mpu6050_dev->chrdev, &mpu6050_drv_ops);
err = cdev_add(&mpu6050_dev->chrdev, mpu6050_dev->dev_no, 1);
if (err)
{
    goto out_unregister;
}

mpu6050_dev->class = class_create(THIS_MODULE, DEV_NAME);
if (IS_ERR(mpu6050_dev->class))
{
    err = PTR_ERR(mpu6050_dev->class);
    goto out_cdev_del;
}

_dev = device_create(mpu6050_dev->class, NULL, mpu6050_dev->dev_no, NULL, DEV_NAME);
if (IS_ERR(_dev))
{ /*判断指针是否合法*/
    err = PTR_ERR(_dev);
    goto out_class_del;
}

printk("%s probe success\r\n", DEV_NAME);

goto out;

out_class_del:
    class_destroy(mpu6050_dev->class);
out_cdev_del:
    cdev_del(&mpu6050_dev->chrdev);
out_unregister:
```

```c
        unregister_chrdev_region(mpu6050_dev->dev_no, 1); /* 注销设备号*/
out_free_dev:
    kfree(mpu6050_dev);
    mpu6050_dev = NULL;
out:

    return err;

}

static int mpu6050_remove(struct i2c_client *client)
{
    pr_err("mpu6050 remove\r\n");

    device_destroy(mpu6050_dev->class, mpu6050_dev->dev_no);
    class_destroy(mpu6050_dev->class);
    cdev_del(&mpu6050_dev->chrdev);
    unregister_chrdev_region(mpu6050_dev->dev_no, 1); /*注销设备号*/
    free_irq(mpu6050_dev->irq, NULL); /*释放中断*/
    kfree(mpu6050_dev);
    printk(KERN_INFO "%s success\n", DEV_NAME);

    return 0;
}

static const struct i2c_device_id mpu6050_id[] = {
    {"mpu6050", 0},
    {}
};
MODULE_DEVICE_TABLE(i2c, mpu6050_id);

static const struct of_device_id mpu6050_of_match[] = {
    { .compatible = "mpu6050" },
    { /* Sentinel */ }
};
MODULE_DEVICE_TABLE(of, mpu6050_of_match);

static struct i2c_driver mpu6050_driver = {
    .probe = mpu6050_probe,
    .remove = mpu6050_remove,
    .driver = {
        .owner = THIS_MODULE,
        .name = "mpu6050",
        .of_match_table = of_match_ptr(mpu6050_of_match),
    },
    .id_table = mpu6050_id
};
static int __init mpu6050_driver_init(void)
{
    int ret = 0;
    printk(KERN_ERR"mpu6050 init\r\n");
    ret = i2c_add_driver(&mpu6050_driver);
```

```
  if (ret != 0)
    pr_err("Failed to register mpu6050 driver: %d\n", ret);

  return ret;
}

static void _ _exit mpu6050_driver_exit(void)
{
  printk(KERN_ERR"mpu6050 exit\r\n");
  i2c_del_driver(&mpu6050_driver);
}

module_init(mpu6050_driver_init);
module_exit(mpu6050_driver_exit);

MODULE_LICENSE("GPL");
MODULE_AUTHOR("windway");
```

上述驱动程序的主要部分介绍如下。

（1）头文件

● 模块基础：<linux/module.h>、<linux/kernel.h>、<linux/init.h>提供了模块加载与卸载的宏定义，用于创建一个标准的 Linux 内核模块。

● 字符设备与内存管理：<linux/fs.h>、<linux/slab.h>、<linux/cdev.h>、<linux/device.h>使驱动能够作为字符设备在用户空间被访问，并且提供内存管理和设备创建等操作。

● 用户空间交互：<linux/uaccess.h> 提供了内核空间与用户空间交互的函数。

● GPIO 和中断管理：<linux/gpio.h>、<linux/of_gpio.h>、<linux/irq.h>、<linux/of_irq.h>用于操作 GPIO 并处理设备中断。

● I/O 相关操作：<linux/io.h>、<asm/io.h> 提供对硬件寄存器的直接读/写，通常在与硬件交互时用到。

● 设备树和设备匹配：<linux/of.h>、<linux/of_address.h> 提供了从设备树中获取硬件配置信息的接口，帮助驱动程序通过设备树配置硬件。

● I^{2}C 通信支持：<linux/i2c.h>用于管理 I^{2}C 总线，并与 MPU6050 进行通信。

● 输入设备支持：<linux/input.h>用于管理输入设备，尽管在这个驱动中并没有特别多的输入需要处理，但可以为将来的扩展打下基础。

● 延时管理：<linux/delay.h>用于产生短暂延时，以便为设备操作提供足够的时间。

（2）MPU6050 设备结构体(struct mpu6050_device)

该结构体定义了 MPU6050 相关的所有必要信息，包括设备的状态、中断、I^{2}C 客户端等：

```
struct mpu6050_device {
  int irq; /*中断号*/
  int gpio; /* GPIO 引脚号*/
  dev_t dev_no; /*设备号，字符设备所需*/
  struct cdev chrdev; /*字符设备结构体，用于管理字符设备*/
  struct class *class; /*类信息，便于在/dev 下创建设备节点*/
  struct mutex m_lock; /*互斥锁，确保并发访问的安全性*/
  wait_queue_head_t wq; /*等待队列，通常用于同步，等待中断*/
  struct mpu6050_data data; /*存储读取的 MPU6050 数据*/
  struct i2c_client *client; /* I2C 客户端，用于与 MPU6050 通信*/
};
```

Irq（中断号）：如果启用 MPU6050 的中断功能，则该字段用于存储中断编号。

gpio（GPIO 引脚）：对应设备连接的 GPIO 引脚，用于中断处理等功能。

dev_no（设备号）和 chrdev（字符设备）：用于在 Linux 中注册字符设备，方便用户空间程序与驱动交互。

class（类信息）：用于创建/dev 目录下的设备节点，使用户能够方便地访问设备。

client（I²C 客户端）：用于与 MPU6050 进行 I²C 通信。

（3）I²C 写寄存器函数（mpu6050_i2c_write_reg）

该函数通过 I²C 接口向 MPU6050 的指定寄存器写入数据，用于配置和控制 MPU6050 的各种功能。参数说明如下。

client：指向 i2c_client 结构体的指针，表示 I²C 设备的客户端信息，包含 I²C 地址和适配器信息。

reg_addr：目标寄存器的地址，指定写入数据的寄存器。

data：需要写入的数据值。

写入数据的主要步骤如下。

① 定义并初始化变量

ret：用于存储传输操作的返回结果。

w_buf：长度为 2 的缓冲区，存储要发送的数据，包括寄存器地址和数据。

msg：描述 I²C 消息的结构体。

② 设置待写入的数据

w_buf[0] = reg_addr：将寄存器地址存储到 w_buf 的第一个字节中。

w_buf[1] = data：将要写入的数据存储到 w_buf 的第二个字节中。

③ 配置 I²C 消息

msg.addr = client->addr：设置消息的设备地址，即 MPU6050 的 I²C 地址。

msg.buf = w_buf：指定发送的数据缓冲区 w_buf，其中包含寄存器地址和数据。

msg.flags = 0：设置消息为写操作。

msg.len = sizeof(w_buf)：消息长度为 2（包含寄存器地址和数据）。

④ 调用 i2c_transfer 执行 I²C 传输

```
ret = i2c_transfer(client->adapter, &msg, 1);
```

使用 i2c_transfer() 将数据通过 I²C 适配器发送到 MPU6050。其中，client->adapter 指定 I²C 适配器，&msg 是传输的消息，1 表示发送一条消息。

⑤ 检查传输结果

```
if (ret < 0)
  return ret;
else if (ret != 1)
  return -EIO;
```

如果 ret < 0，表示发生了错误，返回错误代码；如果 ret != 1，表示传输的消息数量不对，返回-EIO，表示 I/O 错误。

（4）I²C 读寄存器函数（mpu6050_i2c_read_reg）

该函数通过 I²C 从 MPU6050 的指定寄存器读取数据。它通过 I²C 总线完成寄存器地址发送及从寄存器中读取数据的双向通信。

参数说明如下。

struct i2c_client *client：I²C 设备的客户端信息，包含 MPU6050 的设备地址及适配器信息。

uint8_t reg_addr：需要读取的寄存器地址。

uint8_t *data：用于存储从寄存器中读取到的数据。

读取数据的主要步骤如下。

① 定义变量

ret：用于保存传输结果。

msgs[2]：定义了两个 I²C 消息的结构体，用于先写后读的操作。因为要先指定读取的寄存器地址，再读取数据，所以需要两个。

② 配置第一个 I²C 消息(msgs[0])：写寄存器地址

msgs[0].addr = client->addr：指定 MPU6050 的 I²C 地址。

msgs[0].buf = &reg_addr：将寄存器地址指针赋值给 msgs[0].buf，表示将寄存器地址发送给设备。

msgs[0].flags = 0：设置为 0，表示这是一个写操作。

msgs[0].len = 1：消息长度为 1，表示写入 1 字节（寄存器地址）。

③ 配置第二个 I²C 消息(msgs[1])：读寄存器数据

msgs[1].addr = client->addr：再次指定 MPU6050 的 I²C 地址。

msgs[1].buf = data：将读取到的缓冲区数据赋值给 msgs[1].buf。

msgs[1].flags = I2C_M_RD：设置为 I2C_M_RD，表示这是一个读操作。

msgs[1].len = 1：消息长度为 1，表示读取 1 字节的数据。

④ 调用 i2c_transfer(client->adapter, msgs, 2)进行 I²C 通信

i2c_transfer(client->adapter, msgs, 2)。

client->adapter：指定要使用的 I²C 适配器。

msgs：传递消息数组 msgs，包括写寄存器地址和读数据的两个消息。

2：表示要执行一个写操作和一个读操作，返回值 ret 为成功传输的消息数量，如果一切正常应该为 2。

⑤ 检查传输结果

```
if (ret < 0)
    return ret;
else if (ret != 2)
    return -EIO;
```

如果返回值小于 0，表示传输失败，直接返回错误代码；如果返回成功传输的消息数不是 2，表示传输不完整，则返回 I/O 错误代码-EIO。

（5）MPU6050 初始化与复位

```
static int mpu6050_init(void)
```

该函数主要通过 I²C 读/写寄存器函数完成必要的 MPU6050 寄存器初始化。

● 解除休眠状态：通过写寄存器 MPU6050_PWR_MGMT_1 为 0x00，使 MPU6050 正常工作。

● 采样频率、加速度计和陀螺仪配置：加速度计工作在 16g 模式，陀螺仪工作在 2000°/s 模式。

● 使用中断功能，配置中断相关的寄存器。

```
static int mpu6050_deinit(void)
```

● 通过 I²C 读/写寄存器函数将 MPU6050 复位，恢复到默认状态。

（6）数据读取功能

按照 MPU6050 读/写的时序要求，驱动在 I²C 读/写寄存器函数的基础上读取 MPU6050 的数据。

● 读取加速度（mpu6050_read_accel）：读取加速度计的 6 字节的数据（X、Y、Z 三轴，每个轴 16 位），通过两个寄存器分别读取高字节和低字节，组合成最终的加速度值。

● 读取陀螺仪（mpu6050_read_gyro）：类似于读取加速度的数据，也是读取 6 字节，分别对应 X、Y、Z 三轴。

● 读取温度（mpu6050_read_temp）：读取 2 字节的温度数据，将其组合为最终的温度值。

（7）字符设备接口

字符设备接口用于用户空间与内核空间进行交互。按照 MPU6050 读/写的时序要求，驱动在 I²C 读/写寄存器函数的基础上实现字符设备的 open、read 和 release 接口。

① 打开设备（_drv_open）：

```
static int _drv_open(struct inode *node, struct file *file)
```

初始化 MPU6050，检测其状态。保存设备实例到文件的 private_data，以便后续在 read 和 release 操作中使用。

② 读取数据（_drv_read）：

```
static ssize_t _drv_read(struct file *filp, char __user *buf, size_t size, loff_t *offset)
```

从 MPU6050 读取数据，包括加速度计和陀螺仪。使用 copy_to_user 将内核空间的数据复制到用户空间，以便用户应用程序可以读取到这些数据。

③ 释放设备（_drv_release）：

```
static int _drv_release(struct inode *node, struct file *filp)
```

在用户关闭设备时，执行设备的复位操作。

（8）I²C 驱动的注册和移除

I²C 驱动通过 probe() 和 remove() 函数实现设备的注册和移除。

① 注册函数（mpu6050_probe）：

```
static int mpu6050_probe(struct i2c_client *client, const struct i2c_device_id *id)
```

当系统检测到一个与驱动匹配的 I²C 设备时调用此函数，同时为设备分配内存（kzalloc）。读取设备树节点，注册字符设备（alloc_chrdev_region），并通过 cdev_add 注册到内核中。创建/dev/mpu6050 节点，以便用户程序可以通过该节点与设备进行交互。

② 设备移除函数（mpu6050_remove）：

```
static int mpu6050_remove(struct i2c_client *client)
```

释放与设备相关的资源，包括字符设备和/dev 节点的卸载。调用 kfree 释放设备结构体占用的内存。

（9）I²C 设备 ID 和设备树匹配

① 设备 ID（mpu6050_id）：

```
static const struct i2c_device_id mpu6050_id[] = {
  {"mpu6050", 0},
  {}
};
```

用于设备匹配，定义了驱动程序支持的设备名称。

② 设备树匹配（mpu6050_of_match）

```
static const struct of_device_id mpu6050_of_match[] = {
  { .compatible = "mpu6050" },
```

```
  { /* Sentinel */ }
};
```

上述代码在设备树中匹配 MPU6050 节点，便于驱动程序与硬件对接。

（10）I²C 驱动结构体（mpu6050_driver）

```
static struct i2c_driver mpu6050_driver = {
  .probe = mpu6050_probe,
  .remove = mpu6050_remove,
  .driver = {
    .owner = THIS_MODULE,
    .name = "mpu6050",
    .of_match_table = of_match_ptr(mpu6050_of_match),
  },
  .id_table = mpu6050_id
};
```

定义一个名为 mpu6050_driver 的 I²C 驱动结构体，描述 MPU6050 的驱动逻辑，用于与内核进行设备匹配和管理。该结构体包括以下几个方面。

① probe 和 remove 函数。

probe = mpu6050_probe：当内核检测到与该驱动匹配的设备时，调用 mpu6050_probe 函数来初始化设备。

remove = mpu6050_remove：当设备被移除时，调用 mpu6050_remove 函数来释放资源。

② driver 字段。

owner = THIS_MODULE：表示驱动所属的内核模块是当前模块，防止模块在使用时被卸载。

name = "mpu6050"：驱动的名称，用于标识驱动。

of_match_table = of_match_ptr(mpu6050_of_match)：指定设备树匹配表，用于匹配设备树中的相应节点。

③ id_table。

id_table = mpu6050_id：定义驱动支持的 I²C 设备 ID 表，用于匹配可能不使用设备树模型的设备。

（11）模块的初始化和卸载函数

驱动初始化函数（mpu6050_driver_init）：注册 I²C 驱动，调用 i2c_add_driver。

驱动卸载函数（mpu6050_driver_exit）：卸载 I²C 驱动，调用 i2c_del_driver，实现整个设备模块在内核的退出，卸载整个 I²C 驱动。mpu6050_remove 属于设备级别的函数，用于当前设备的移除操作。当用户执行卸载后，按照 i2c_del_driver->mp6050_remove 顺序执行驱动卸载。

（12）模块信息

MODULE_LICENSE("GPL")：声明模块是 GPL 许可证类型，表示模块可以被自由使用和修改。

MODULE_AUTHOR("windway")：指定模块的作者信息。

此外，在驱动程序中一些 MPU6050 的寄存器地址映射和基本数据结构定义在 mpu6050.h 中，具体如下：

```
#ifndef *MPU6050*DEF_H_          // 防止头文件重复包含
#define *MPU6050*DEF_H_

typedef unsigned char    uint8_t;     // 定义 8 位无符号整型数据类型

/* MPU6050 内部寄存器地址定义*/
```

```c
// 基础配置寄存器组
#define MPU6050_SMPLRT_DIV          0x19        // 采样频率分频器寄存器地址
#define MPU6050_CONFIG              0x1A        // 配置寄存器地址，用于配置数字低通滤波器
#define MPU6050_GYRO_CONFIG         0x1B        // 陀螺仪配置寄存器，用于配置量程范围
#define MPU6050_ACCEL_CONFIG        0x1C        // 加速度计配置寄存器，用于配置量程范围

// 加速度输出数据寄存器组
#define MPU6050_ACCEL_XOUT_H        0x3B        // X 轴加速度高八位数据寄存器
#define MPU6050_ACCEL_XOUT_L        0x3C        // X 轴加速度低八位数据寄存器
#define MPU6050_ACCEL_YOUT_H        0x3D        // Y 轴加速度高八位数据寄存器
#define MPU6050_ACCEL_YOUT_L        0x3E        // Y 轴加速度低八位数据寄存器
#define MPU6050_ACCEL_ZOUT_H        0x3F        // Z 轴加速度高八位数据寄存器
#define MPU6050_ACCEL_ZOUT_L        0x40        // Z 轴加速度低八位数据寄存器

// 温度输出数据寄存器组
#define MPU6050_TEMP_OUT_H          0x41        // 温度数据高八位寄存器
#define MPU6050_TEMP_OUT_L          0x42        // 温度数据低八位寄存器

// 陀螺仪输出数据寄存器组
#define MPU6050_GYRO_XOUT_H         0x43        // X 轴角速度高八位数据寄存器
#define MPU6050_GYRO_XOUT_L         0x44        // X 轴角速度低八位数据寄存器
#define MPU6050_GYRO_YOUT_H         0x45        // Y 轴角速度高八位数据寄存器
#define MPU6050_GYRO_YOUT_L         0x46        // Y 轴角速度低八位数据寄存器
#define MPU6050_GYRO_ZOUT_H         0x47        // Z 轴角速度高八位数据寄存器
#define MPU6050_GYRO_ZOUT_L         0x48        // Z 轴角速度低八位数据寄存器

// 电源管理和设备 ID 寄存器
#define MPU6050_PWR_MGMT_1          0x6B        // 电源管理寄存器 1，用于配置工作模式和时钟源
#define MPU6050_WHO_AM_I            0x75        // 设备 ID 寄存器，默认值为 0x68

/*中断相关寄存器组*/
#define MPU6050_INT_STATUS          0x3A        // 中断状态寄存器
#define MPU6050_INT_ENABLE          0x38        // 中断使能寄存器
#define MPU6050_INT_PIN_CFG         0x37        // 中断引脚配置寄存器

// 设备通信地址定义
#define MPU6050_IIC_ADDR            0x68        // MPU6050 的 I2C 设备地址(AD0 引脚接地时)

// 设备名称定义
#define DEV_NAME        "mpu6050"               // 设备名称字符串

/*命令定义*/
#define MPU6050_CMD_GET_ID          1           // 获取设备 ID 的命令码
#define MPU6050_CMD_GET_ACCEL       2           // 获取加速度数据的命令码
#define MPU6050_CMD_GET_GYRO        3           // 获取陀螺仪数据的命令码
#define MPU6050_CMD_GET_TEMP        4           // 获取温度数据的命令码

/*数据结构定义*/
// 加速度计数据结构体
struct mpu6050_accel {
    short x;  // X 轴加速度值，16 位有符号整型
    short y;  // Y 轴加速度值，16 位有符号整型
    short z;  // Z 轴加速度值，16 位有符号整型
};
```

```
// 陀螺仪数据结构体
struct mpu6050_gyro {
    short x;  // X 轴角速度值, 16 位有符号整型
    short y;  // Y 轴角速度值, 16 位有符号整型
    short z;  // Z 轴角速度值, 16 位有符号整型
};

// MPU6050 完整的数据结构体
struct mpu6050_data {
    struct mpu6050_accel accel;    // 加速度计数据结构体
    struct mpu6050_gyro gyro;      // 陀螺仪数据结构体
};

#endif /* *MPU6050*DEF_H_ */        // 头文件结束
```

在完成驱动模块的设计后, 对 MPU6050 需要配置关键的信息。在 Linux 内核中, 设备信息通常以设备树的形式进行描述。设备树作为硬件配置的数据结构, 使驱动程序能够从中获取必要的设备信息并完成初始化。

对 MPU6050 的集成, 在完成 I²C 驱动的同时, 还需要修改位于 "arch/arm64/boot/dts/nexell/s5p6818-nanopi3-common.dtsi" 的设备树文件。具体而言, 需要在 i2c_0 设备节点下添加 mpu6050 子节点, 并配置以下两个基本属性。

compatible 属性: 用于与驱动程序进行匹配, 只有当该属性值与驱动程序中定义的 compatible 名称一致时, 设备才能被正确加载到内核中。

reg 属性: 用于指定设备的 I²C 从机地址 (使用 7 位地址格式, 无须包含读/写位)。

【实验步骤及现象】

(1) 添加 mpu6050 子节点

① 修改设备树, 添加 I²C 从机信息。在 arch/arm64/boot/dts/nexell 目录的 s5p6818-nanopi3-common.dtsi 中找到 "i2c_0" 节点, 在其中添加 MPU6050 的设备节点信息, 如图 3-23 所示。

```
i2c_0: i2c@c00a4000 {
    samsung,i2c-max-bus-freq = <400000>;
    status = "okay";

    #address-cells = <1>;
    #size-cells = <0>;

    es8316: es8316@11 {
        #sound-dai-cells = <0>;
        compatible = "everest,es8316";
        reg = <0x11>;
    };

    mpu6050: mpu6050@12 {
        compatible = "mpu6050";
        reg = <0x68>;
    };
};
```

图 3-23 MPU6050 的设备节点信息添加

② 重新编译内核。进入内核源码目录，执行以下命令：

```
touch .scmversion
make ARCH=arm64 nanopi3_linux_defconfig
make ARCH=arm64 -j4
```

（2）更新内核镜像。

① 先将 "arch/arm64/boot/Image" 和 "arch/arm64/boot/dts/nexell" 中的关键 dtb 文件从虚拟机中的 Ubuntu 传输到高级嵌入式综合实验系统，然后将高级嵌入式综合实验系统的 boot 分区挂载到/mnt/目录下，执行如下命令：

```
mount /dev/mmcblk0p1 /mnt/
```

② 进入嵌入式系统的/mnt 目录，将新的内核镜像和 dtb 文件覆盖即可。文件覆盖完成后，重启高级嵌入式综合实验系统，实验系统会自动启动新的内核，此时完成内核的更新。如图 3-24 所示。

```
root@NanoPC-T3:~# mount /dev/mmcblk0p1 /mnt/
root@NanoPC-T3:~# cd /mnt
root@NanoPC-T3:/mnt# ls
Image        ramdisk.img          s5p6818-nanopi3-rev05.dtb
battery.bmp  s5p6818-nanopi3-rev01.dtb  s5p6818-nanopi3-rev07.dtb
logo.bmp     s5p6818-nanopi3-rev02.dtb  update.bmp
lost+found   s5p6818-nanopi3-rev03.dtb
root@NanoPC-T3:/mnt#
```

图 3-24　内核更新过程中的 mnt 挂载操作

③ 新的内核拥有 MPU6050 的设备信息，进入 "/proc/device-tree/soc/i2c@c00a4000"，可查到 MPU6050 的设备节点，如图 3-25 所示。

```
root@NanoPC-T3:/home/pi/windway_driver# cd /proc/device-tree/soc/i2c\@c00a4000/
root@NanoPC-T3:/proc/device-tree/soc/i2c@c00a4000# ls
#address-cells  es8316@11    pinctrl-0      samsung,i2c-max-bus-freq
#size-cells     interrupts   pinctrl-names  samsung,i2c-sda-delay
clock-names     mpu6050@12   reg            samsung,i2c-slave-addr
clocks          name         reset-names    status
compatible      phandle      resets
```

图 3-25　检查 MPU6050 的设备节点信息

（3）在高级嵌入式综合实验系统上接入 MPU6050 硬件模块

本实验采用的高级嵌入式综合实验系统需要采用杜邦线对外设模块的 I²C 接口和 ARM 电路板进行连接。MPU6050 的硬件连接如图 3-26 所示。

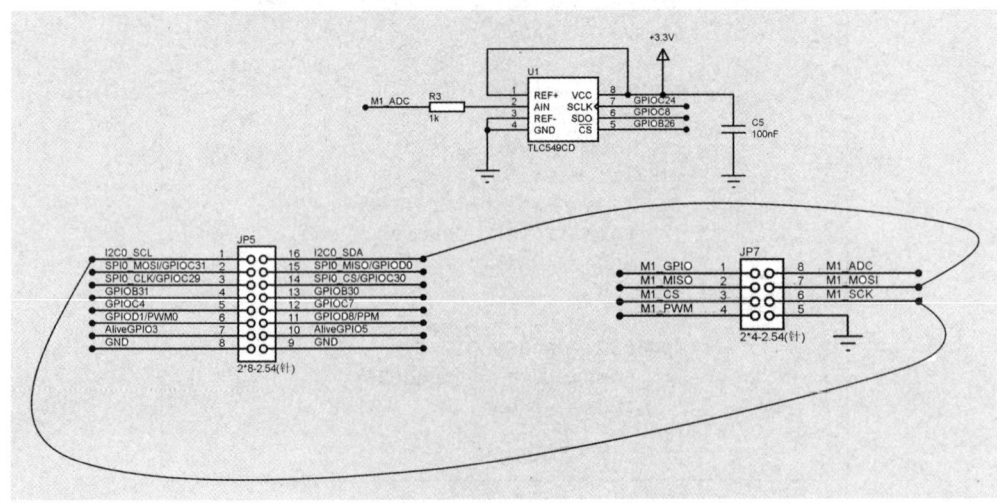

图 3-26　MPU6050 的硬件连接图

按照图 3-26，实际的连接如图 3-27 所示。

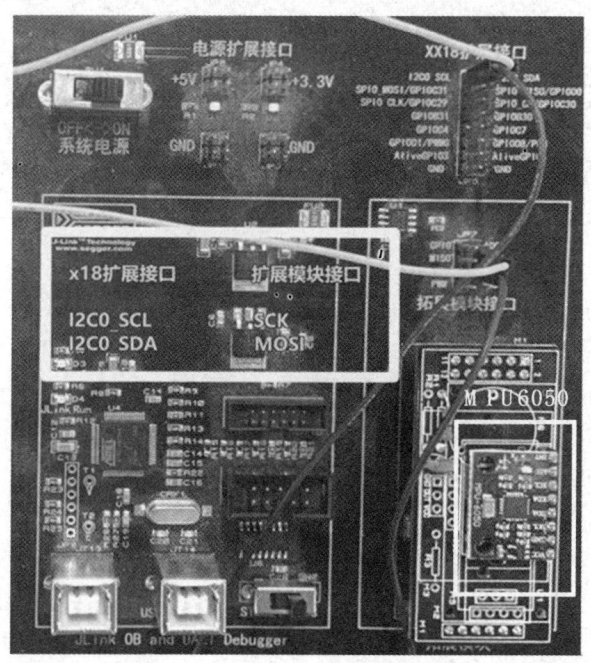

图 3-27　MPU6050 硬件的实际连接图

（4）构建 MPU6050 驱动

编写 MPU6050 的 I²C 驱动代码，完整代码如前所述，保存为 mpu6050.c。

编写 Makefile 如下，其中 obj-m 代表将源码编译成模块，KERNEL_DIR 是 Linux 内核源码存放地址：

```
obj-m := mpu6050.o
KERNEL_DIR := /home/sen/Workspace/linux
PWD := $(shell pwd)

all :
    make -C $(KERNEL_DIR) M=$(PWD) modules
clean:
    rm *.o *.ko *.mod.c * .order *.symvers
```

在 Linux 内核的 drivers/misc/下创建 drivers/misc/windway/mpu6050 目录保存 MPU6050 设备驱动，如下：

```
user@ubuntu16-04:~/Workspace/linux/drivers/misc/windway/mpu6050$ ls
Makefile mpu6050.c mpu6050.h
```

在 mpu6050 驱动目录下执行"make ARCH=arm64"，则将驱动编译成模块（.ko 文件）；编译成功后，将.ko 文件传输到高级嵌入式综合实验系统中的/home/pi/windway_driver 目录，如图 3-28 所示。

```
root@NanoPC-T3:/home/pi/windway_driver# ls
gpio_app  gpio_test.ko  khello.ko  mpu6050.ko  tlc549.ko  tlc549_read_app
```

图 3-28　MPU6050 驱动文件

在高级嵌入式综合实验系统执行"insmod mpu6050.ko"，加载 MPU6050 驱动，并通过执行"lsmod"命令查看是否已加载成功，如图 3-29 所示。

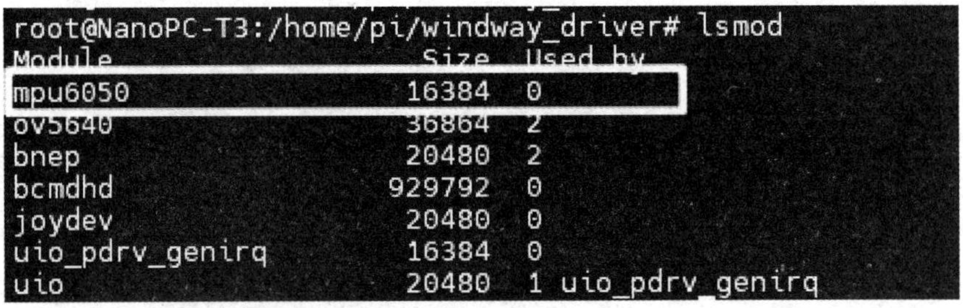

图 3-29 MPU6050 驱动加载信息

（5）编写驱动测试程序（mpu6050_app.c）

```c
#include <stdio.h>
#include <sys/types.h>
#include <sys/stat.h>
#include <fcntl.h>
#include <unistd.h>
#include <string.h>
#include <sys/ioctl.h>
#include <poll.h>
#include <stdint.h>

#define DEV_NAME    "/dev/mpu6050"

struct mpu6050_accel {
    short x;
    short y;
    short z;
};

struct mpu6050_gyro {
    short x;
    short y;
    short z;
};

struct mpu6050_data {
    struct mpu6050_accel accel;
    struct mpu6050_gyro gyro;
};

int main(int argc, char **argv)
{
    int fd;
    int ret;

    /*打开设备文件*/
    fd = open(DEV_NAME, O_RDWR | O_NONBLOCK);    // | O_NONBLOCK

    if (fd < 0)
    {
        printf("can not open file %s, %d\n", DEV_NAME, fd);
        return -1;
    }
```

```
    struct mpu6050_data    mpu6050_data;
    int size = sizeof(struct mpu6050_data);

    printf("read size %d\n", size);

    while (1)
    {
        if (read(fd, &mpu6050_data, size) == size)
        {
            printf("accel x %d y %d z %d\r\n", mpu6050_data.accel.x, mpu6050_data.accel.y,
mpu6050_data.accel.z);
            printf("gyro x %d y %d z %d\r\n", mpu6050_data.gyro.x, mpu6050_data.gyro.y,
mpu6050_data.gyro.z);
        }
        printf("running\r\n");
        sleep(3);
    }

    close(fd);

    return 0;
}
```

① 头文件：

```
#include "stdio.h"          // 提供标准输入/输出函数
#include <sys/types.h>      // 用于文件操作和设备控制
#include <sys/stat.h>       // 用于文件操作和设备控制
#include <fcntl.h>          // 用于文件操作和设备控制
#include <unistd.h>         // 提供对 POSIX 操作系统 API 的访问
#include <string.h>         // 用于字符串处理
#include <sys/ioctl.h>      // 用于设备控制和事件轮询
#include <poll.h>           // 用于设备控制和事件轮询
#include <stdint.h>         // 提供固定宽度的整数类型
```

② 设备名称定义：

```
#define DEV_NAME    "/dev/mpu6050"
```

在 Linux 系统中指向与 MPU6050 交互的设备文件路径。

③ 数据结构定义：

```
struct mpu6050_accel {
    short x;
    short y;
    short z;
};

struct mpu6050_gyro {
    short x;
    short y;
    short z;
};

struct mpu6050_data {
    struct mpu6050_accel accel;
    struct mpu6050_gyro gyro;
};
```

mpu6050_accel：存储加速度计的 *X*、*Y* 和 *Z* 轴数据。

mpu6050_gyro：存储陀螺仪的 *X*、*Y* 和 *Z* 轴数据。

mpu6050_data：组合加速度计和陀螺仪数据的结构。

④ 打开设备文件：

```
int fd;
int ret;
fd = open(DEV_NAME, O_RDWR | O_NONBLOCK);
```

尝试以读/写模式打开 MPU6050 设备文件，并设置为非阻塞模式。如果打开失败，打印错误信息并返回-1。

⑤ 数据读取循环：

```
struct mpu6050_data mpu6050_data;
int size = sizeof(struct mpu6050_data);

while (1)
{
  if (read(fd, &mpu6050_data, size) == size)
  {
    printf("accel x %d y %d z %d\r\n", mpu6050_data.accel.x, mpu6050_data.accel.y, mpu6050_data.accel.z);
    printf("gyro x %d y %d z %d\r\n", mpu6050_data.gyro.x, mpu6050_data.gyro.y, mpu6050_data.gyro.z);
  }
  sleep(3);
}
```

在循环中，程序不断读取 MPU6050 的数据。如果成功读取到完整的数据，程序会每隔 3s 打印加速度计和陀螺仪的值。

⑥ 关闭设备文件：

```
close(fd);
```

在程序结束之前，关闭打开的设备文件以释放资源。

（6）编译驱动测试程序

```
user@Ubuntu16-04:~/workspace/linux/drivers/misc/windway/mpu6050$ aarch64-cortexa53-linux-gnu-gcc
mpu6050_app.c -o mpu6050_app
```

将生成的可执行文件传输到开发板，并赋予可执行文件"可执行"的权限。运行可执行文件，每隔 3s 获取一次 MPU6050 的数据，通过摆动高级嵌入式综合实验系统的倾斜幅度可改变获取的值。效果如图 3-30 所示。

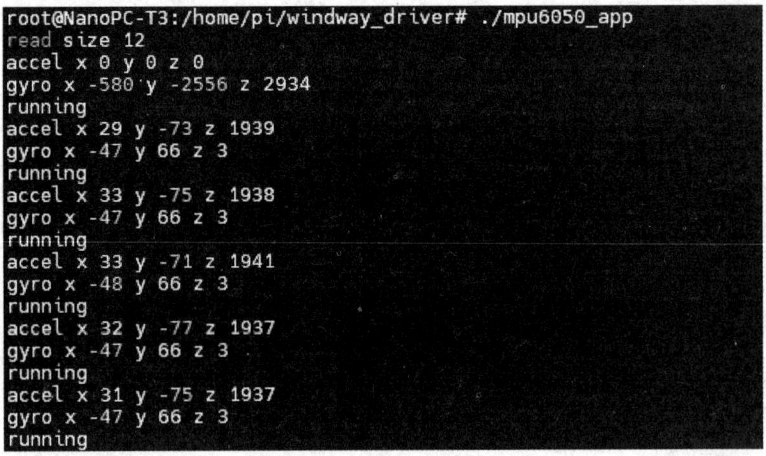

图 3-30　MPU6050 数据获取效果

3.3.4 ADC 驱动开发

【实验目的】

（1）掌握同步时序逻辑总线驱动的设计；

（2）掌握硬件 ADC 在 Linux 系统的使用。

【实验环境】

硬件平台：高级嵌入式综合实验系统，PC。

【实验原理与内容】

TLC549 是一款由德州仪器（TI）公司生产的低成本、高性能的 8 位模数（A/D）转换器芯片。该芯片采用先进的 CMOS 工艺，并通过 8 位开关电容逐次逼近的方法实现 A/D 转换。这种设计使得 TLC549 的转换速度很快，转换时间通常小于 17μs，最大转换速度可达 40000Hz。此外，TLC549 典型的内部系统时钟频率为 4MHz，电源电压范围为 3~6V。

该芯片支持三线串行接口，以 8051 为例，与 8051 单片机（如 AT89C51）的连接示意图如图 3-31 所示。

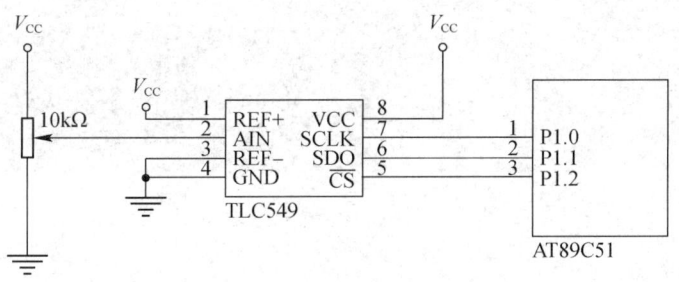

图 3-31 TLC549 与 AT89C51 的连接示意图

图 3-31 中，P1.0 引脚接 TLC549 的时钟引脚 SCLK，作为 AT89C51 的时钟输出；P1.1 引脚接 TLC549 的数据引脚 SDO，读取数据；P1.2 引脚接 TLC549 的片选引脚 $\overline{CS}$，低电平有效。

TLC549 的数据读取时序如图 3-32 所示。

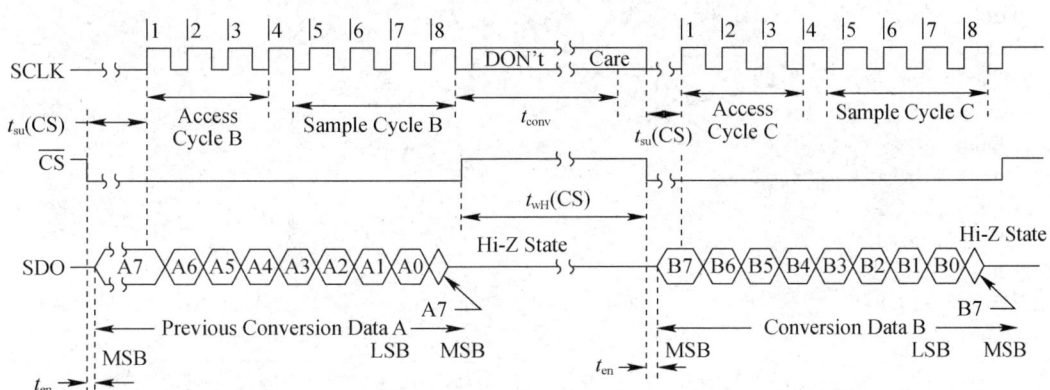

图 3-32 TLC549 的数据读取时序

高级嵌入式综合实验系统与 TLC549 连接的电路原理图如图 3-33 所示。

在高级嵌入式综合实验系统上，TLC549 芯片所在位置如图 3-34 所示。其中，拓展模块接口的最右上角的引脚即该芯片的 A/D 转换引脚。

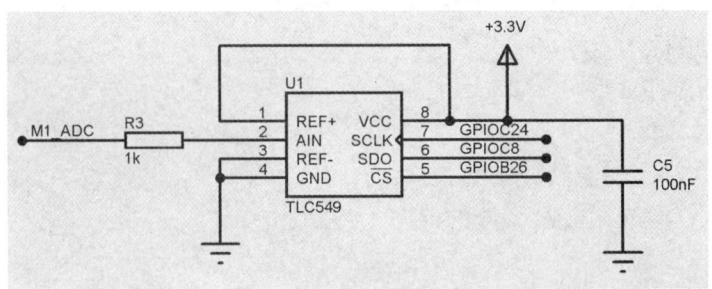

图 3-33　高级嵌入式综合实验系统与 TLC549 连接的电路原理图

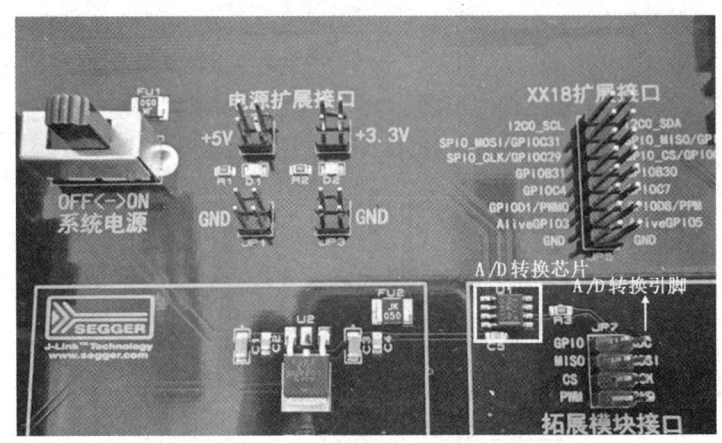

图 3-34　TLC549 芯片所在位置

【实验步骤及现象】

（1）编写驱动代码（tlc549.c）。TLC549 通过 3 个 GPIO 引脚来实现读取 TCL549 的数据，驱动属于 GPIO 操作，即通过 GPIO 控制读取 TLC549 数据的功能，并使用 sysfs 接口将数据提供给用户程序。

TLC549 驱动程序的完整代码如下：

```
#include <linux/module.h>
#include <linux/gpio.h>
#include <linux/delay.h>
#include <linux/kernel.h>
#include <linux/moduleparam.h>
#include <linux/init.h>
#include <linux/hrtimer.h>
#include <linux/ktime.h>
#include <linux/device.h>
#include <linux/kdev_t.h>
#include <linux/interrupt.h>
#include <linux/sched.h>

MODULE_LICENSE("Dual BSD/GPL");
MODULE_AUTIIOR("DA BAI");
MODULE_DESCRIPTION("Driver for TLC549 adc sensor");

#define TLC549_SCLK      88
#define TLC549_SDO       72
```

```c
#define TLC549_CS        58

static int hasResource = 0;

static int valid_value = 0;

static int TLC549_hwexit(void);
static int TLC549_hwinit(void);
static ssize_t TLC549_value_read(struct class *class, struct class_attribute *attr, char *buf);

static ssize_t TLC549_value_read(struct class *class, struct class_attribute *attr, char *buf)
{
    int i=0;
    int DIO=0;
    //printk("w%d:w%d\n",1, 2);
    if (hasResource == 1) {
    printk(KERN_ERR"%s fail to gpio_to_irq\n", _ _func_ _);
    goto fail;
    }
    valid_value = 0;

  gpio_set_value(TLC549_CS, 1);
    gpio_set_value(TLC549_SCLK, 0);
  udelay(50);
  gpio_set_value(TLC549_CS, 0);
  udelay(50);

    for(i=0;i<8;i++)

    {
    gpio_set_value(TLC549_SCLK, 1);

    DIO=gpio_get_value(TLC549_SDO);
    if(DIO)valid_value|=0x0001;

    gpio_set_value(TLC549_SCLK, 0);

    valid_value<<=1;
    }
    udelay(10);
    gpio_set_value(TLC549_SCLK, 1);
    valid_value>>=1;
  return sprintf(buf, "%d\n", valid_value);
 fail:
  return sprintf(buf, "%d\n", -1);
}

// Sysfs definitions for hcsr04 class
static struct class_attribute TLC549_class_attrs[] = {
    _ _ATTR(value,   S_IRUGO | S_IWUSR, TLC549_value_read,NULL),
    _ _ATTR_NULL,
};
```

```c
// Name of directory created in /sys/class
static struct class TLC549_class = {
    .name =             "tlc549",
    .owner =            THIS_MODULE,
    .class_attrs =      TLC549_class_attrs,
};

static int TLC549_hwinit(void)
{
    int rtc;

    rtc=gpio_request(TLC549_SCLK, "TLC549_SCLK");
        if (rtc!=0) {
        printk(KERN_ALERT "Error1 %d\n",_ _LINE_ _);
        goto fail;
    }
        rtc=gpio_request(TLC549_SDO, "TLC549_SDO");
        if (rtc!=0) {
        printk(KERN_ALERT "Error2 %d\n",_ _LINE_ _);
        goto fail;
    }
        rtc=gpio_request(TLC549_CS, "TLC549_CS");
        if (rtc!=0) {
        printk(KERN_ALERT "Error3 %d\n",_ _LINE_ _);
        goto fail;
    }

        rtc=gpio_direction_output(TLC549_SCLK, 0);
            if (rtc!=0) {
        goto fail;
    }
        rtc=gpio_direction_output(TLC549_CS, 0);
            if (rtc!=0) {
        goto fail;
    }
        rtc=gpio_direction_input(TLC549_SDO);
            if (rtc!=0) {
        goto fail;
    }
    return 0;

fail:
    TLC549_hwexit();
    hasResource=1;
    return -1;
}

static int TLC549_init(void)
{
    printk(KERN_ALERT "TLC549 driver v0.1 initializing.\n");

    if (class_register(&TLC549_class)<0)
```

```
        goto fail;
        TLC549_hwinit();
    return 0;

    fail:
    return -1;

}

static int TLC549_hwexit(void)
{
    gpio_free(TLC549_SCLK);
        gpio_free(TLC549_CS);
        gpio_free(TLC549_SDO);
    return 0;
}

static void TLC549_exit(void)
{
        class_unregister(&TLC549_class);
    printk(KERN_ALERT "TLC549 disabled.\n");
}

module_init(TLC549_init);
module_exit(TLC549_exit);
```

① 头文件：

```
#include <linux/module.h>       // 提供内核模块基本功能支持
#include <linux/gpio.h>         // 提供 GPIO 操作和控制功能
#include <linux/delay.h>        // 提供延时函数支持
#include <linux/kernel.h>       // 提供内核核心功能和数据结构
#include <linux/moduleparam.h>  // 提供模块参数支持
#include <linux/init.h>         // 提供模块初始化和退出功能
#include <linux/hrtimer.h>      // 提供高精度定时器功能
#include <linux/ktime.h>        // 提供内核时间管理功能
#include <linux/device.h>       // 提供设备模型支持
#include <linux/kdev_t.h>       // 提供设备号管理功能
#include <linux/interrupt.h>    // 提供中断处理功能
#include <linux/sched.h>        // 提供进程调度相关功能
```

② 模块信息描述：

```
MODULE_LICENSE("Dual BSD/GPL");
MODULE_AUTHOR("DA BAI");
MODULE_DESCRIPTION("Driver for TLC549 adc sensor");
```

③ 引脚定义和全局变量：

```
#define TLC549_SCLK     88    // 时钟信号引脚
#define TLC549_SDO      72    // 数据输出引脚
#define TLC549_CS       58    // 片选信号引脚
```

④ 全局变量声明部分：

```
static int hasResource = 0;
static int valid_value = 0;
```

hasResource：表示是否已经分配了 GPIO 资源，防止重复分配。

valid_value：用于存储从 TLC549 读取的有效数据。

⑤ TLC549_value_read 函数，该函数通过 GPIO 读取 TLC549 的数据。首先判断 hasResource 是否为 1，如果为 1 则资源不足，跳转到 fail 标签，返回-1。然后初始化 valid_value 为 0，并按 ADC 通信协议操作 GPIO 引脚：

- 通过 $\overline{CS}$、SCLK 引脚控制转换的开始与时钟信号；
- 每次在 SCLK 上升沿读取 SDO 引脚的数据位，并将其累加到 valid_value 中。

通过 sprintf 将读取的数据格式化后存入 buf 中。fail 标签用于处理资源不足情况，返回-1 表示读取失败。

⑥ TLC549_hwinit 函数，该函数用于初始化 GPIO 硬件资源。使用 gpio_request 申请 TLC549 的 SCLK、SDO、$\overline{CS}$ 引脚，并检查申请是否成功。与芯片引脚功能一致，设置 SCLK 和 $\overline{CS}$ 为输出模式，SDO 为输入模式。如果初始化失败，调用 TLC549_hwexit 函数释放资源并将 hasResource 置为 1，防止后续调用。

⑦ TLC549_init 和 TLC549_exit 函数。TLC549_init 为模块的初始化函数，加载时调用，主要完成打印驱动的初始化信息，并注册 TLC549_class 类。

TLC549_exit 为模块的退出函数，卸载时调用，卸载 TLC549_class 类并打印卸载信息。

⑧ sysfs 接口部分函数：

```
static struct class_attribute TLC549_class_attrs[] = {
    ATTR(value, S_IRUGO | S_IWUSR, TLC549_value_read, NULL),
    ATTR_NULL,
};
static struct class TLC549_class = {
    .name = "tlc549",
    .owner = THIS_MODULE,
    .class_attrs = TLC549_class_attrs,
};
```

TLC549_class_attrs 数组定义了 TLC549 的 sysfs 接口，value 属性绑定到 TLC549_value_read 函数，用于在/sys/class/tlc549/value 中读取 TLC549 的数据。

TLC549_class 定义了设备类的名称（tlc549）和该类的属性（TLC549_class_attrs），以便注册到 sysfs 接口。

⑨ 驱动模块初始化宏和退出宏：

```
module_init(TLC549_init);
module_exit(TLC549_exit);
```

module_init 宏将 TLC549_init 函数注册为模块初始化函数，模块加载时执行。

module_exit 宏将 TLC549_exit 函数注册为模块退出函数，模块卸载时执行。

（2）编写 Makefile。Makefile 的编写参考如下，其中 obj-m 代表将源码编译成模块，KERNEL_DIR 是 Linux 内核源码存放地址：

```
obj-m := tlc549.o
KERNEL_DIR := /home/user/Workspace/linux
PWD := $(shell pwd)

all :
    make -C $(KERNEL_DIR) M=$(PWD) modules
clean:
    rm *.o *.ko *.mod.c * .order *.symvers
```

（3）在 Linux 内核目录 drivers/misc/下创建目录 drivers/misc/windway/tlc549，保存字符设备驱动，如下：

```
user@ubuntu16-04:~/Workspace/linux/drivers/misc/windway/tlc549$ ls
Makefile tlc549.c
```

（4）在 tlc549 驱动目录下执行 "make ARCH=arm64"，获得驱动模块（.ko 文件），编译输出的日志如下：

```
user@ubuntu16-04:~/Workspace/linux/drivers/misc/windway/tlc549$ make ARCH=arm64
make -C /home/user/Workspace/linux M=/home/user/Workspace/linux/drivers/misc/windway/tlc549 modules
make[1]: Entering directory '/home/user/Workspace/linux'
CC [M]   /home/user/Workspace/linux/drivers/misc/windway/tlc549/tlc549.o
/home/user/Workspace/linux/drivers/misc/windway/tlc549/tlc549.c: In function 'TLC549_init':
/home/user/Workspace/linux/drivers/misc/windway/tlc549/tlc549.c:128:5: warning: this 'if' clause does not guard...
[-Wmisleading-indentation]
if (class_register(&TLC549_class)<0)
^~
/home/user/Workspace/linux/drivers/misc/windway/tlc549/tlc549.c:130:2: note: ...this statement, but the latter is
misleadingly indented as if it is guarded by the 'if'
    TLC549_hwinit();
    ^~~~~~~~~~~~~~~
Building modules, stage 2.
MODPOST 1 modules
CC        /home/user/Workspace/linux/drivers/misc/windway/tlc549/tlc549.mod.o
LD [M]   /home/user/Workspace/linux/drivers/misc/windway/tlc549/tlc549.ko
make[1]: Leaving directory '/home/user/Workspace/linux'
```

（5）将生成的.ko 文件传输到高级嵌入式综合实验系统，即将 tlc549.ko 传输到的 /home/pi/windway_driver 目录，如图 3-35 所示。

图 3-35　TLC549 驱动文件

（6）执行 "insmod tlc549.ko" 加载 TLC549 驱动，并通过执行 "lsmod" 命令查看是否已加载成功，如图 3-36 所示。

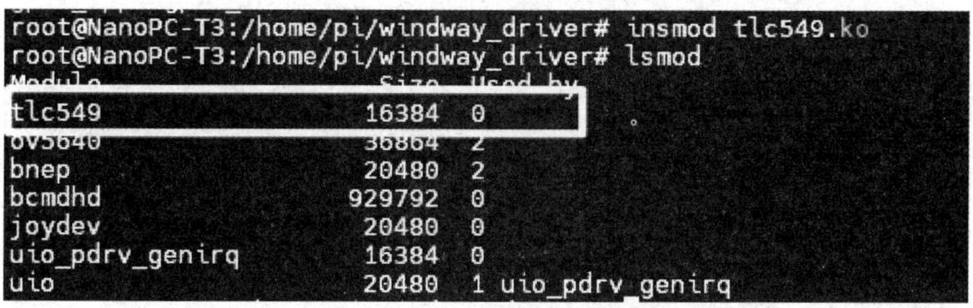

图 3-36　TLC549 驱动加载信息

（7）编写测试驱动程序（tlc549_read_app.c）。该程序的主要功能是打开设备文件，读取并打印 TLC549 数据。在程序中使用循环，从而周期性地从设备文件中获取数据，并将结果标准输出。

```
#include <stdio.h>
#include <sys/types.h>
```

```
#include <sys/stat.h>
#include <fcntl.h>
#include <unistd.h>
#include <stdlib.h>
#include <string.h>

// HCSR04
#define TLC549_PATH              "/sys/class/tlc549/value"

int main()
{
    char buf[255];
    while(1)
    {
        int fd = open(TLC549_PATH, O_RDWR);
        if(fd == -1)
        {
            perror("open failed\n");
            return -1;
        }
        bzero(buf,0);
        read(fd, buf, sizeof(buf));
        printf("AD_DATA:%d\n", atoi(buf));
        close(fd);
        sleep(1);
    }
    return 0;
}
```

① 头文件：

#include <stdio.h>：提供标准输入/输出函数，例如 printf()函数。

#include <sys/types.h>和#include <sys/stat.h>：提供文件和目录相关的数据类型和宏定义。

#include <fcntl.h>：提供文件控制的功能，例如 open()函数的标志。

#include <unistd.h>：提供 POSIX 操作系统的 API 支持，包括 close()、sleep()函数等。

#include <stdlib.h>：提供通用工具函数，例如 atoi()函数。

#include <string.h>：提供字符串操作函数，例如 bzero()函数。

② 定义宏：

```
#define TLC549_PATH              "/sys/class/tlc549/value"
```

该宏定义了设备文件的路径，即/sys/class/tlc549/value。该路径对应一个 TLC549 设备的文件接口，通过读取该文件可以获取设备的数据。

③ 主函数 main()循环读取 TLC549 的数据：

```
char buf[255];
while(1)
{
    int fd = open(TLC549_PATH, O_RDWR);
    if(fd == -1)
    {
        perror("open failed\n");
        return -1;
    }
    bzero(buf,0);
```

```
    read(fd, buf, sizeof(buf));
    printf("AD_DATA:%d\n", atoi(buf));
    close(fd);
    sleep(1);
}
```

char buf[255];: 定义一个字符缓冲区 buf，用于存储从设备文件读取的数据。

int fd = open(TLC549_PATH, O_RDWR);: 使用 open()函数打开设备文件。O_RDWR 标志表示以读/写模式打开文件。fd 是文件描述符，如果打开失败，返回-1。

if(fd == -1): 检查 open()函数是否成功。如果 fd == -1，表示文件打开失败，程序打印错误信息 "open failed\n" 并返回-1，退出程序。

bzero(buf, 0);: 使用 bzero()函数对缓冲区 buf 进行清零操作。第二个参数 0 表示清零的字节数为 0，因此实际上不会对任何内容清零，对程序无实际影响。

read(fd, buf, sizeof(buf));: 读取设备文件数据并存储在 buf 中。sizeof(buf)指定读取的最大字节数，即 255 字节。

printf("AD_DATA:%d\n", atoi(buf));: 通过 atoi()函数将缓冲区中的字符串数据转换为整数并输出。打印结果格式为 AD_DATA:数值。

close(fd);: 在程序结束之前，关闭打开的设备文件以释放资源。

sleep(1);: 让程序暂停 1s，再进入下一次读取。

（8）编译驱动测试程序，执行如下操作：

user@ubuntu16-04:~/Workspace/linux/drivers/misc/windway/tlc549$ aarch64-cortex53-linux-gnu-gcc tlc549_read_app.c -o tlc549_read_app

将生成的可执行文件传输到开发板，并赋予可执行文件 "可执行" 的权限。

运行可执行文件，驱动测试程序会在循环中不断读取 TLC549 转换的数据。如果将 A/D 转换引脚接入高级嵌入式综合实验系统的 GND，可发现读出来的数据为 0（最小）；当 A/D 转换引脚接入高级嵌入式综合实验系统的 3.3V 时，可发现读出来的数据为 255（最大）。具体效果如图 3-37 所示。

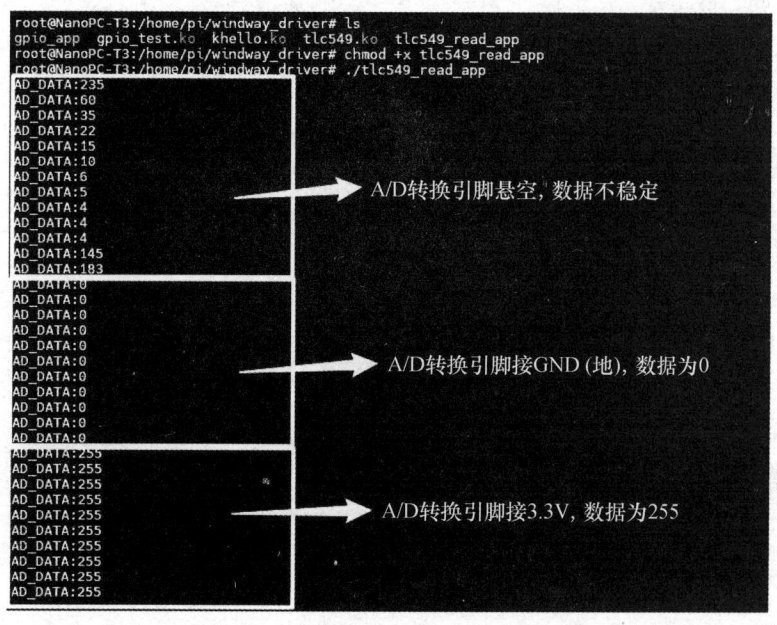

图 3-37　TLC549 数据获取效果

3.4 Qt 应用设计

3.4.1 Qt 简介

Qt 是一个由 Qt Company 开发的功能强大的跨平台 C++应用程序框架,广泛应用于各类软件界面的开发。尽管许多人将 Qt 视为一个 GUI 库,但其功能远不止于图形用户界面,而是提供了多种应用开发功能的"一站式"解决方案。使用 Qt,开发者无须深入研究 C++标准库 STL,也不必依赖<string>,更无须寻找第三方库来实现 XML 解析、数据库链接和网络访问等功能。Qt 内置了这些常用的技术和组件,使得开发者能够专注于业务逻辑的实现,而无须处理底层细节。

Qt 的跨平台策略尤为出色,它擅长通过 style 机制模拟原生系统的界面风格,这使得 Qt 不仅适用于桌面应用程序的开发,还能在嵌入式平台和移动平台上运行,成为开发跨平台应用的理想选择。此外,Qt 的信号(Signal)和槽(Slot)代替了传统的回调函数,不仅使得组件之间的通信更加安全和便捷,也使得交互更加直观和高效。通过信号和槽机制,开发者能够轻松实现组件之间的通信,提高了代码的可读性和可维护性。

Qt 的跨平台能力使得开发者只需编写一次代码,便可在多个平台上运行而无须修改代码,这一特性极大提高了开发效率,同时确保用户在不同操作系统上享有一致的使用体验。Qt 支持多种操作系统,包括 Windows、Linux、macOS 及多种 UNIX 系统等,使其成为开发桌面应用程序和嵌入式系统的理想选择。

作为一个面向对象的框架,Qt 具有良好的封装机制,从而使得模块化程度高且代码重用性强。此外,Qt 还内置了丰富的 API 库,包括文件管理、正则表达式、2D/3D 图形渲染、OpenGL 支持、文档开发和 XML 支持等,这些功能扩展了 Qt 在不同领域的应用能力。开发者可以更方便地处理复杂的图形界面和数据处理任务,从而加快项目开发的进度。

在实际使用中,Qt Creator 不仅作为一个跨平台的集成开发环境(IDE),还可以作为 C++的编译器,通过设置编译工具,可以支持 ARM 处理器的交叉编译。受限于篇幅,这里不再详细介绍相关环境的构建,读者可参阅相关的书籍。

3.4.2 初识 Qt 项目

下面从创建项目开始学习 Qt 的开发。

1. 创建 Qt 项目

(1)启动 Qt Creator 后,进入 Qt Creator 界面,单击工具栏中的"文件"→"新建文件或项目",如图 3-38 所示。

(2)在弹出的 New File or Project 中选择 Application(Qt)。Application(Qt)有两类应用开发,即具备页面交互的 Qt Widgets Application 和终端信息交互的 Qt Console Application。这里选择 Qt Widgets Application,单击 Choose 按钮,如图 3-39 所示。

(3)进入 Qt Widgets Application 界面,在此可对项目信息进行编辑,包括项目名称、创建路径,如图 3-40 所示,单击"下一步"按钮。

(4)进入下一页后,Build System(构建系统)中保持默认选项 qmake,单击"下一步"按钮。

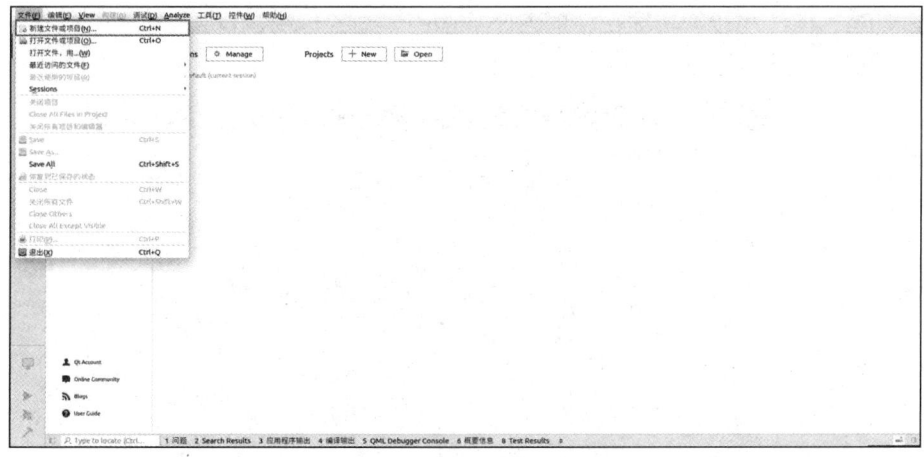

图 3-38　在 Qt Creator 中创建项目

图 3-39　Qt 项目类型选择

图 3-40　项目信息配置

（5）进入下一页后，可以编辑项目中的 Class name（类名），这里将类名设置为 basic_widget，如图 3-41 所示。

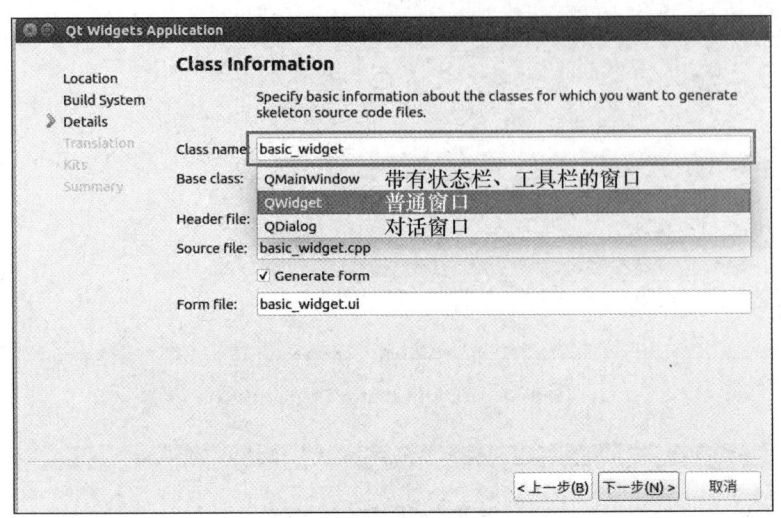

图 3-41　类信息配置

可以发现，如果修改 Class name 的设置，后面对应的 Header file（头文件）、Source file（源文件）和 Form file（.ui 文件）的名称都会同步改动。

这里，Base class 是设置主页的基类，有 3 个不同的基类选择，包括 QMainWindow、QWidget 与 QDialog，其中 QMainWindow 与 QDialog 都是 QWidget 的子类。

一般而言，主页上放置一些控件，如按键、输入对话框、显示文本框等，因此，QMainWindow 和 QWidget 都可以作为主页的基类。其中 QMainWindow 提供更加丰富的信息，例如状态栏等。初学 Qt 开发，可以选择简单的 QWidget 为主页的基类。

（6）在完成上述的项目设置后，余下的步骤可以采用默认的设置完成项目创建。

2．项目结构

一个标准的 Qt 项目编辑窗口如图 3-42 所示，在左侧的窗口可以查看项目的相关文件。

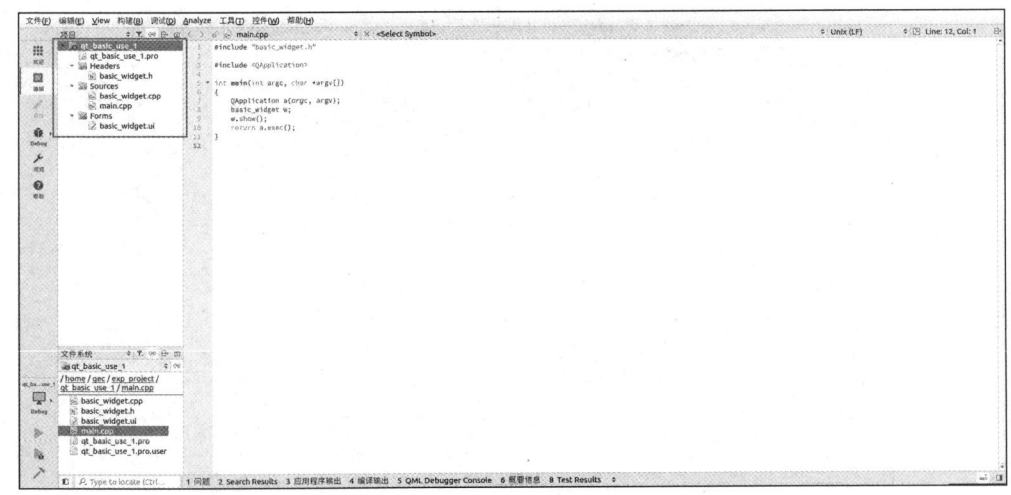

图 3-42　Qt 项目编辑窗口

Qt 项目文件主要包括以下几类。

（1）.pro 文件，是 Qt 默认生成的项目管理文件。在这个文件中，记录了项目包含的所有必要文件的路径，包括头文件、源文件、.ui 文件等。此外，.pro 文件还记录了项目所需使用的模块名称，因为某些类在使用时需要在.pro 文件中指定相应的模块。同时，它也管理着项目需要使用的库信息。

（2）.h 文件，即头文件。Headers 文件夹用于存放项目所需的头文件。这些头文件通常定义了类、函数和其他接口，以便在源文件中使用。

（3）.cpp 文件，即源文件。Sources 文件夹用于存放项目的源文件。源文件中包含具体的实现代码，其中 main.cpp 文件是项目程序的入口点，负责启动并运行项目的主要逻辑。

（4）.ui 文件，即用户界面文件。Forms 文件夹用于存放项目的用户界面文件。通过双击这些文件，可以进入界面编辑器，对界面布局进行可视化编辑。

3．界面布局

Qt 程序基于界面交互设计，界面布局属于 Qt 开发的重要基础。双击项目中的.ui 文件，可以打开对应的界面编辑器，如图 3-43 所示。

界面编辑器的左侧提供了可使用的控件（如按键、输入对话框、显示文本框等），可单击并按住鼠标左键拖入右边的界面进行排布。

图 3-43 展示了直接拖入一个行输入控件 Line Edit，选中 Line Edit 控件后，可在界面编辑器的右侧展示该控件对应的对象信息及属性。双击对应的信息或属性，可进行修改。例如，图 3-43 中将控件名称修改为 lineEdit，并设置了该控件相关的位置属性。注意：当控件在界面中被拖动改变位置后，对应的位置属性如 X、Y 都会发生改变；同样，修改 X、Y 属性值，控件位置也会发生改变。

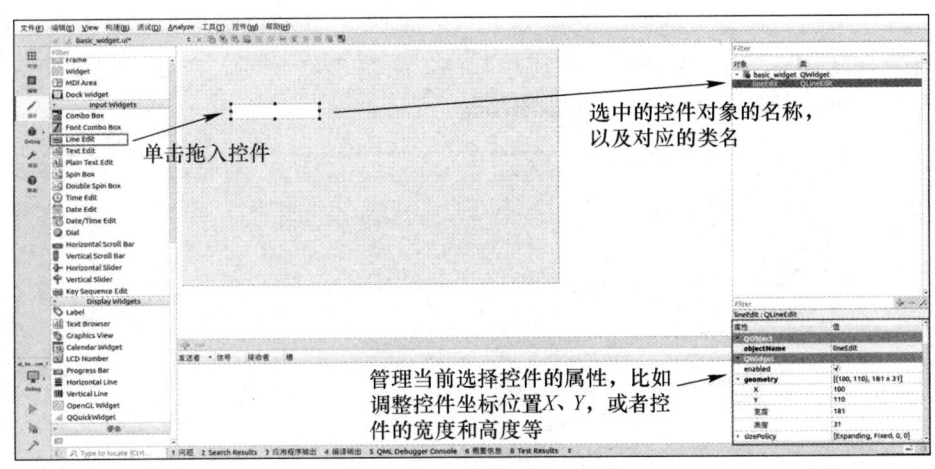

图 3-43　界面编辑器

4．项目编译

与 Visual Studio 类似，单击图 3-43 左下方的显示器按键，Qt Creator 可将项目通过 Release 和 Debug 两种构建方式进行编译；同时，也可在窗口中确认所选择的编译项目信息（Qt Creator 支持多个项目同时显示和编译），如图 3-44 所示。

（1）Release 编译

功能：生成最终可发布的应用程序。在生成过程中，Release 会应用各种优化措施，如代码优化、链接优化等，最大限度地提高程序的运行效率和性能。

符号信息：不包含可供调试使用的符号信息，因此生成的文件体积更小，更适合发布。

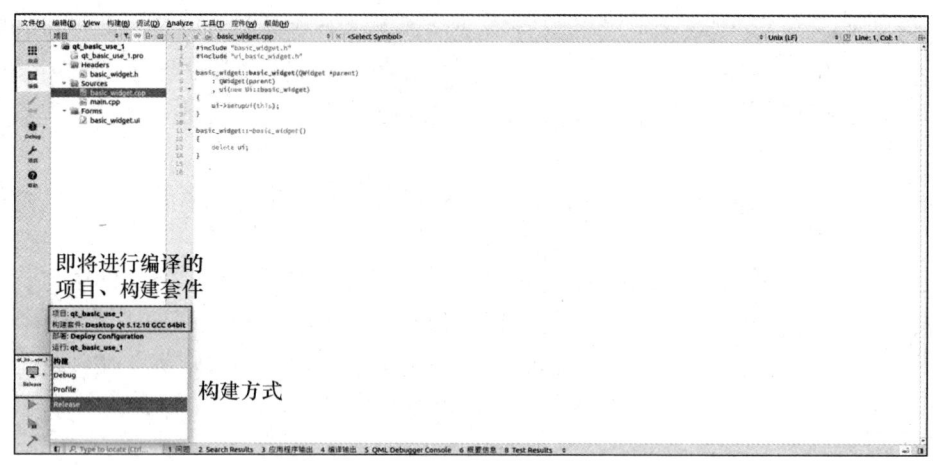

图 3-44　项目编译选项

性能：由于存在优化，Release 版本的程序运行速度更快。

调试：由于缺少符号信息，在出现问题时难以进行调试。

（2）Debug 编译

目的：程序开发和调试，但 Debug 较少优化，保留更多的调试信息。

符号信息：包含丰富的调试符号信息，方便开发人员进行调试。

性能：由于较少优化，Debug 版本的程序运行速度会慢于 Release。

调试：由于保留了丰富的调试信息，更利于开发人员进行程序调试和问题排查。

本实验选择 Release 方式进行编译。

单击工具栏中的"构建"选项，选择执行"qmake"，从而根据项目管理文件(.pro)自动生成平台相关的 Makefile，用于编译和构建应用程序。如图 3-45 所示，在 qmake 执行完成后，单击左下角的小三角 ▶ 按钮，对项目进行编译构建。

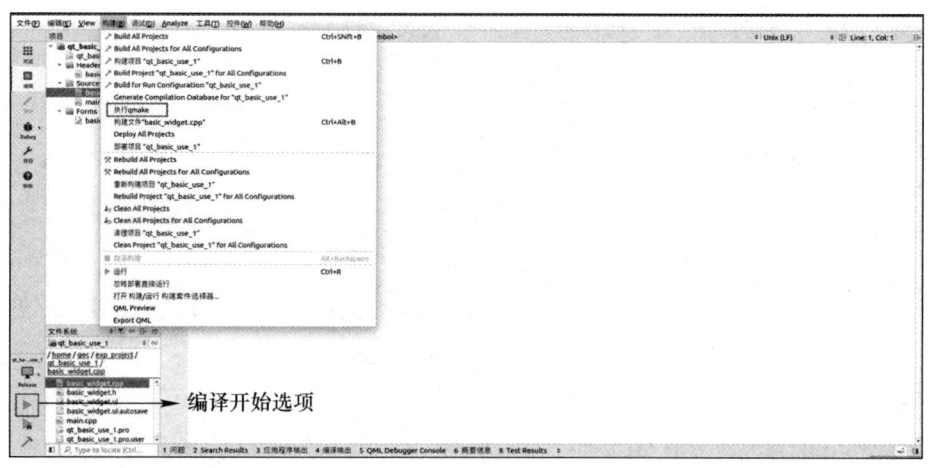

图 3-45　执行 qmake 和项目编译

编译成功后，程序会自动启动，如图 3-46 所示。

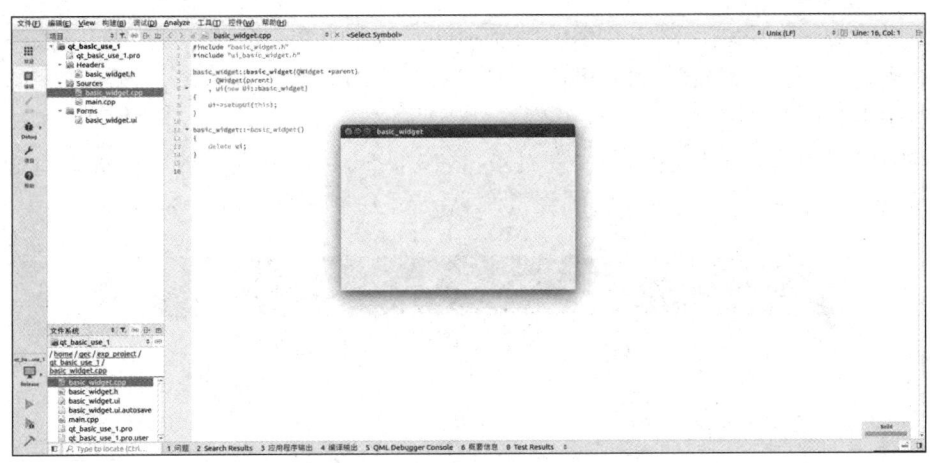

图 3-46　项目编译运行的效果

3.4.3　Qt 样式编辑

在日常生活中，界面需要美化和定制。同样地，Qt 编写的程序界面也可以通过设计与修改实现所需的视觉效果，而这可以通过更改 Qt 样式表来实现对界面上控件的调整。

Qt 样式表（Qt Style Sheet，QSS）是一种用于定制用户界面的机制，与 HTML 中的 CSS 类似。Qt 样式表采用纯文本格式定义样式，能够在应用程序运行时载入并解析，从而应用这些样式定义。通过 Qt 样式表，可以设定界面中各种控件的样式，使应用程序界面呈现不同的视觉效果。

简单来说，Qt 样式表可以看作对界面控件属性的纯文本设置，如图 3-47 所示。程序在运行时读取并解析这些属性，从而调整界面的显示效果。下面以一个项目为例，展示修改 Qt 样式表的方法和效果。

在 Qt Creator 中新建一个项目 qt_basic_stylesheet 后，双击项目中的.ui 文件，打开对应的界面编辑器，如图 3-48 所示，在界面编辑器中为页码增加 3 个按键控件。

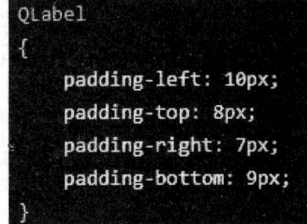

图 3-47　Qt 样式表示例

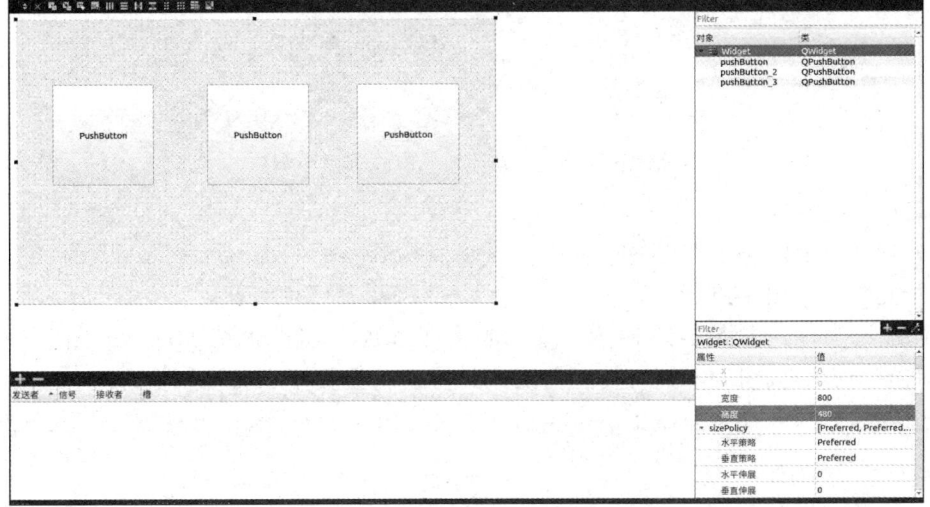

图 3-48　在界面编辑器中增加按键控件

现有的按键是一个方块，对于实现的功能不够具体和形象，因此，需要修改按键的图像，使其更形象地说明按键的功能，例如可以将按键用具体的图像进行装饰。具体过程如下：

（1）添加所需的图像资源

在获得图像后，进入项目所在的文件目录，创建一个目录方便存放图像资源，这里将文件夹命名为 picture，如图 3-49 所示，将图像资源存放到文件夹下，如图 3-50 所示。

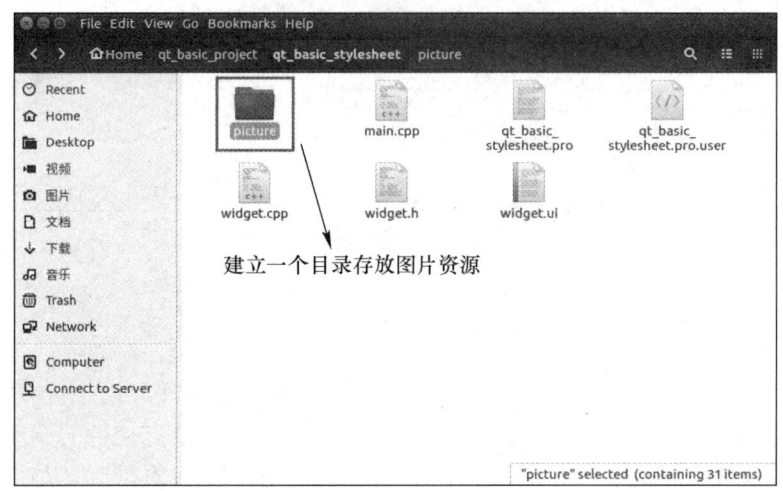

图 3-49 picture 文件夹

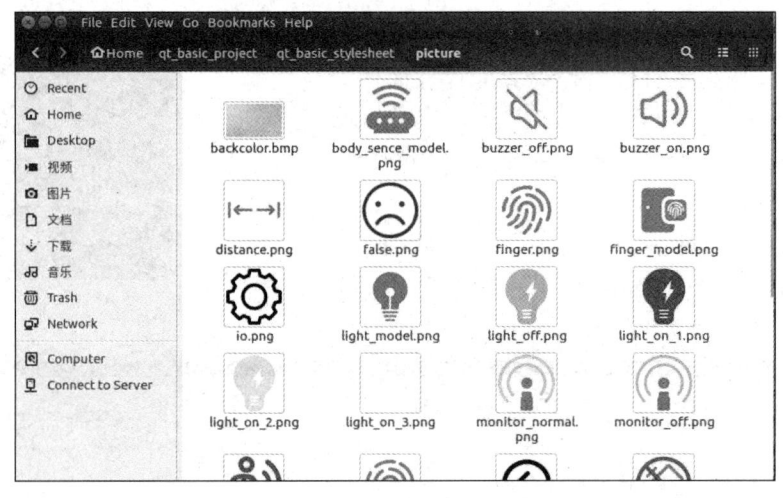

图 3-50 picture 文件夹内的图像示例

（2）在 Qt 项目中添加图像资源

在图 3-42 左侧的"项目"栏中，对需要添加资源的项目右击，选择 Add New，并选择需要添加的文件类型，如图 3-51 所示。

选择添加源文件，如图 3-52 所示，并为源文件命名，这里命名为 pic，如图 3-53 所示。

单击"下一步"按钮后，进行资源前缀的设置。这主要用于将不同资源进行隔离和归类，如图像资源可以放到\image 前缀下。单击 Add Files 按钮，选择 picture 文件夹下需要使用的图像资源。

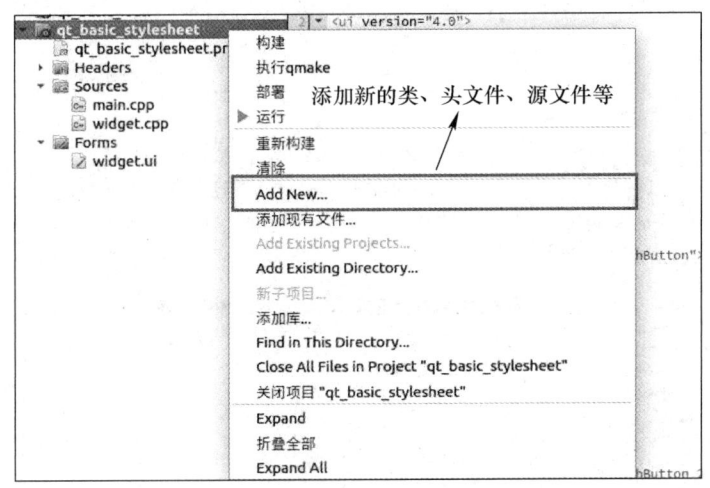

图 3-51　添加图像资源

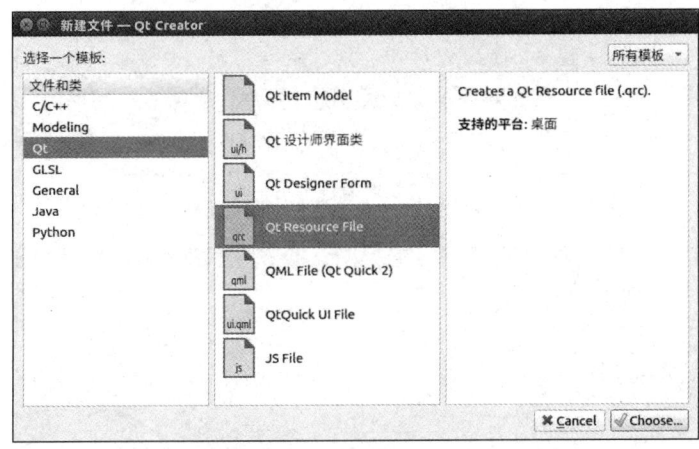

图 3-52　添加源文件

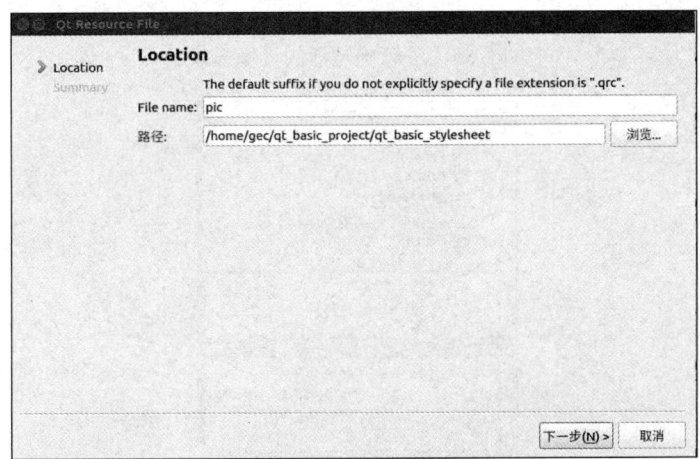

图 3-53　为图像资源命名

　　如图 3-54 和图 3-55 所示，添加了 4 张图像，将项目进行保存（按组合键 Ctrl+S）后，即可在图 3-42 左侧的"项目"栏中查看添加的图像资源，如图 3-56 所示。

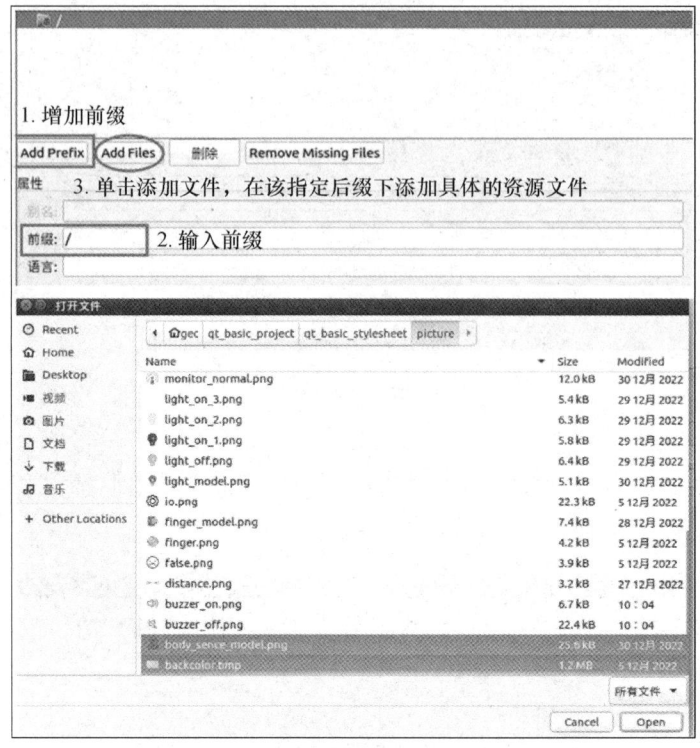

图 3-54　增加资源界面

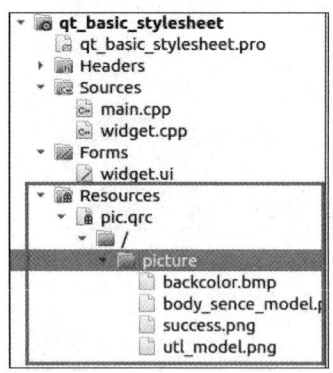

图 3-55　资源确定后的界面显示

图 3-56　资源增加后的界面显示

（3）修改样式表

在界面编辑器中，选中第一个按键控件并右击，选择"改变样式表"选项，如图 3-57 所示。

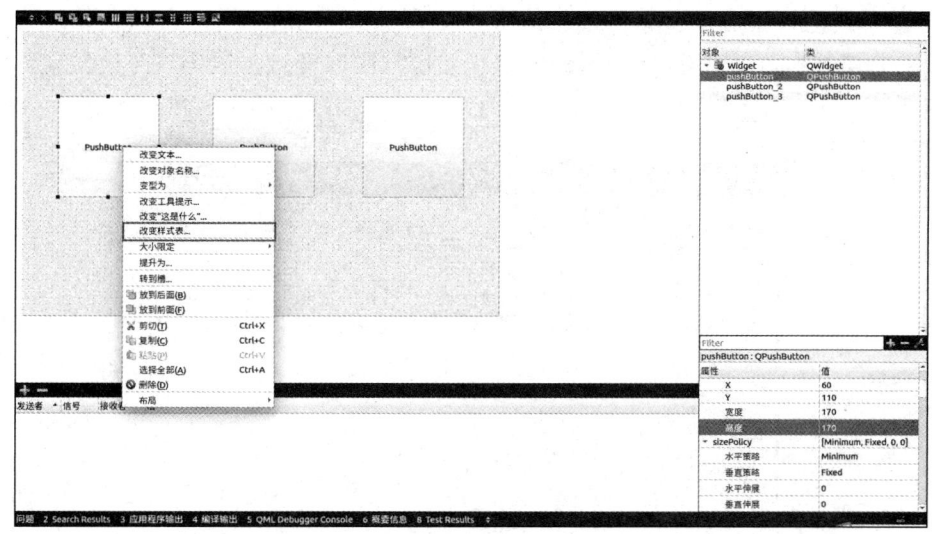

图 3-57　修改样式表界面

在弹出的编辑样式表界面选择"添加资源"，在弹出的菜单中选择 border-image，并选择资源文件中所需的图像资源，单击 OK 按钮，如图 3-58 所示。

图 3-58　按键样式表编辑

单击 OK 按钮后，生成了一条样式表语句"border-image:url(:/picture/success.png);"，其中 border-image 为属性名，第 2 个":"右边的值即使用的图像资源，语句以分号结束，如图 3-59 所示。

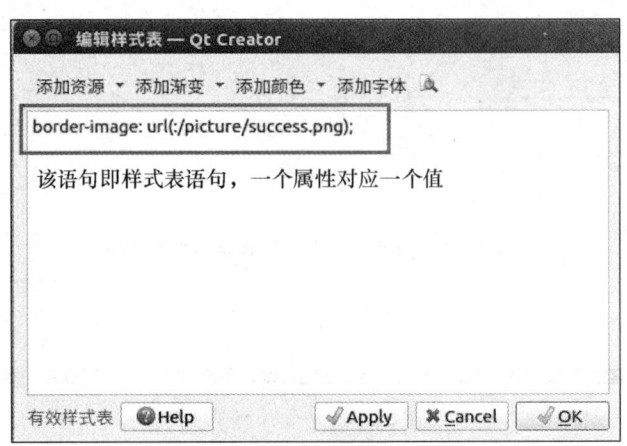

图 3-59　样式表生成内容

单击 Apply 和 OK 按钮，可看到第一个按键发生了变化，如图 3-60 所示。

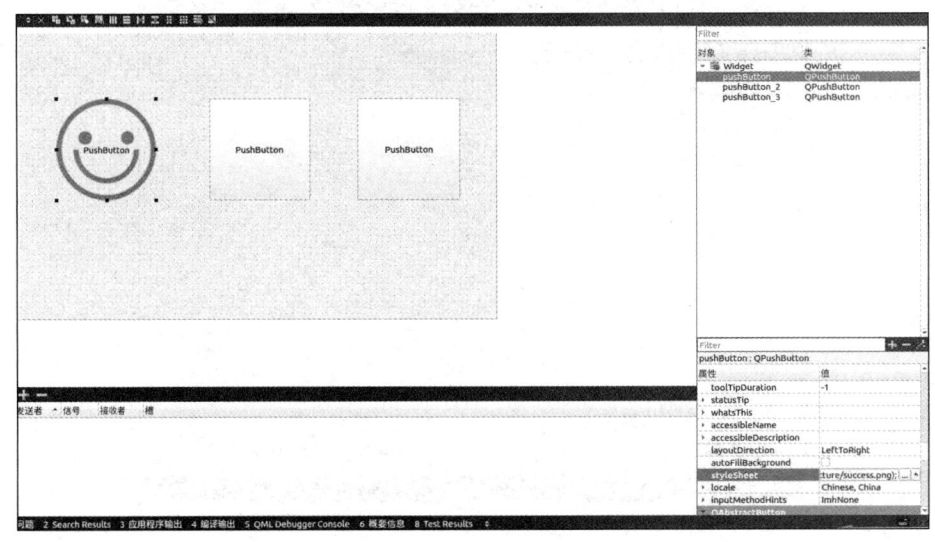

图 3-60　按键 1 样式变化效果

样式表语句并非一定按照上述方式生成，开发者可以自己编辑。例如对第二个按键，以同样操作打开编辑样式表界面，输入"border:2px solid; border-radius:20px;"，将按键的边框线宽和格式设置为 2px solid，将按键边框的直角改为圆角，半径为 20px。完成设置后，第二个按键的样式也被相应地修改，如图 3-61 所示。

样式表也可以在程序中编辑。为了使第三个按键与按键 2 设置同样的样式，可以直接在构造函数下，选择界面控件 ui->pushButton3，调用 setStyleSheet 方法，将样式表语句以字符串形式传入，如图 3-62 所示。

由程序修改的样式表只有在程序运行时才会生效，无法提前看到修改的效果。编译项目并执行，可见按键 3 的样式设置成功，与按键 2 的样式一致，如图 3-63 所示。

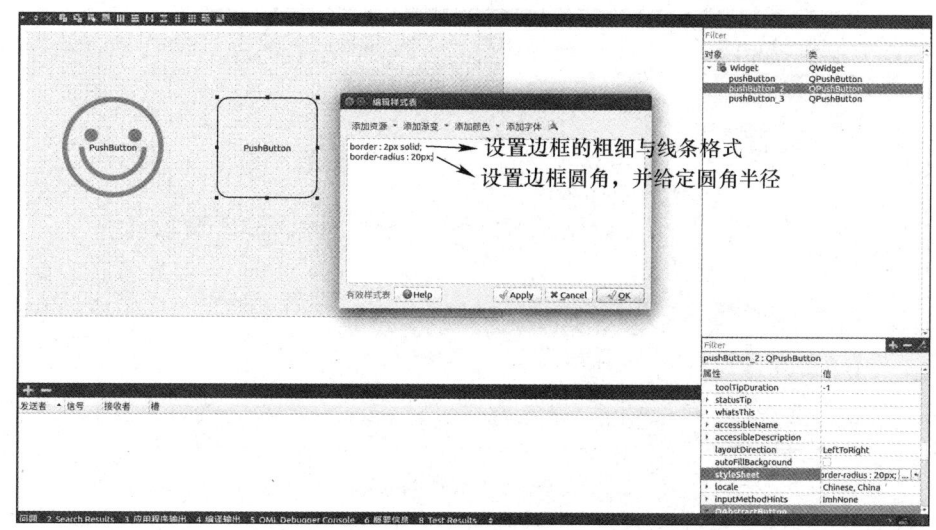

图 3-61　按键 2 样式变化效果

```
Widget::Widget(QWidget *parent)
    : QWidget(parent)
    , ui(new Ui::Widget)
{
    ui->setupUi(this);

    ui->pushButton_3->setStyleSheet("border : 2px solid;border-radius : 20px;");
```

选择控件　　　　　设置样式表　　　　　　　样式表语句以字符串形式传入

图 3-62　程序修改按键 3 样式

图 3-63　按键 3 样式变化效果

在实际情况中，每个控件具有不同的样式；同时，控件在不同的状态下也有不同的样式，详细内容在 Qt 的帮助文档中有详细的说明，如图 3-64 所示。在图 3-64 的"索引"下搜索 Qt Style Sheets，即可查看 Qt 提供的说明及示例。

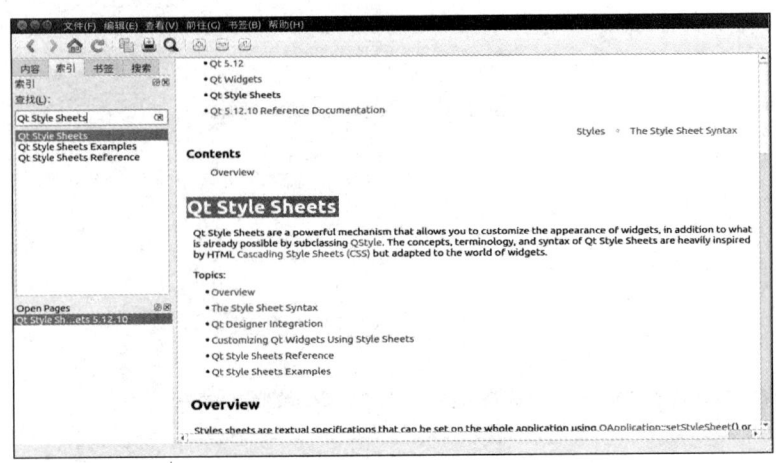

图 3-64　Qt 的帮助文档

3.4.4　Qt 信号与槽

信号与槽是 Qt 的核心机制，是驱动 Qt 程序运作的重要部分，主要用于对象之间的通信。例如有一个按键，单击的功能为关闭一个窗口。在此过程中，这个按键首先会发出一个单击的"信号"，并且按键作为信号的发出者；此时，窗口作为信号的接收者，执行了"关闭窗口"这一动作，这里被看作"槽"。

在 Qt 中，信号与槽都是类中内容，信号表现上是一个函数的声明，不需要进行实现，在适当的时候触发（发射）信号；类似地，槽是一个函数，当对象接收到指定的信号时，则执行该函数。

1．使用信号与槽

创建一个项目，在项目界面中拖入一个输入控件 QTextEdit 和两个按键 QPushButton，如图 3-65 所示。这里，通过单击两个按键分别对控件输入文字内容和清空控件文字内容。

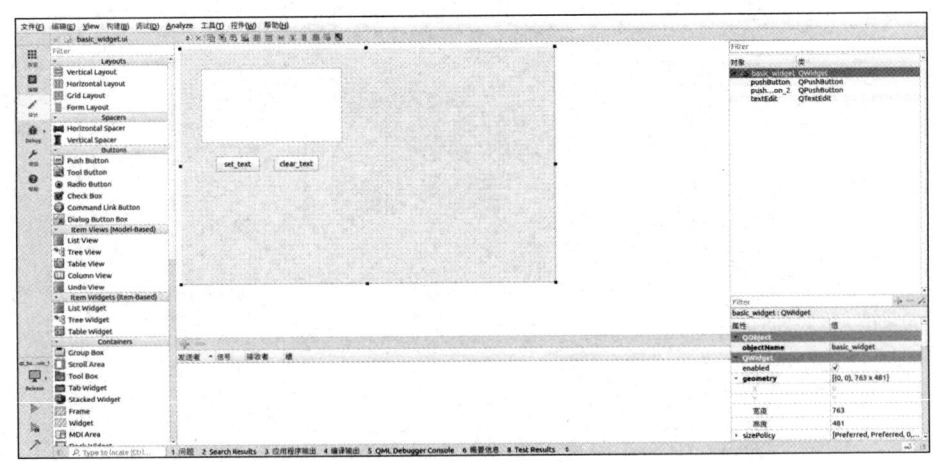

图 3-65　项目界面编辑

选中预定功能为设置内容的按键并右击，选择"转到槽"选项，如图 3-66 所示。

弹出的界面指示了 QPushButton 这个按键类中可用的信号，其中 clicked()表示单击信号，即当按键被单击时，该按键就会触发这个信号。

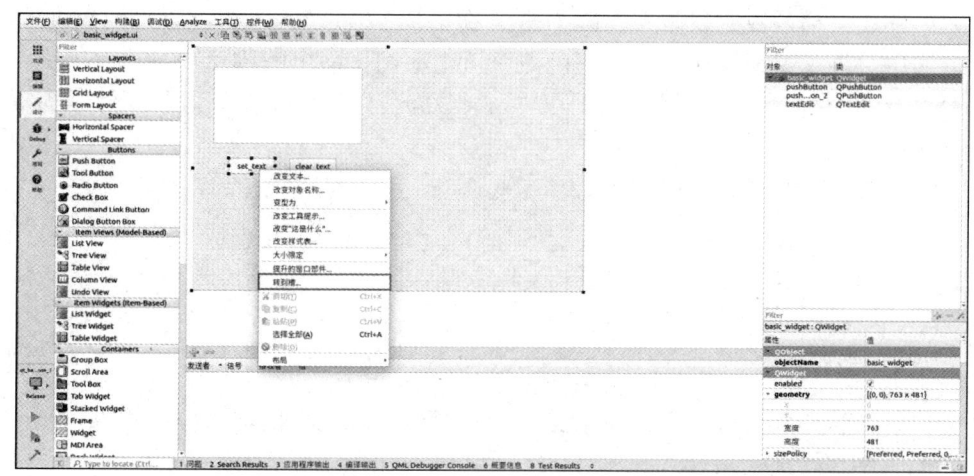

图 3-66　控件"槽"编辑界面

现在选择 clicked()，项目会自动生成并绑定一个槽函数，即选择 clicked()后单击 OK 按钮，如图 3-67 所示。

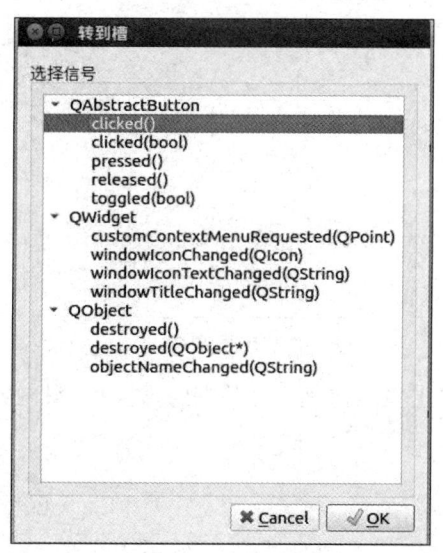

图 3-67　控件信号选择编辑界面

单击 OK 按钮后，Qt 会自动在当前的类中添加一个函数，该函数即对应该按键的 clicked()信号的槽。一般而言，槽函数名都以 on_为开头，接信号发送对象的名称 pushButton，最后是槽对应的对象信号 clicked()，如下：

```
void basic_widget::on_pushButton_clicked()
{

}
```

在类的头文件可以看到槽的声明，如图 3-68 所示，Qt 将该槽定位于为 private slots:，slots:表示以下函数为槽函数 private 为权限，与 C++的 private 作用相同，表示该成员函数为私有，非类成员无法调用槽函数。

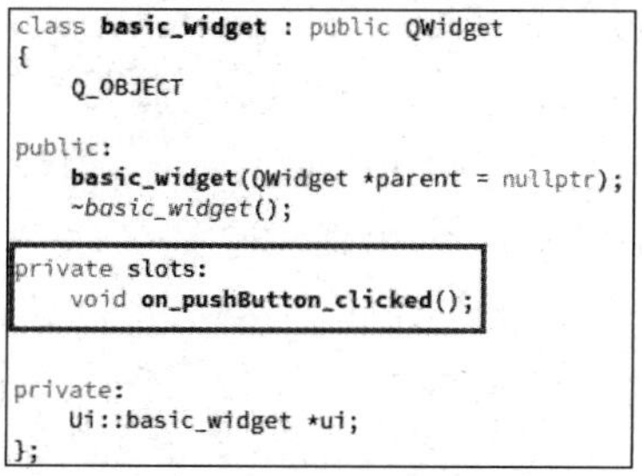

```
class basic_widget : public QWidget
{
    Q_OBJECT

public:
    basic_widget(QWidget *parent = nullptr);
    ~basic_widget();

private slots:
    void on_pushButton_clicked();

private:
    Ui::basic_widget *ui;
};
```

图 3-68　头文件中的槽定义

为什么需要设置槽函数的权限呢？因为槽函数并非必须由信号触发，与其他普通函数相同，也可以直接调用。为了保证操作安全，槽函数仅可由相同页面中的控件触发。

当需要对界面中的对象进行操作时，用"ui->对象名"的格式获取对象，然后根据对象的类使用类方法：

```
void basic_widget::on_pushButton_clicked()
{
    //当要选择界面中的对象时
    //使用 ui->对象名的方式
    //setText 为 QTextEdit 的方法，用于设置输入的内容
    ui->textEdit->setText("this is a slot.");
}
```

保存文件后，编译和运行程序。单击第一个按键，可在空白的输入框内输入槽函数中编辑的文字，如图 3-69 所示。

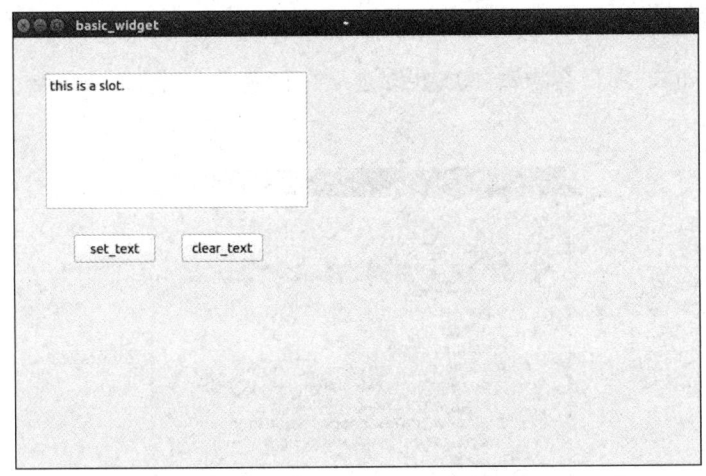

图 3-69　按键信号和槽的运行效果

对另一个按键以同样的方式生成槽函数，在槽函数中编辑内容如下：

```
void basic_widget::on_pushButton_2_clicked()
{
    //清除输入框中的内容
    ui->textEdit->clear();
}
```

再次编辑和运行程序，单击第二个按键，就会清除输入框内的文字。

2. 信号与槽扩展应用

信号与槽除可以被界面上的控件触发外，还可用于不同对象之间的数据通信，即信号可以携带信息与槽进行交互。

（1）新建一个项目，在这个项目中实现使用信号与槽进行跨类通信。首先在项目界面中拖入一个 QTextBrowser 控件，该控件用于显示文本内容；且当内容过长时会自动生成滚动条。此外，增加一个按键，命名为 show_widget，用于跳转到新的页面。如图 3-70 所示。

（2）在左侧的"项目"目录右击，在弹出菜单中选择"Add new"选项，如图 3-71 所示。

（3）在弹出"新建文件"页面，在 Qt 中可以增加一个带有界面的类，这里选择添加"Qt设计师界面类"，如图 3-72 所示。

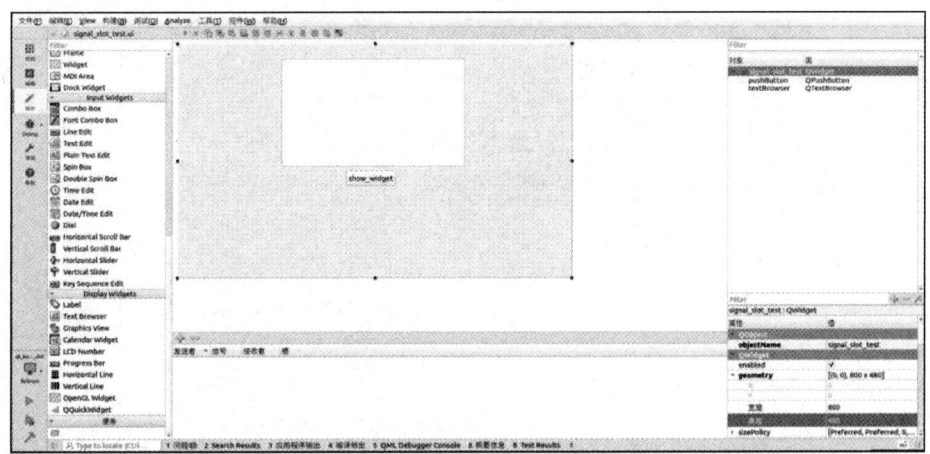

图 3-70　界面设计效果

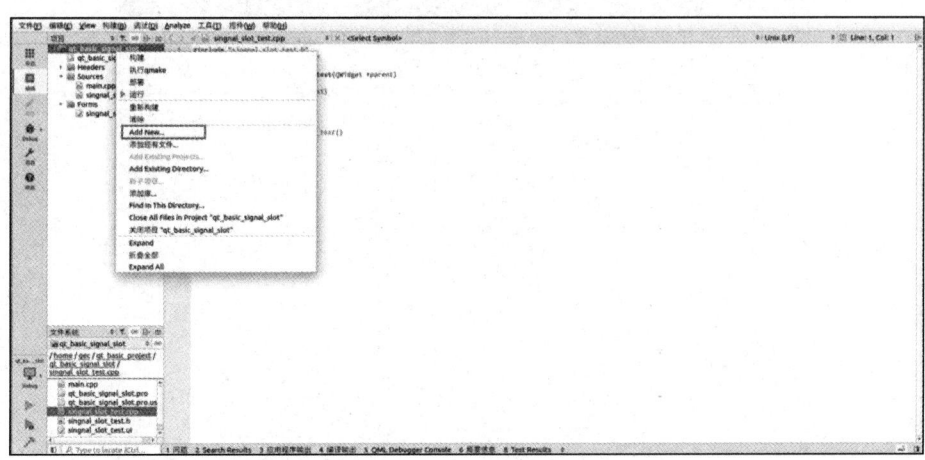

图 3-71　增加类选项

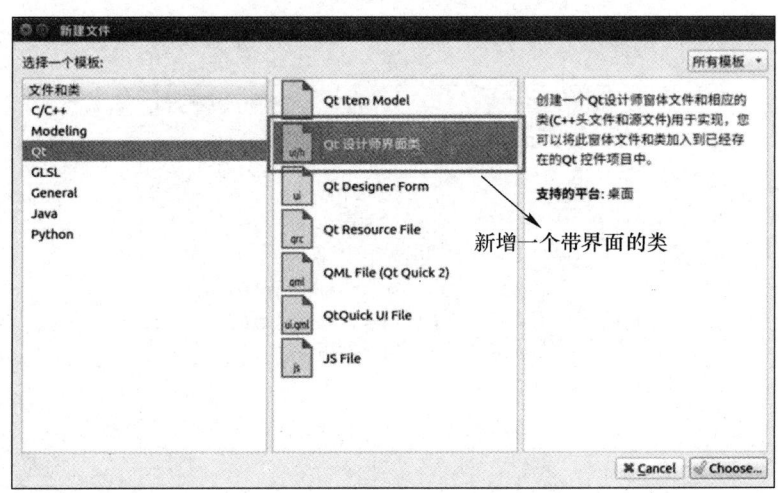

图 3-72　增加类的类型

（4）选择界面模板，即选择 Widget，将类名修改为 signal_class，完成类的创建，如图 3-73
所示。

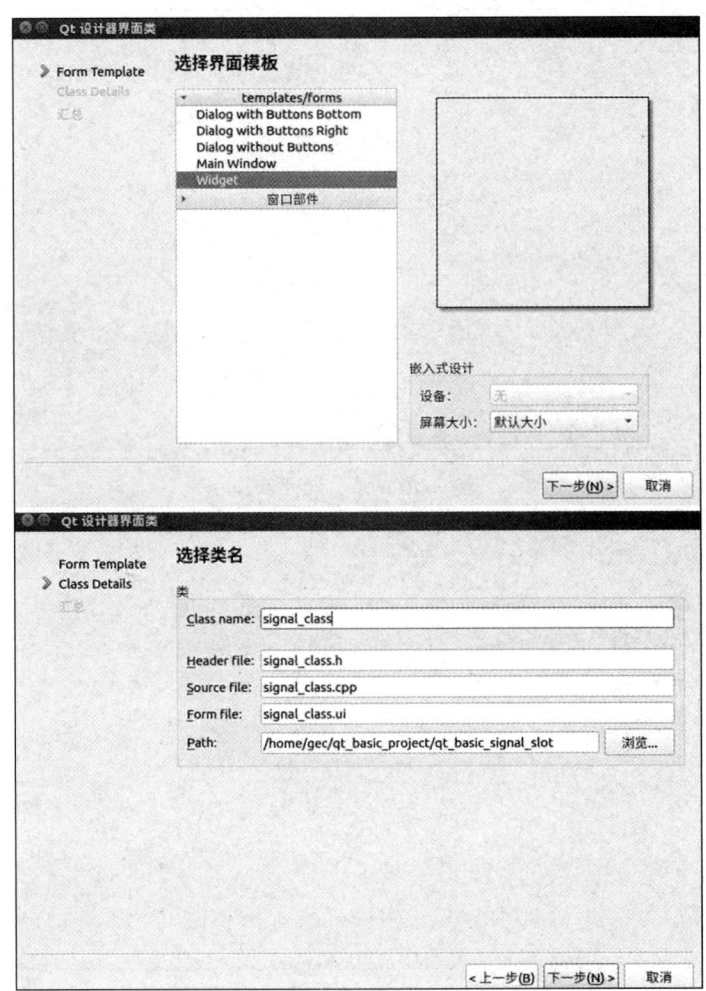

图 3-73　增加信号类

（5）创建完成后，可见项目中已经新增了类文件，如图 3-74 所示。

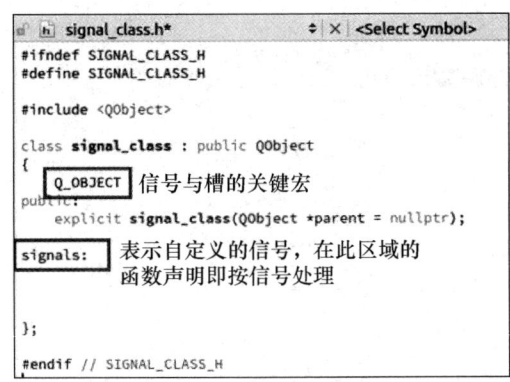

图 3-74　新增类的内容

类中定义了一个宏 Q_OBJECT，用以使用信号与槽。

（6）在类中添加 signals:，表示以下的函数声明为信号；并在信号中定义 signal_from_class 函数，参数为 QString 字符串，用于信号可以携带此参数进行通信。如图 3-75 所示。

```
signals:
    void signal_from_class(QString str);
```

图 3-75 signal 函数定义

（7）完善 signal 类的界面布局，在界面中增加一个输入控件 QLineEdit 和一个按键 QPush
Button，如图 3-76 所示。

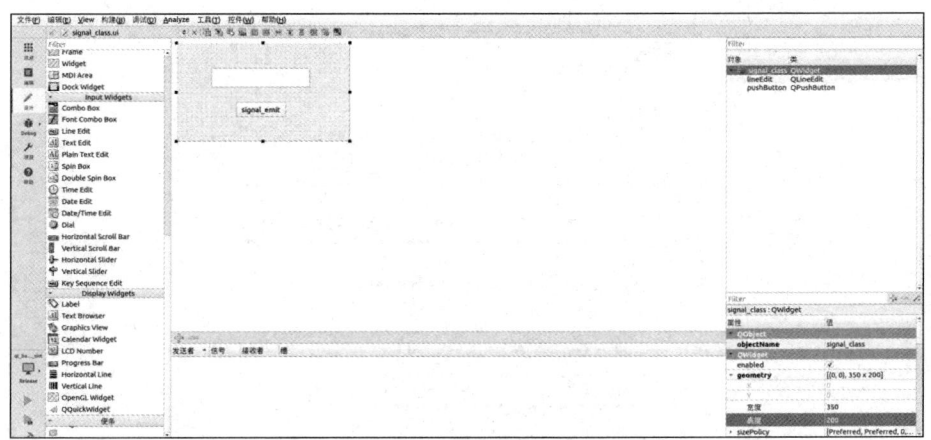

图 3-76 在 signal 界面中增加控件

（8）按键生成槽函数，如图 3-77 所示。在槽函数中，触发自定义的信号，将输入栏中的内
容发送出去。

```
void signal_class::on_pushButton_clicked()
{
    //获取输入栏的内容
    QString input_str = ui->lineEdit->text();
    //触发信号
    emit signal_from_class(input_str);
}
```

图 3-77 信号发送函数

其中，信号是一个特殊的函数，需要 emit 函数，以"emit 信号名(参数)"的格式触发信号
发送。当单击按键后，首先获取 QLineEdit 输入框的内容，并存储在 input_str 变量中；然后，
将该变量存储内容作为信号函数的参数，通过调用 emit 函数进行发送。

（9）为了能跨界面实现信号和槽的通信，需要在项目界面的类中对信号和槽进行绑定。
因此，需要在项目界面的头文件中引入信号所在类的头文件，并添加一个 signal_class 类成员
指针：

```
#include "signal_class.h"
...
    signal_class *class_prt;
```

在项目界面的类中新增 public slots:类型的槽函数，表示以下的函数为类的槽函数，用于绑
定新界面类的信号：

```
public slots:
    void get_string_from_class(QString str);
```

项目界面的类中增加指针和槽函数如图 3-78 所示。

图 3-78　项目界面的类中增加指针和槽函数

（10）为了构造一个基于 signal_class 类定义的界面，需要在项目界面的类构造函数中，构建一个 signal_class 界面对象。

在项目界面的类中将 signal_class 界面的信号函数与项目界面的槽函数连接起来。这里需要注意的是：信号和槽分属于不同的类，无法在项目界面中完成信号和槽的编辑，需要手动编写代码在项目界面类的构造函数中实现信号与槽的绑定，如图 3-79 所示。

图 3-79　编写代码绑定信号与槽

其中，connect()函数可实现信号与槽的绑定，参数包括信号和槽所在的对象指针，以及信号和槽的函数指针。当信号带有参数时，则对应的槽函数的参数需要与信号的一致。如图 3-80 所示。

图 3-80　槽函数定义

当槽函数被信号触发时，该槽函数的参数即信号发送的内容。因此，上述代码直接将参数中的字符串内容输出到项目界面类的文本控件中。

（11）在项目界面中增加按键的槽函数，用以 signal_class 类定义界面的显示启动操作，即调用需要显示界面对象的 show 类成员函数，如图 3-81 和图 3-82 所示。

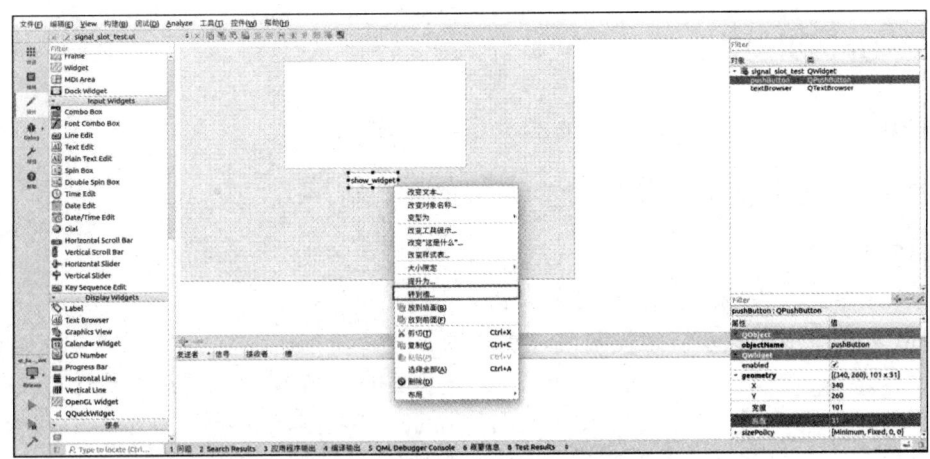

图 3-81 项目界面按键槽的编辑

```
void signal_slot_test::on_pushButton_clicked()
{
    class_ptr->show();
}
```

图 3-82 项目界面按键槽函数的定义

（12）编译并运行，在项目界面单击按键，显示出 signal_class 界面，如图 3-83 所示。

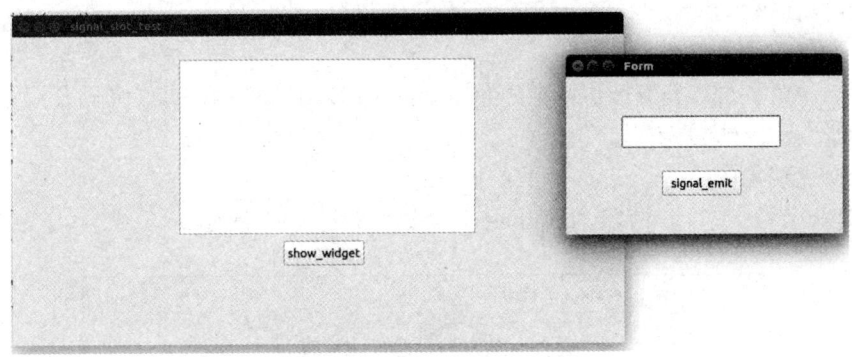

图 3-83 显示 signal_class 界面

在 signal_class 界面的输入框中输入内容，然后单击按键进行触发信号发送，项目界面显示接收到的信息，如图 3-84 所示。

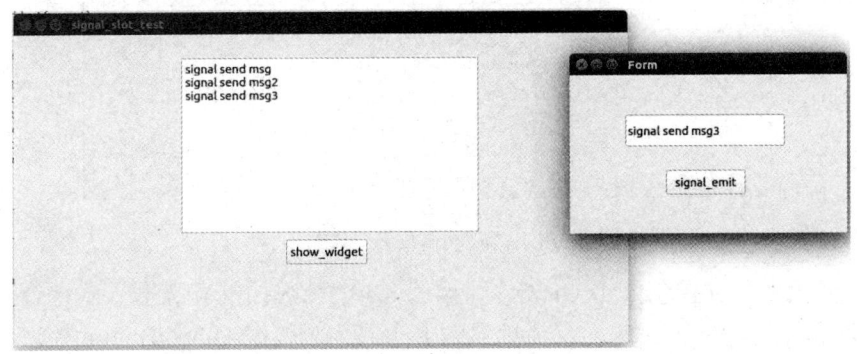

图 3-84 运行效果

3.4.5 Qt 调用硬件驱动

【实验目的】

通过 Qt 调用 Linux 底层 I/O 驱动，实现 GPIO 的控制。

【实验环境】

硬件平台：高级嵌入式综合实验系统，PC。

【高级嵌入式综合实验系统运行时的注意事项】

高级嵌入式综合实验系统采用 ARM 架构，与 PC 的 X86 架构不同，需要对 Qt 项目进行交叉编译。因此，需要使用专门针对 ARM 架构的 qmake 和 arm-linux-gcc 工具。高级嵌入式综合实验系统采用的是 A53 ARM 处理器，因此，需要使用 qmake-a53 构建并编译 Qt 的 Makefile。

例如完成项目设计后，在终端进入项目文件夹，并使用 qmake-a53 工具构建 Makefile，在 Makefile 中调用已安装的 arm-linux-gcc 交叉编译工具，最后执行 make，开始对项目进行交叉编译。

```
usr@ubuntu:~/qt_basic_project$ cd qt_basic_cross_compile/          # 进入项目目录
usr@ubuntu:~/qt_basic_project/qt_basic_cross_compile$ qmake-a53    # 生成 Makefile
usr@ubuntu:~/qt_basic_project/qt_basic_cross_compile$ make         # 编译项目
```

将可执行文件传输到高级嵌入式综合实验系统中，由于高级嵌入式综合实验系统安装了 Qt 库，因此直接执行该可执行文件进行启动，效果和 PC 一致。

【实验原理与内容】

用 Qt 绘制一个界面，单击按键，项目界面上的 LED 灯/蜂鸣器/振动电机开启，再单击按键，LED 灯/蜂鸣器/振动电机关闭。

【实验步骤及现象】

（1）创建一个 Qt 项目，命名为 qt_basic_ioctl，如图 3-85 所示。

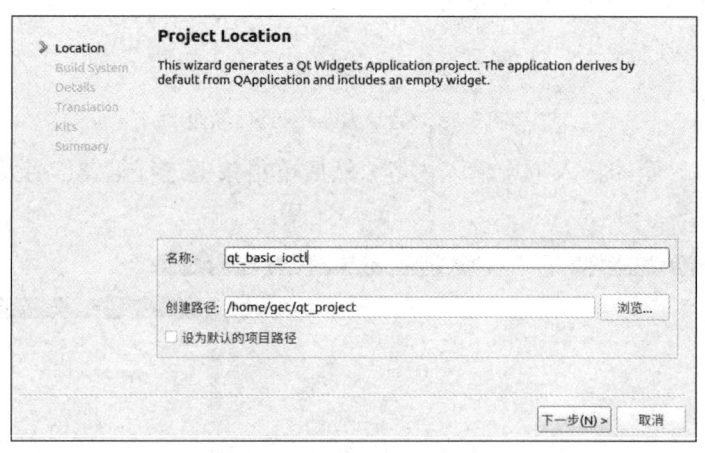

图 3-85　新建 qt_basic_ioctl 项目

（2）本实验需要独立控制 3 个 GPIO，即调用 ioctl()函数控制高级嵌入式综合实验系统的蜂鸣器、LED 灯和振动电机，因此，在项目界面上布局 3 个按键 QPushButton 控件和 3 个用于指示按键功能的 QLabel 控件，如图 3-86 所示。其中，QLabel 显示文字的布局可在选中控件后在右下角的"属性"中设置。

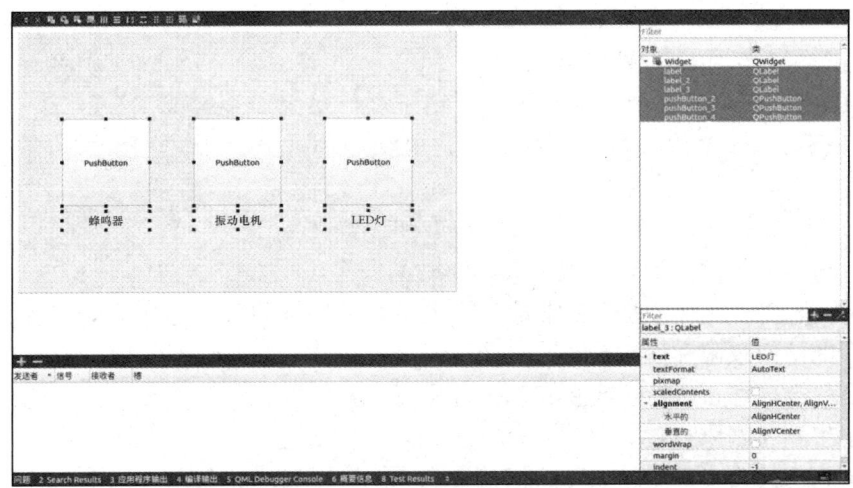

图 3-86　界面布局和属性编辑

参考 3.4.3 节对按键的样式进行修改，使得按键图标可以随着 GPIO 的状态进行改变。在项目中添加用于按键显示的资源图像，并修改按键的样式，如图 3-87 所示。

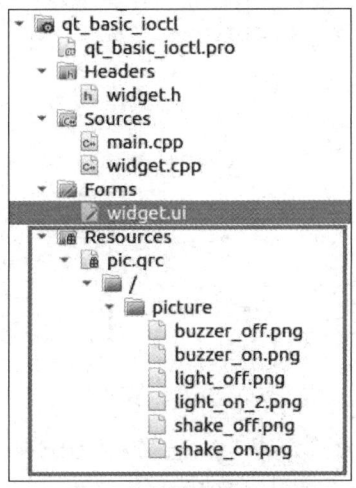

图 3-87　添加按键图像资源

此外，通过修改按键控件的属性编辑按键名称，提高程序的可读性，如图 3-88 所示。

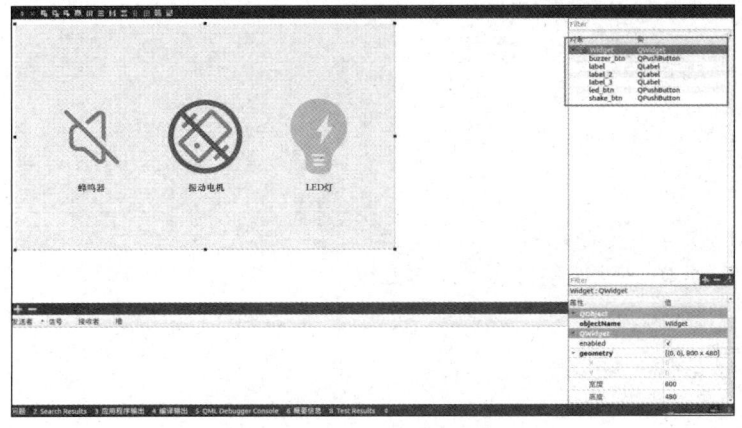

图 3-88　修改按键名称的属性

（3）由于项目需要调用 Linux 驱动，因此在项目界面头文件中增加 Linux 头文件，如图 3-89 所示。

sys/types.h：定义了多种基本数据类型，用于操作系统中的各种系统调用和库函数，如进程 ID、用户 ID、文件大小等。

sys/stat.h：提供了函数和结构体，用于获取和设置文件的状态信息，包括文件的类型、权限、大小和时间戳等。

```
#include <QWidget>
#include <QDebug>

#include <sys/types.h>
#include <sys/stat.h>
#include <fcntl.h>
#include <sys/ioctl.h>
```

图 3-89　增加头文件

fcntl.h：定义了文件控制函数和常量，提供了对文件描述符的操作，如打开、关闭文件，以及设置文件的访问权限和选项。

sys/ioctl.h：定义了 ioctl()函数及其相关的常量和结构体，用于对设备进行低级别的控制和配置，常用于终端和网络设备。

（4）在项目界面头文件中定义 LED 控制宏，用于生成 ioctl()函数使用的参数，对 GPIO 的开与关进行控制，如图 3-90 所示。

（5）项目中包含了三个按键，分别用于蜂鸣器、振动电机和 LED 灯。每个按键需要控制 GPIO 的开启和关闭，这里定义 3 个 bool 型的变量用于标识 GPIO 的状态。因此，在项目界面头文件中添加 3 个 private 权限的 bool 变量即设备状态标志位，用以指示 GPIO 控制的设备。此外，程序调用设备驱动时需要打开系统中的设备文件，因此，添加一个 int 变量作为驱动文件描述符。如图 3-91 所示。

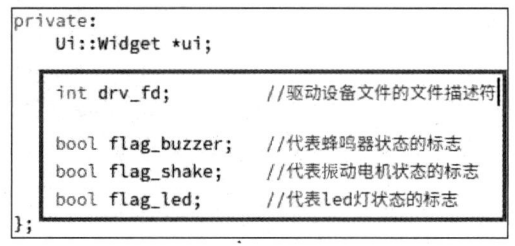

```
#define LED_ON  _IOW('L',1,unsigned long)
#define LED_OFF _IOW('L',0,unsigned long)
```

图 3-90　添加 LED 控制宏

图 3-91　增加 GPIO 状态和驱动文件描述符变量

（6）完善项目界面类的构造函数，完成所需的初始化操作。

由于 Qt 基于 C++语言进行设计，可以直接使用 C 语言设计的 GPIO 驱动，即打开 GPIO 的设备文件 "/dev/led_drv"（注意：该设备文件需要在 3.3.2 节 GPIO 驱动实验的基础上，加载 led_drv.ko 驱动后，系统才会存在该文件）。此外，为了检查驱动文件是否打开成功，可以使用 qDebug 打印文件打开失败的调试信息。

```
Widget::Widget(QWidget *parent)
    : QWidget(parent)
    , ui(new Ui::Widget)
{
ui->setupUi(this);

drv_fd = open("/dev/led_drv", O_RDWR);
if(drv_fd < 0)      // 当设备打开失败时输出调试信息
  {
  // 输出调试信息
  qDebug() << "open led_drv failed.";
  }
else
```

```
{
    // 初始化标志位，默认为停止状态
    flag_buzzer = false;
    flag_shake = false;
    flag_led = false;

    // 将按键的图像样式设置到初始状态（关闭状态）
    ui->buzzer_btn->setStyleSheet("border-image: url(:/picture/buzzer_off.png);");
    ui->shake_btn->setStyleSheet("border-image: url(:/picture/shake_off.png);");
    ui->led_btn->setStyleSheet("border-image: url(:/picture/light_off.png);");
    }
}
```

在上述构造函数中，若设备文件成功打开，将 3 个设备状态标志位赋初值 false，即默认启动程序时将设备都设定为关闭状态。同时，再将 3 个按键的图像设置为关闭状态。

（7）编写按键的槽函数。参考 3.4.4 节，完成 3 个按键的信号和槽函数的构造与绑定。这里以蜂鸣器控制按键为例，如图 3-92 所示。

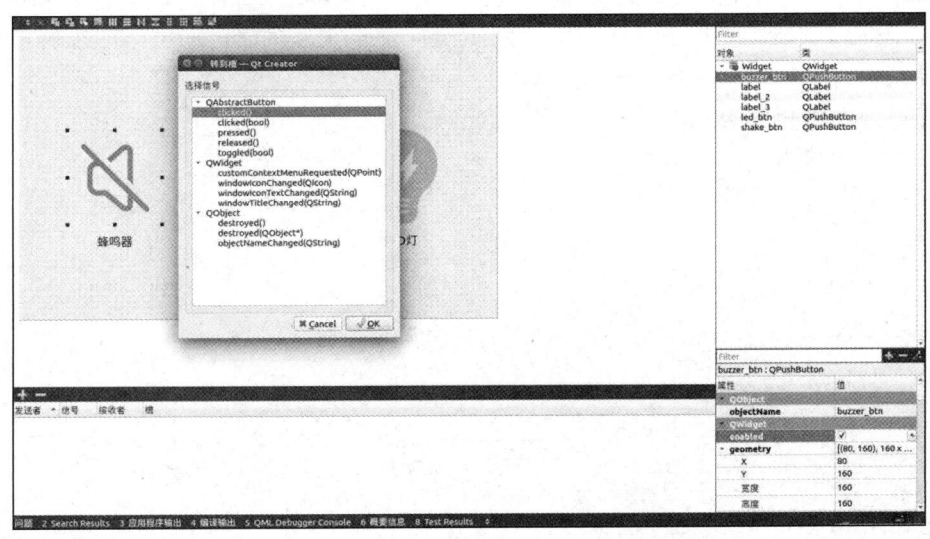

图 3-92　构造和绑定按键的槽函数

构建蜂鸣器按键槽函数的代码如下：

```
void Widget::on_buzzer_btn_clicked()
{
    // 检查设备文件是否成功打开，未能打开直接返回
    if(drv_fd < 0)
        return;

    // 根据设备状态标志位判断需要打开还是关闭
    if(flag_buzzer == false) // 当前蜂鸣器停止
    {
        // 使用 ioctl()函数，如下给定参数可打开蜂鸣器
        ioctl(drv_fd, LED_ON, 13);

        // 改变按钮图像
        ui->buzzer_btn->setStyleSheet("border-image: url(:/picture/buzzer_on.png);");
        // 改变对应的设备状态标志位
```

```
        flag_buzzer = true;
    }
    else if(flag_buzzer == true) // 当前蜂鸣器已启动
    {
        // 使用 ioctl()函数, 如下给定参数可关闭蜂鸣器
        ioctl(drv_fd, LED_OFF, 13);

        // 改变按钮图像
        ui->buzzer_btn->setStyleSheet("border-image: url(:/picture/buzzer_off.png);");
        // 改变对应的设备状态标志位
        flag_buzzer = false;
    }
}
```

在槽函数中首先对驱动文件描述符进行判断, 如果设备文件未成功打开, 则直接退出槽函数。当设备文件打开成功后, 根据对应的设备状态标志位判断当前蜂鸣器是否已经打开; 同时, 使用 ioctl()函数写入设备文件 "drv_fd" 和 GPIO 对应的编号 "13" 以及 GPIO 控制状态参数 "LED_ON 或者 LED_OFF(参数由 LED 控制宏生成)", 即可通过控制 GPIO 启动或者关闭蜂鸣器。为了实现同一个按键的状态反转, 需要同步设置设备状态标志位的值, 即按键根据当前的状态进行翻转操作。

类似完成振动电机和 LED 灯控制的槽函数编写。

● 振动电机控制槽函数

```
void Widget::on_shake_btn_clicked()
{
    //检查设备文件是否成功打开, 未能打开直接返回
    if(drv_fd < 0)
        return;

    //根据设备状态标志位判断需要打开还是关闭
    if(flag_shake == false) //当前振动电机停止
    {
        //使用 ioctl()函数, 如下给定参数可启动振动电机
        ioctl(drv_fd, LED_ON, 28);

        //改变按钮图像
        ui->shake_btn->setStyleSheet("border-image: url(:/picture/shake_on.png);");
        //改变对应的设备状态标志位
        flag_shake = true;
    }
    else if(flag_shake == true) //当前振动电机已启动
    {
        //使用 ioctl()函数, 如下给定参数可关闭振动电机
        ioctl(drv_fd, LED_OFF, 28);

        //改变按钮图像
        ui->shake_btn->setStyleSheet("border-image: url(:/picture/shake_off.png);");
        //改变对应的设备状态标志位
        flag_shake = false;
    }
}
```

● LED 灯控制槽函数

```
void Widget::on_led_btn_clicked()
{
    //检查设备文件是否成功打开，未能打开直接返回
    if(drv_fd < 0)
        return;

    //根据设备状态标志位判断需要打开还是关闭
    if(flag_led == false) //当前 LED 灯灭
    {
        //使用 ioctl()函数，如下给定参数可打开 LED 灯
        ioctl(drv_fd, LED_ON, 14);

        //改变按钮图像
        ui->led_btn->setStyleSheet("border-image: url(:/picture/light_on_2.png);");
        //改变对应的设备状态标志位
        flag_led = true;
    }
    else if(flag_led == true) //当前 LED 灯亮
    {
        //使用 ioctl()函数，如下给定参数可灭灯
        ioctl(drv_fd, LED_OFF, 14);

        //改变按钮图像
        ui->led_btn->setStyleSheet("border-image: url(:/picture/light_off.png);");
        //改变对应的设备状态标志位
        flag_led = false;
    }
}
```

注意：由于该程序要运行在高级嵌入式综合实验系统上，因此，需要对项目进行交叉编译，即使用 qmake-a53 构建 Makefile 并进行交叉编译。

```
usr@ubuntu:~/work_project/qt_basic_loctl$ qmake-a53
usr@ubuntu:~/work_project/qt_basic_loctl$ make
```

执行 ls 命令，可看到生成的可执行文件 qt_basic_ioctl，并将该文件传输到高级嵌入式综合实验系统中。

（8）安装并加载 GPIO 驱动。按照 3.3.2 节设计 GPIO 驱动，在高级嵌入式综合实验系统终端执行 insmod led_driver.ko 命令，进行驱动的安装和加载，如图 3-93 所示。

注意：该命令只在本次实验系统启动过程中有效，高级嵌入式综合实验系统断电后，需要再次执行驱动安装和加载。

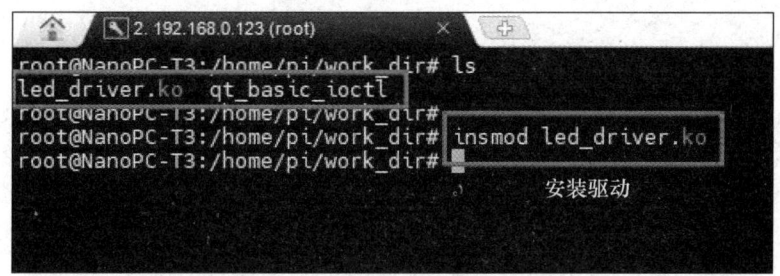

图 3-93　安装和加载 GPIO 驱动

（9）在高级嵌入式综合实验系统启动 qt_basic_ioctl 文件，可在屏幕上显示 3 个按键界面。单击按键，会控制对应的硬件打开和关闭，按键图像也会对应改变。如图 3-94 和图 3-95 所示。

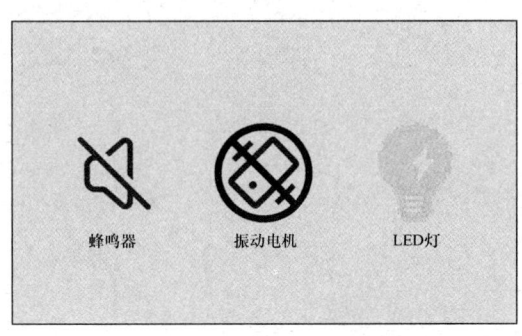

图 3-94　程序运行效果截图

图 3-95　LED 灯打开效果图

第4章 Android 系统开发

4.1 Android 系统简介

Android 是一款基于 Linux 内核的开源操作系统，最初是为数码相机开发的智能化操作系统，但由于市场需求的转变，开发团队将注意力转向了智能手机。2008 年，首款搭载 Android 系统的手机 HTC Dream（又称 T-Mobile G1）问世。Android 系统凭借其开源特性和高度可定制化，迅速吸引了大量手机厂商和开发者。随着智能手机的普及，Android 系统通过持续的版本迭代不断引入新功能，如多点触控、通知栏下拉菜单和应用权限管理等。同时，Android 每个版本以甜点命名的传统（如 Cupcake、Donut、Lollipop 等）也广受用户欢迎。

近年来，Android 系统不再局限于智能手机，也广泛应用于平板电脑、智能手表、车载系统以及物联网设备（如智能家居设备）等。2019 年，Google（谷歌）公司推出了针对物联网优化的轻量化版本——Android Things。

Android 系统结构与一般的 Linux 系统类似，如图 4-1 所示。

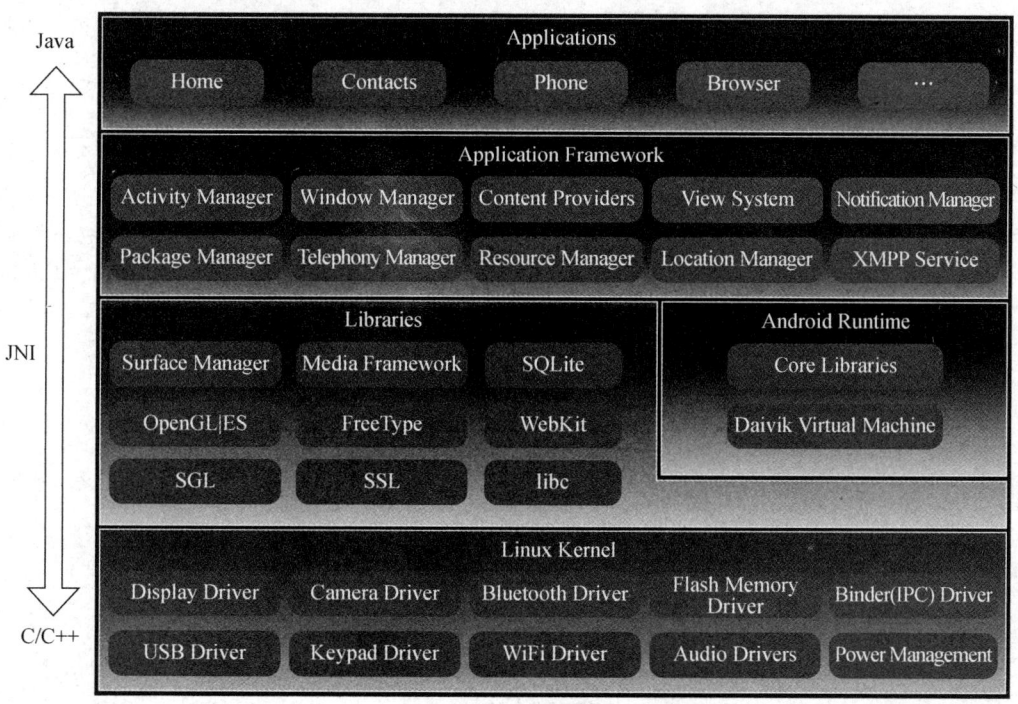

图 4-1 Android 系统结构

1. 底层：Linux 内核

Android 系统的底层是基于 Linux 内核（Linux Kernel）构建的，它提供了核心系统服务和底层硬件支持，包括安全性、内存管理、进程管理、网络栈和设备驱动模型等。Linux 内核以最高权限运行，能够直接管理各种硬件设备，通过设备驱动实现硬件和软件间的数据交互。作为整个系统的基础，Linux 内核为 Android 系统的多任务处理和资源管理提供了关键支持。

2．中间层：库与运行时环境

在 Linux 内核之上，Android 系统引入了一套丰富的库（Libraries），这些库主要以 C/C++ 语言编写，负责实现系统的核心功能模块。常见的库包括用于 3D 图形渲染的 OpenGL|ES 库、支持数据加密的 SSL 库以及多媒体处理的 Media Framework 库等。这些库通过 Android 应用框架（Application Framework）向开发者提供接口，使其能够快速调用底层功能。

与系统库并行的是 Android 运行时环境（Android Runtime，ART），它是 Android 应用程序执行的核心组件。每个 Android 应用程序都运行在独立的进程中，并由 ART 提供的虚拟机分配专属的内存和资源。早期版本的 Android 使用 Dalvik 虚拟机（Dalvik Virtual Machine），它基于寄存器设计，适合嵌入式设备的内存和性能需求。但由于性能问题，Dalvik 虚拟机已被更高效的 ART 所取代。ART 引入了提前编译（Ahead-of-Time，AoT）机制，大幅提升了应用的运行速度，同时解决了早期 Android 长时间运行后可能变慢的问题。

3．上层：应用框架

在库和运行时环境之上，是应用框架层。Android 系统通过此层为开发者提供各种功能性的编程接口。这些接口大部分基于 Java 语言设计，涵盖界面构建（如 View 控件）、资源管理（Resource Manager）以及进程控制（Activity Manager）等核心功能。

4．最上层：应用层（Applications）

应用层主要包括 Android 系统预装的一系列核心应用程序，如邮件客户端、短信服务、日历、地图、浏览器和联系人等。这些应用大部分采用 Java 语言编写，依赖应用框架和库的支持，向用户提供丰富的功能。

由于 Android 系统基于 Linux 内核和 C/C++库，开发者可以采用 Java 与 C/C++混合开发的方式来提升性能。例如，在计步软件中，C/C++由于更高的执行效率和对硬件的直接控制能力，在读取加速度传感器时可以减少功耗。通过 Java Native Interface(JNI)架构，可以让 Java 应用调用 C/C++代码，从而结合两者优势，提高数据处理速度并优化能耗表现。这种方式广泛用于对性能要求较高的场景，如音频处理、图像渲染和传感器数据读取等，使得 Android 系统兼具开放性、灵活性和高效性。

4.2　初识 Android 系统开发

4.2.1　Android 应用开发环境结构

搭建 Android 应用开发环境主要包括以下几个方面。

（1）JDK（Java Development Kit）

JDK 是 Java 语言的软件开发工具包，包含 Java 的运行环境、工具集合、基础库等。

（2）Android SDK（Software Development Kit）

Android 应用程序是基于 Android 系统提供的 API 进行开发的。因此，在开发 Android 应用时，需要引入该工具包以使用 Android 系统相关的 API。

（3）Android Studio

最开始，Android 项目都是用 Eclipse 来开发的，通过安装 ADT 插件后支持开发 Android 程序。2013 年之后，Google 公司推出了一款官方的 IDE 工具——Android Studio。由于 Android

Studio 是专门针对 Android 应用开发而设计的，较 Eclipse 更加强大和方便。本书的 Android 实验都是在 Android Studio 上进行开发的。

（4）ADB（Android Debug Bridge）

ADB 可用于计算机和 Android 设备的通信。通过 ADB，计算机可以直接将编译生成的.apk 文件安装到 Android 设备上，同时也可以查看 Android 设备的日志以及进入 Android 设备进行调试等。

Android Studio 安装后，默认自带 JDK 11 和 ADB，同时 Android Studio 会引导开发者下载 Android SDK。安装时，只需要打开 Android Studio 安装包，直接安装即可完成必要的开发环境部署。

随着 Android 系统的发展，Android SDK 的版本较多。由于系统库和接口的差异，最新版本的 SDK 开发的 Android 应用不一定适用于旧版本 Android 系统的设备。若需要使用指定的 SDK 版本，可在 Android Studio 界面的右上方工具栏单击 图标进入 SDK Manager（管理器）下载，如图 4-2 所示。

图 4-2　SDK 下载选项

在安装 Android Studio 后，ABD 默认已经存放在 C:\Users\user\AppData\Local\Android\Sdk\platform-tools 中。为了方便使用 ADB，可将 C:\Users\user\AppData\Local\Android\Sdk\platform-tools 路径添加到环境变量中。

使用 ADB 可以进入 Powershell 中，在 shell 中输入 "adb devices" 查看 ADB 连接的 Android 设备，可以看到 "List of devices attached"，代表添加环境变量成功。

```
PS C:\Users\sen\Desktop> adb devices
List of devices attached
PS C:\Users\sen\Desktop>
```

4.2.2　构建第一个 Android 应用——Helloworld 项目

（1）打开 Android Studio，单击 "New Project" 按钮，如图 4-3 所示。

（2）选择项目模板

Android 项目在创建时有多种界面模板以供选择，初学时可以从最简单的一个空白界面模板开始，如图 4-4 所示。

（3）设置项目信息，包括项目名称、Package 名称以及项目需要的最低兼容 SDK 版本等，如图 4-5 所示。

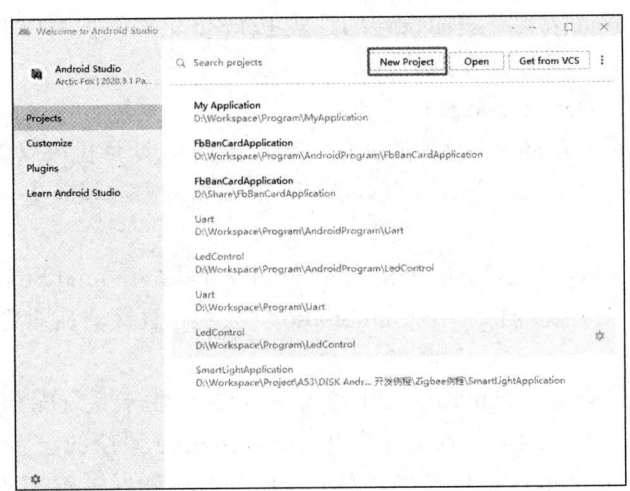

图 4-3　创建新项目

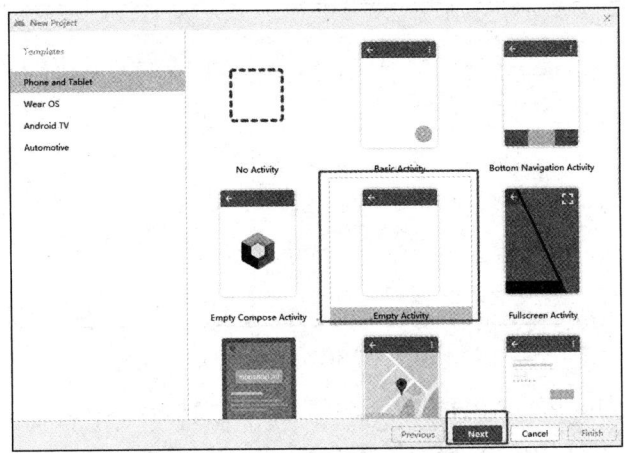

图 4-4　选择空白界面模板

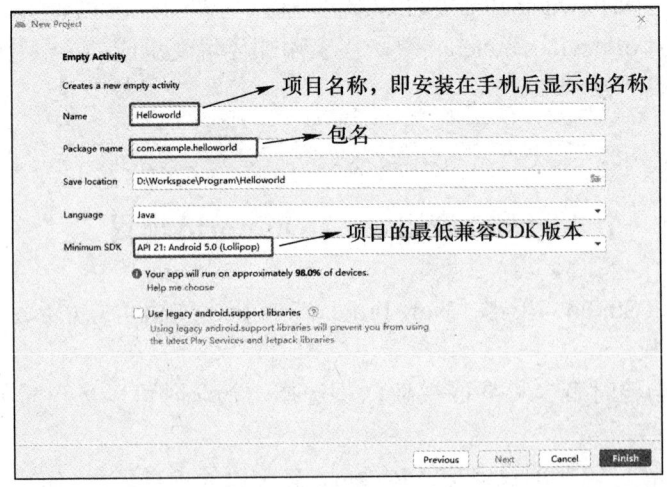

图 4-5　设置项目信息

（4）在完成上述步骤后，单击 Finish 按钮，Android Studio 会创建项目，包括用于逻辑处理的 Java 代码——MainActivity.java 和用于界面设计的 XML 代码——activity_main.xml，如图 4-6
所示。

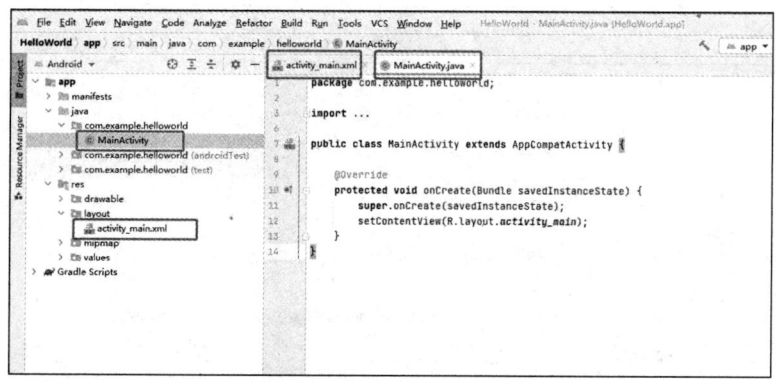

图 4-6　创建的 Android 项目

打开高级嵌入式综合实验系统的电源，等待实验系统的核心处理器的 Android 系统启动完
成后，使用 USB 数据线将实验系统的核心电路板与计算机进行连接。如果驱动能成功识别实验
系统运行的 Android 系统并连接成功，可以在 Android Studio 右上方工具栏得到 Android 设备的
名称，如图 4-7 所示。

图 4-7　Android Studio 与实验系统连接显示

单击图 4-7 中的 ▶ 按键，Android Studio 会对当前项目进行编译，并自动将 Helloworld 项
目编译的文件直接在实验系统上运行，如图 4-8 所示。

图 4-8　Helloworld 项目运行效果

注意：在第一次安装 Android Studio 后，编译程序时可能会遇到图 4-9 的问题。此时在 Android
Studio 的右上角单击“SDK 管理器”图标，并下载 SDK Command-line Tools，如图 4-10 所示。

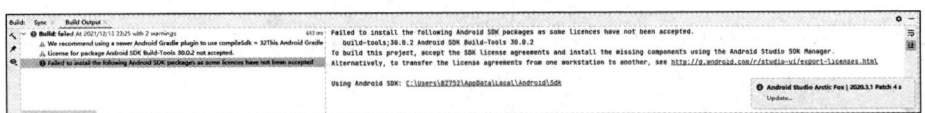

图 4-9　SDK Licences 问题

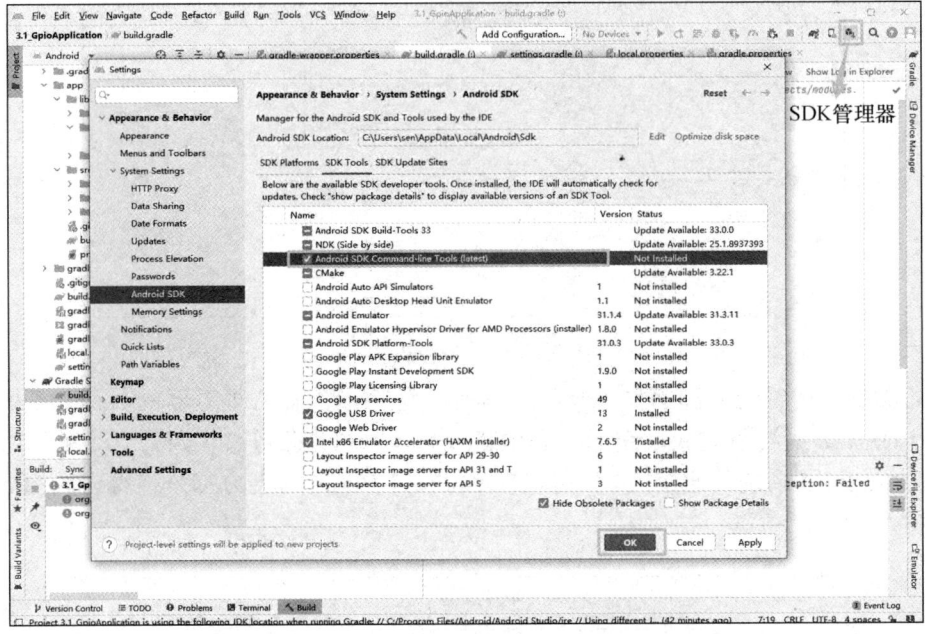

图 4-10　下载 SDK Command-line Tools 界面

（5）初识 Android 项目结构。如图 4-8 所示，默认显示的 Helloworld 项目是 Android 模式结构，并不是文件目录结构，简单明了；也可以根据需要将 Android 模式切换成 Project 模式，显示真正的文件目录结构，如图 4-11 所示。

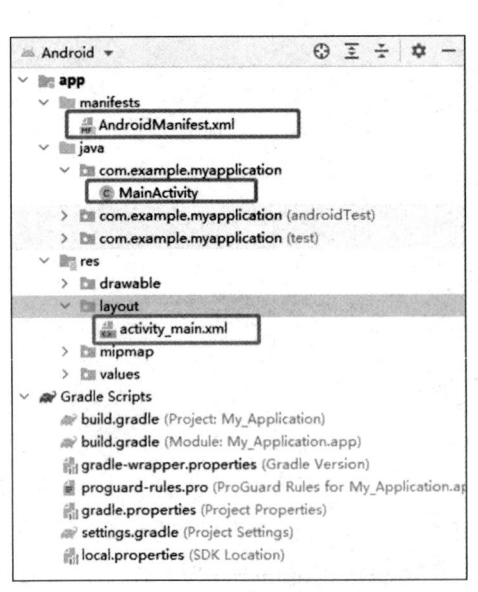

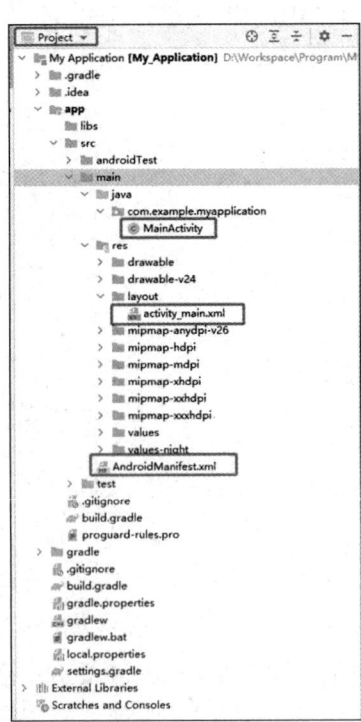

图 4-11　Android 模式和 Project 模式

在 Android 项目中包括以下几个主要目录。

① Java 源代码目录。在（Android 模式）"app/java"或（Project 模式）"app/src/main/java"目录下存放 Android 项目的 Java 源代码文件，其中，MainActivity.java 是 Helloworld 项目创建的默认 Java 源代码文件，如图 4-12 所示。

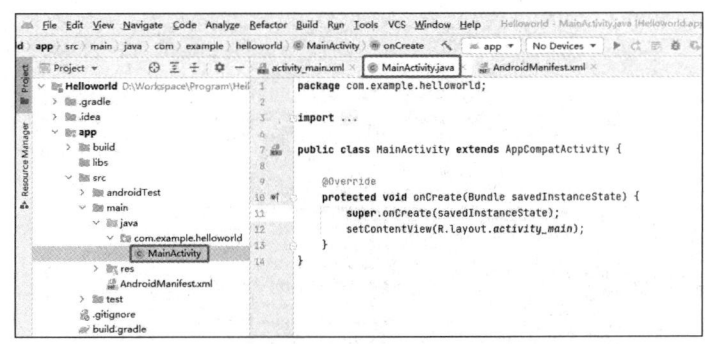

图 4-12　Helloworld 项目创建的 Java 源代码文件

要了解 MainActivity.java，需要知道 Activity 的概念。在 Android 中，Activity 代表应用中的单个屏幕显示活动，包含界面的设计和对应的 Java 代码。例如，电子邮件应用程序可能有一个显示新电子邮件列表的 Activity、一个用于撰写电子邮件的 Activity 以及一个用于阅读单个消息的 Activity。因此，应用程序既可以是多个 Activity 的集合，也可以自己创建 Activity。应用程序中的 Activity 相互配合形成完整的程序逻辑，但每个 Activity 在结构上相互独立。

在 MainActivity.java 中展示以下内容：

```
public class MainActivity extends AppCompatActivity {
  @Override
  protected void onCreate(Bundle savedInstanceState) {
    super.onCreate(savedInstanceState);
    setContentView(R.layout.activity_main);
  }
}
```

该类是当前活动对应的类，继承于 Activity 类，其中 AppCompatActivity 是 Activity 类的一个子类，它扩展了 Activity 的功能，并提供了向后兼容的支持。

任何 Activity 都有生命周期，可重写的函数 onCreate()在 Activity 创建时被调用，用于初始化，参数 savedInstanceState 是一个 Bundle 对象，包含了上一次保存的活动状态（如屏幕旋转时的状态）。super.onCreate(savedInstanceState)则是调用父类的 onCreate()函数，确保 Activity 生命周期的正常运行，父类负责初始化一些关键组件，如窗口管理器和视图；setContentView(R.layout.activity_main)方法设置 Activity 的布局文件，其中 R.layout.activity_main 是 res/layout/activity_main.xml 的引用，定义了 Activity 的用户界面，R 是资源类，layout 是布局资源目录，activity_main 是布局文件的名称。

综上可知，Activity 启动过程如下：首先，当用户启动应用时，Android 系统加载 MainActivity 类；接着，onCreate()函数被调用，开始初始化；最后通过 setContentView()函数将布局文件 activity_main.xml 渲染为指定的界面。

② AndroidManifest.xml。在（Android 模式）"app/manifests/"或（Project 模式）"app/src/main/"目录下是项目的配置文件，包括硬件使用、资源、界面 Activity 权限管理等都需要在这个文件中声明。例如，如图 4-13 所示，"android:icon="@mipmap/ic_launcher""指定了

安装在 Android 设备上应用的图标名称为 ic_launcher，并且该图标存放在"app/src/main/res"下的 mipmap 前缀的文件夹中；"android:label="@string/app_name""指定了 Android 应用名称为"app_name"的值，"app_name"的值存放在"app/src/main/res/values/strings.xml"文件中。

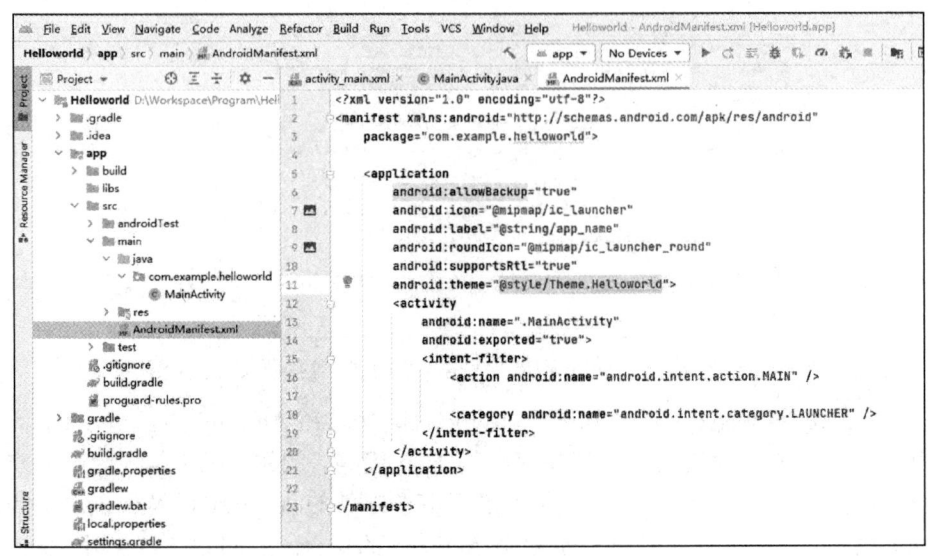

图 4-13　项目配置文件

其中：

```
<activity
    android:name=".MainActivity"
    android:exported="true">
    <intent-filter>
        <action android:name="android.intent.action.MAIN" />
        <category android:name="android.intent.category.LAUNCHER" />
    </intent-filter>
</activity>
```

上述代码对 MainActivity 进行注册，任何没有在 AndroidManifest.xml 注册的 Activity 都是不能运行的。"<action android:name="android.intent.action.MAIN" />"和"<category android:name="android.intent.category.LAUNCHER" />"代表 MainActivity 是这个项目的主 Activity，即在 Android 系统中单击应用图标后首先启动的 Activity 页面。

③ 资源文件。在（Android 模式）"app/res"或（Project 模式）"app/src/main/res"目录下是项目的资源文件，项目使用到的所有图像、应用图标、布局、字符串等资源都可以放在该目录下。其中，图像可以存放在"drawable"目录下，应用图标存放在"mipmap"开头的目录下，布局存放在"layout"目录下，字符串内容存放在"values"目录下。

在资源目录下，可以看到后缀为 hdpi、xhdpi、xxhdpi 等的文件夹，这些文件夹根据屏幕分辨率存储对应分辨率的图像。一般而言，在创建项目时，最好能够提供不同分辨率版本的图像，这样使得程序运行时能够加载到对应分辨率的图像。如果没有多个分辨率图像，则只能将图像放在其中一个文件夹中。

④ 调试方法：

● ADB 工具

借助 ADB 工具，可实现包括：

➢ 安装 APK 文件到 Android 设备，命令为"adb install xxx.apk"；

➢ 卸载 App，命令为"adb uninstall <package-name>"；

➢ 重启 Android 设备，命令为"adb reboot"；

➢ 查看日志，命令为"adb logcat"；

➢ 进入 Android 设备，命令为"adb shell"；

➢ 打开 Android 设备的 root 权限，命令为"adb root"。

安装 Android Studio 后，ADB 实际上已经同步安装到了计算机上。按住 Shift 键并右击空白位置，在弹出的菜单中选择 Powershell，直接在 shell 中输入 adb 命令即可；也可以在 Android Studio 下方的 Terminal 窗口直接输入 adb 命令，如图 4-14 所示。

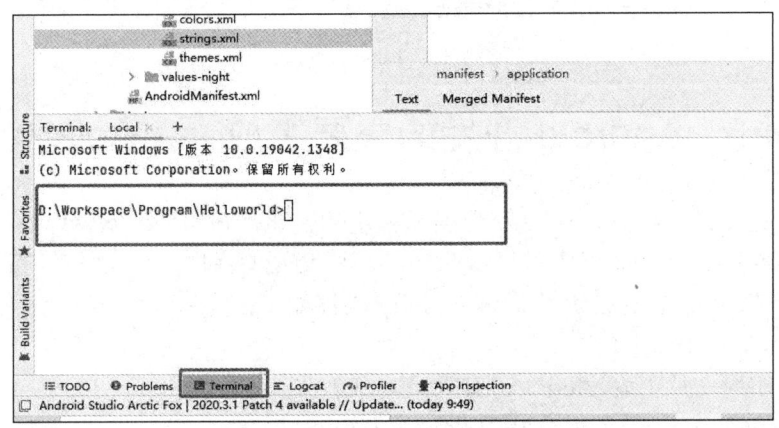

图 4-14　ADB Terminal 窗口

● Logcat 工具

Logcat 是内置在 Android 系统中的一个可执行工具，用于存储和显示系统日志消息，其中包括设备引发错误时的堆栈追踪和从代码中使用 Log 类编写的消息。可以在主机上通过 adb logcat 命令来查看 Android 设备上的日志消息。

每个 Android 日志消息都有对应的标记和优先级。例如，日志消息的标记是一个简短的字符串，表示消息源自的系统组件（如"View"代表视图系统）。

优先级由以下某个字符值表示（按从最低到最高优先级的顺序排列）：

➢V — 详细（最低优先级）；

➢D — 调试；

➢I — 信息；

➢W — 警告；

➢E — 错误；

➢F — 致命；

➢S — 静默（最高优先级，不会打印任何内容）。

通过运行 Logcat 可获得每条消息的前两列内容，即标记列表及优先级，格式为 <priority>/<tag>。

Logcat 可通过 Powershell 的 adb logcat 命令查看，也可以直接在 Android Studio 下方的 Logcat 窗口中查看，如图 4-15 所示。

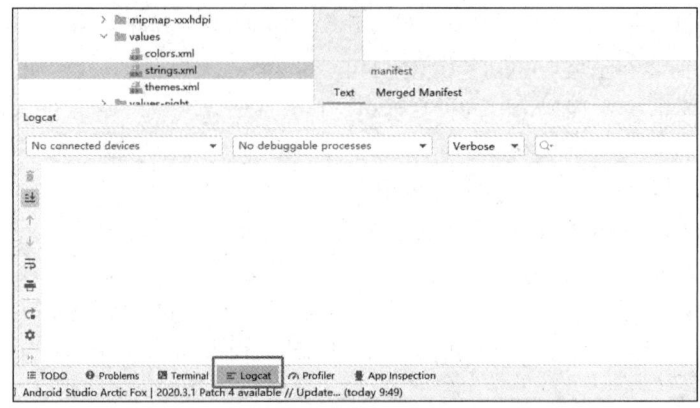

图 4-15　Logcat 窗口

4.3　Android 开发的重要组成——Activity

从 Android 生成的 Java 代码中已经初识了 Activity（活动），即 Activity 代表应用中的单个屏幕的活动，包含 Java 设计的程序和显示在屏幕上可交互的界面。一般而言，新创建的 Android 项目仅包括一个 Activity，增加新界面的 Activity 过程如下：

- 创建一个 Activity Java 类；
- 在 XML 布局文件中为 Activity 实现基本 UI；
- 在 AndroidManifest.xml 文件中声明新的 Activity。

在 Android Studio 中选择 File→New→Activity 命令向应用程序添加新 Activity，Android Studio 会自动完成创建新 Activity 的全部操作，如图 4-16 所示。

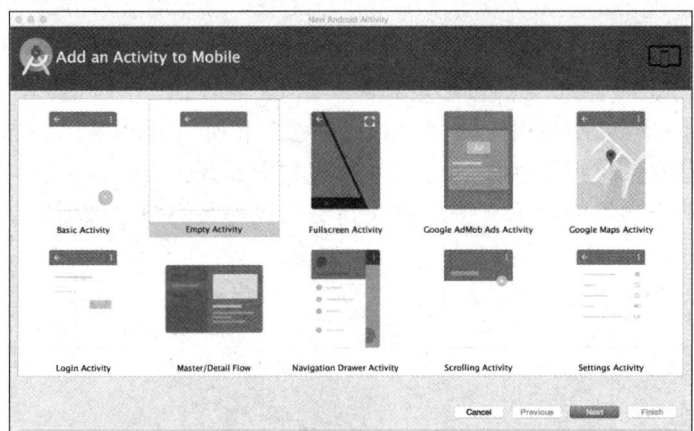

图 4-16　创建新的 Activity

回看 Activity 的 Java 代码：

```java
public class MainActivity extends AppCompatActivity {
  @Override
  protected void onCreate(Bundle savedInstanceState) {
    super.onCreate(savedInstanceState);
    setContentView(R.layout.activity_main);
  }
}
```

如前所述，上述代码最主要的工作是启动 Activity 进程，并在 onCreate()函数中渲染指定的界面，其中 onCreate()是 Activity 启动生命周期开始的入口函数。

所谓的生命周期是指一个 Activity 从创建到销毁的整个过程，其中会经历的不同状态变化，如图 4-17 所示。

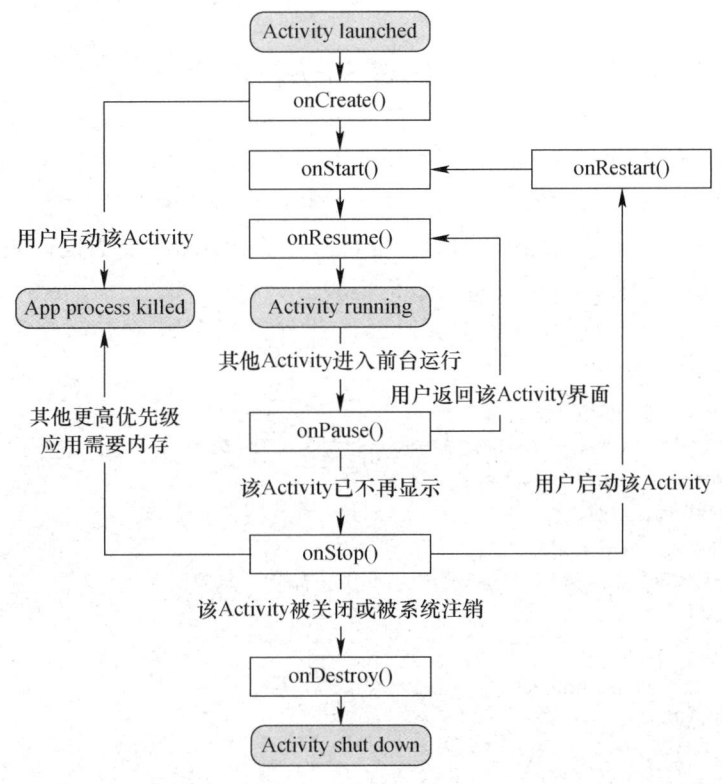

图 4-17　Activity 生命周期

类似于 onCreate()函数，在 Activity 的生命周期中可以通过重写以下函数对生命周期中的节点进行操作。

- onCreate()：Activity 创建时的入口函数，用于完成初始化工作，如加载界面。
- onStart()：使 Activity 对用户可见时调用，但尚未到前台。
- onResume()：Activity 位于前台且可与用户交互时调用。
- onPause()：Activity 失去前台焦点时调用，用于保存数据和释放资源。
- onStop()：Activity 完全不可见时调用，此时应停止所有后台操作。
- onDestroy()：Activity 被销毁前的最后调用，用于彻底清理资源。
- onRestart()：Activity 从停止状态重新启动时调用，之后会进入 onStart()。

以上 7 个方法中除了 onRestart()函数，其他都可以找到相对的函数，如 onCreate()与 onDestroy()，因此，图 4-17 的生命周期可以分为 3 类，具体如下。

① 完整生存期：Activity 在 onCreate()和 onDestroy()之间所经历的就是完整生存期。一般情况下，一个 Activity 会在 onCreate()中完成各种初始化操作，而在 onDestroy()中则会完成释放资源的操作。

② 可见生存期：Activity 在 onStart()和 onStop()之间所经历的就是可见生存期。在可见生存期内，Activity 是可见的，即使有可能无法和用户进行交互，也可以通过上述两个方法管理资

源。例如，在 onStart()中对资源进行加载，在 onStop()中对资源进行释放，以保证处于停止状态的活动不会占用过多内存。

③ 前台生存期。Activity 在 onResume()和 onPause()之间所经历的就是前台生存期。在前台生存期内，Activity 总是处于运行状态，Activity 可以和用户进行交互。程序在界面上显示并运行时，Activity 多处于这个状态。

4.4 UI 设计与 XML

理解了 Android 开发的关键知识后，下面从 Helloworld 项目继续了解 Android 应用开发的主要工作：UI 设计与 Java 代码的开发。其中，UI 也被当作一种资源进行管理，可以在项目的 res 文件夹的 layout 子文件夹下找到。例如，项目的主 Activity 界面的设计采用 XML 语言进行描述，并保存在 layout 下的 activity_main.xml 文件中（注意：事实上，Android 项目设计界面不是仅能使用 XML，Java 也可以设计界面，但 Java 设计界面不如 XML 简单和直观）。

activity_main.xml 代码如下：

```xml
<?xml version="1.0" encoding="utf-8"?>
<RelativeLayout xmlns:android="http://schemas.android.com/apk/res/android"
  xmlns:tools="http://schemas.android.com/tools"
  android:layout_width="match_parent"
  android:layout_height="match_parent"
  tools:context="com.example.exp1.myapplication.MainActivity">
  <TextView
    android:layout_width="wrap_content"
    android:layout_height="wrap_content"
    android:text="Hello World!"
    android:id="@+id/textView" />
</RelativeLayout>
```

XML 是一种标记表述语言，主要用于对不同事物的属性进行描述。XML 采用"<"和"/>"或者"<>"和"</>"边界化方式界定事物边界；同时，XML 采用键值对"key=value"方式描述事物的属性；并且，XML 支持嵌套方式，支持事物包含事物的设计和描述方式。

activity_main.xml 文件内容解释如下。

① 布局根节点（最外层事物的开始）：

```xml
<RelativeLayout
  xmlns:android="http://schemas.android.com/apk/res/android"
  xmlns:tools="http://schemas.android.com/tools"
  android:layout_width="match_parent"
  android:layout_height="match_parent"
... >
```

根节点使用 RelativeLayout（相对布局），它允许包括在内部的控件按照绝对距离或者相对距离进行定位。布局通过以下属性进行描述：

● xmlns 声明了 Android 和 tools 的命名空间；

● 使用 match_parent 指定宽、高占满父容器。

② 文本控件：

```xml
<TextView
  android:layout_width="wrap_content"
```

```
    android:layout_height="wrap_content"
    android:text="Hello World!"
    android:id="@+id/textView" />
```

布局中包含一个 TextView 控件：

● 使用 wrap_content 自适应文本内容大小；

● 显示"Hello World!"文本；

● 通过 id 属性设置唯一标识符，便于在 Java 代码中引用该控件（即 XML 与 Java 的交互）。

③ 开发环境关联：

```
tools:context="com.example.exp1.myapplication.MainActivity"
```

通过 tools:context 属性指定了关联的 Activity 类，为 Android Studio 提供更好的编辑支持。

因此，我们可以将 XML 看作对"块"（事物）的描述。

在 Android Studio 中，为了简化 UI 的设计，可以采用图形设计方法直接选择控件并放置到界面完成设计，如图 4-18 所示。

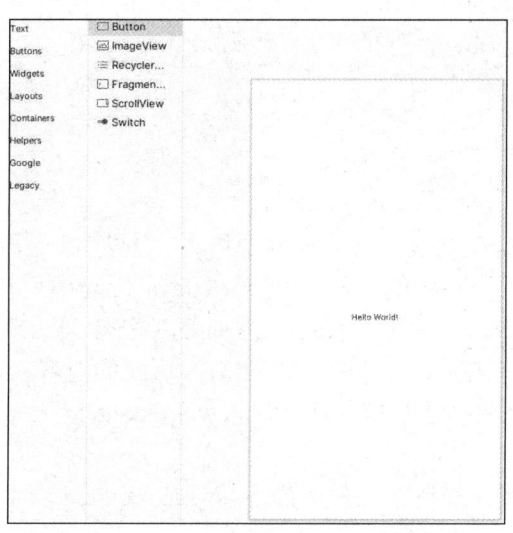

图 4-18　图形设计方法界面

在实际中，图形设计方式虽然方便简洁，但当面对编写较为复杂的界面时，图形设计方式很难在细节上进行调整，因此，直接编辑 XML 代码方法更为常用。在图 4-18 中，显示"Hello World！"与以下代码等价：

```
<TextView
    android:layout_width="wrap_content"
    android:layout_height="wrap_content"
    android:text="Hello World!"
    android:id="@+id/textView" />
```

4.5　控件及其应用

4.5.1　常用控件

Android 系统提供大量的系统控件可供使用，而且支持开发者自己定义控件。一般而言，

Android 系统提供的控件已经能满足常规的应用开发。常用的控件包括 TextView、EditText、Button、ImageView、ProcessBar 等。

（1）文本控件（TextView 和 EditText）

TextView 控件可用于显示字符串，EditText 控件可用于输入和编辑字符串。

文本控件的基本属性包括高度、宽度、文字颜色等，如下所示。

属性键	说明	属性值
android:id	给当前控件指定唯一的标识符	自定义
android:layout_width	指定控件的宽度	match_parent、fill_parent、wrap_content
android:Layout_heigh	指定控件的高度	match_parent、fill_parent、wrap_content
android:text	指定 TextView 中的文本显示内容	自定义
android:gravity	指定文字的对齐方式	top、bottom、left、right、center
android:textSize	指定文字大小	自定义，例如"24sp"
android:textColor	指定文字颜色	自定义，例如"#00ff00"

Helloworld 项目中 TextView 控件的 XML 代码如下：

```
<TextView
    android:id="@+id/textView"
    android:layout_width="wrap_content"
    android:layout_height="wrap_content"
    android:text=" Hello World!" />
```

在上述代码中，<TextView 定义了文本控件的描述"边界"起点，并定义了类型为 TextView。

android:id 属性描述了控件的 ID，主要用于在 Java 代码中引用该控件，其中，"@+id/TextView01"表示 ID 值为 TextView01，@表示后面的字符串是 ID 资源；加号（+）表示需要建立新资源名称，并添加到 R.java 文件中；斜杠（/）后面的内容为增加 ID 资源的名称。

android:layout_width 属性描述了控件的宽度，wrap_content 表示 TextView 的宽度仅需要包含所显示的字符串即可。

android:layout_height 属性描述了控件的高度，wrap_content 表示 TextView 的高度仅需要包含所显示的字符串即可。

android:text 属性定义了控件所显示的字符串内容，这里为"Hello World!"。

与 TextView 类似，EditText 控件的 XML 代码如下：

```
<EditText
    android:id="@+id/editText"
    android:layout_width="match_parent"
    android:layout_height="wrap_content"/>
```

由于 EditText 控件需要输入内容，因此，可以不设置 android:text 属性。

（2）Button 控件

Button 控件用于处理单击操作，使得程序能够在单击该控件时完成相应的操作。典型 Button 控件的 XML 代码如下：

```
<Button
    android:id="@+id/button"
    android:layout_width="match_parent"
    android:layout_height="wrap_content"
    android:text="按钮" />
```

可见，Button 控件的属性与文本控件的属性类似。其实，Android 系统的控件都继承于一个共同的父类——View，但 Button 控件的外形告知用户可单击操作。

（3）ImageView 控件

ImageView 控件用于在界面上显示图像。在使用这个控件前，需要在"app/src/main/res"目录下的 drawable 文件夹中放置所需显示的图像，例如，在 activity_main.xml 添加 ImageView 的代码如下：

```
<ImageView
    android:layout_width="300dp"
    android:layout_height="300dp"
    android:id="@+id/imageView"
    android:src="@drawable/android-pic"\>
```

其中，android:src="@drawable/android-pic 指明需要显示 drawable 文件夹中的 android-pic 图像。ImageView 控件显示图像效果如图 4-19 所示。

图 4-19　ImageView 控件显示图像效果

（4）SeekBar 控件

SeekBar 控件也是一种按键，采用滑动的方式指明数值，其 XML 代码如下：

```
<SeekBar
    android:id="@+id/seekBar"
    android:layout_width="match_parent"
    android:layout_height="wrap_content"
    android:max ="100"
    android:progress="50"\>
```

其中，特殊的属性为 android:max 和 android:progress，上述代码中的 100 和 50 分别代表滑动到最右边最大表示数值为 100 和当前的数值为 50。SeekBar 控件显示效果如图 4-20 所示。

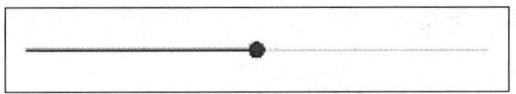

图 4-20　SeekBar 控件显示效果

4.5.2　控件基本使用实验

【实验目的】

（1）掌握 Android 控件的布局与属性定义；

（2）掌握 Activity 中 Java 与 XML 的联系和使用。

【实验环境】

硬件平台：高级嵌入式综合实验系统，PC。

【实验原理与内容】

（1）设计界面

采用图形方法设计一个界面，包括保留已有的 TextView 控件，并新增 1 个 ImageView 控件、2 个 Button 控件和 1 个 EditText 控件，界面布局效果如图 4-21 所示。

图 4-21　界面布局效果

完整的 main_activity.xml 文件内容如下：

```xml
<?xml version="1.0" encoding="utf-8"?>
<androidx.constraintlayout.widget.ConstraintLayout xmlns:android="http://schemas.android.com/apk/res/android"
    xmlns:app="http://schemas.android.com/apk/res-auto"
    xmlns:tools="http://schemas.android.com/tools"
    android:layout_width="match_parent"
    android:layout_height="match_parent"
    tools:context=".MainActivity">

    <TextView
        android:id="@+id/TextView"
        android:layout_width="wrap_content"
        android:layout_height="wrap_content"
        android:layout_marginStart="176dp"
        android:layout_marginTop="482dp"
        android:layout_marginEnd="158dp"
        android:text="Hello World!"
        app:layout_constraintEnd_toEndOf="parent"
        app:layout_constraintStart_toStartOf="parent"
        app:layout_constraintTop_toTopOf="parent" />

    <Button
        android:id="@+id/input"
        android:layout_width="wrap_content"
        android:layout_height="wrap_content"
        android:layout_marginStart="53dp"
        android:layout_marginTop="395dp"
        android:layout_marginEnd="270dp"
        android:text="Input"
        app:layout_constraintEnd_toEndOf="parent"
        app:layout_constraintStart_toStartOf="parent"
        app:layout_constraintTop_toTopOf="parent" />
```

```xml
    <Button
        android:id="@+id/clean"
        android:layout_width="wrap_content"
        android:layout_height="wrap_content"
        android:layout_marginStart="270dp"
        android:layout_marginTop="395dp"
        android:layout_marginEnd="53dp"
        android:text="Clean"
        app:layout_constraintEnd_toEndOf="parent"
        app:layout_constraintStart_toStartOf="parent"
        app:layout_constraintTop_toTopOf="parent" />

    <androidx.constraintlayout.widget.Guideline
        android:id="@+id/guideline"
        android:layout_width="wrap_content"
        android:layout_height="wrap_content"
        android:orientation="vertical"
        app:layout_constraintGuide_begin="20dp" />

    <androidx.constraintlayout.widget.Guideline
        android:id="@+id/guideline2"
        android:layout_width="wrap_content"
        android:layout_height="wrap_content"
        android:orientation="vertical"
        app:layout_constraintGuide_begin="-10dp" />

    <EditText
        android:id="@+id/editText"
        android:layout_width="wrap_content"
        android:layout_height="wrap_content"
        android:layout_marginStart="110dp"
        android:layout_marginTop="304dp"
        android:layout_marginEnd="88dp"
        android:ems="10"
        android:inputType="textPersonName"
        android:text="Name"
        app:layout_constraintEnd_toEndOf="parent"
        app:layout_constraintStart_toStartOf="parent"
        app:layout_constraintTop_toTopOf="parent" />

    <ImageView
        android:id="@+id/imageView"
        android:layout_width="200dp"
        android:layout_height="200dp"
        android:layout_marginStart="110dp"
        android:layout_marginTop="79dp"
        android:layout_marginEnd="101dp"
        android:scaleType="fitCenter"
        app:layout_constraintEnd_toEndOf="parent"
        app:layout_constraintStart_toStartOf="parent"
        app:layout_constraintTop_toTopOf="parent"
        app:srcCompat="@drawable/android" />

</androidx.constraintlayout.widget.ConstraintLayout>
```

其中，android:layout_marginStart、android:layout_marginEnd、android:layout_marginTop 指明了控件距离边界的长度，app:layout_constraintEnd_toEndOf、app:layout_constraintStart_toStartOf、app:layout_constraintTop_toTopOf 指明了限制该控件的方向（注意：在 Android Studio 中，需要明确每个控件具体的位置，即指明控件位置的限定）。此外，Guildline 提供了类似布局参考线的功能，用于其他控件定位，其自身不可见。

（2）在 Java 中"绑定"控件对象

一般地，XML 主要用于控件界面的设计，不具备逻辑执行能力。当需要对控件进行逻辑执行时，需要采用 Java 代码进行处理。控件作为一个"实体"，无论是采用 XML 还是其他语言设计，都会存储在内存中，因此，控件也可以看作一个"对象"。基于此，Android 系统提供了对应类型的对象，开发者仅需要将 Java 对象与在内存中对应的控件进行地址的"绑定"（也可称为"映射"），此时操作 Java 的控件对象等于操作内存中的控件，界面上的控件属性也会对应发生改变。

首先，使用控件的类，需要在 MainActivity.java 中引用对应的类：

```
import android.widget.*;
```

界面上需要操作的控件包括 1 个 EditText、1 个 TextView 和 2 个 Button，因此，在 MainActivity 类中定义如下类成员变量：

```
EditText editText;
Button btn1,btn2;
TextView textView;
```

Android 系统提供一个特殊的函数 findViewById()，用以通过控件的 ID 属性实现 Java 控件对象与实际内存中控件的"绑定"。

在 onCreate(Bundle savedInstanceState)修改如下：

```
@Override
protected void onCreate(Bundle savedInstanceState) {
    super.onCreate(savedInstanceState);
    setContentView(R.layout.activity_main);
    editText = findViewById(R.id.editText);
    btn1 = findViewById(R.id.input);
    btn2 = findViewById(R.id.clean);
    textView = findViewById(R.id.TextView);
}
```

之后，操作或者修改 editText、btn1、btn2 和 textView 控件对象的参数或类成员函数，内存中对应的控件的属性和行为也会一同改变。

（3）设计按键的单击处理

大部分的界面设计软件，包括 Android、MFC 和 Qt 等，都可以处理按键响应，其中消息发送和响应是这类程序处理按键等事件的基础。例如在界面上单击按键，Android 系统就会产生对应的消息，如果能知道这个消息是如何被响应的，在响应的函数位置增加自定义的逻辑代码即可完成对按键单击的处理。一个按键单击的处理操作如图 4-22 所示。

当单击按键时，Android 系统首先会感知到按键被按下（驱动程序配合完成），触发一次单击事件，这个事件消息会被进程、View 等组件进行逐层分发，最后按照程序的设计逻辑发送到 onEvent 或者 onClick 的回调函数中，找到这个消息的回调函数并增加自定义的逻辑代码，即可以实现按键的响应操作。具体而言，需要重写按键单击消息响应函数并增加自定义的逻辑代码，在按键单击时会调用该函数进行自定义的逻辑处理。这里需要使用到 View 类，该类是用户交互接口和控件的基础类，表示屏幕上的一块矩形区域，负责绘制这个区域和事件处理。对 Button 控件，需要 View 类来获取并处理按键的消息事件，主要的过程如下。

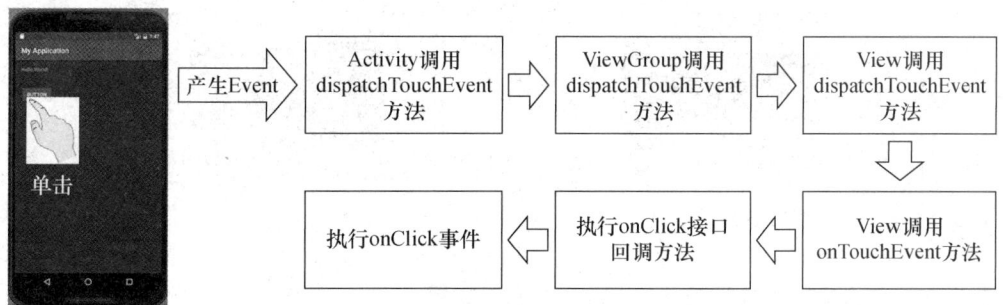

图 4-22　Android 程序对按键单击的处理操作示意图

在 Java 中增加 View 的包和类：

```
import android.view.View;
```

在 onCreate(Bundle savedInstanceState)函数中增加 btn1 按键消息响应处理函数：

```
btn1.setOnClickListener(new View.OnClickListener() {
        @Override
    public void onClick(View view) {

    }
});
```

其中，类成员函数 setOnClickListener()是按键消息监听函数，用于接收 Android 系统的按键消息，该函数参数是一个匿名对象，即仅使用 new 生成类的对象。onClick()函数就是按键消息的回调函数。

btn1 为 input（输入）功能，因此，需要将 EditText 控件输入的字符串显示到 TextView 上。在 onClick()函数中增加如下内容：

```
btn1.setOnClickListener(new View.OnClickListener() {
    @Override
    public void onClick(View view) {
    String content;
    content = editText.getText().toString();
    textView.setText(content);
    }
});
```

上述代码中，通过 EditText 控件的 getText()函数读取控件输入的字符串内容，并将该字符串内容通过 toString()函数转换为 String 类型，存入 content 变量中。与 EditText 控件对应，TextView 控件也有 setText()函数来设置显示内容，因此，直接将 content 传入该函数来设置 TextView 显示内容。

btn2 为清除函数，因此，在 onCreate(Bundle savedInstanceState)函数中增加 btn2 按键消息响应处理函数：

```
btn2.setOnClickListener(new View.OnClickListener() {
    @Override
    public void onClick(View view) {
    textView.setText("");
    }
});
```

其中，清除直接将 TextView 控件的内容设置为空字符串。

运行效果如图 4-23 所示。

图 4-23　单击按键运行效果

进一步，所有的控件都是 View 的子类，因此，不仅 Button 控件具备单击处理，TextView 控件其实也具备单击处理，只是由于 TextView 控件没有按键的图形引导，通常不用于单击操作。

参考 Button 控件，增加 TextView 控件的单击处理：

```
textView.setOnClickListener(new View.OnClickListener() {
  @Override
  public void onClick(View view) {
    textView.setText("I am TextView!");
  }
}
```

单击 TextView 控件的效果如图 4-24 所示。

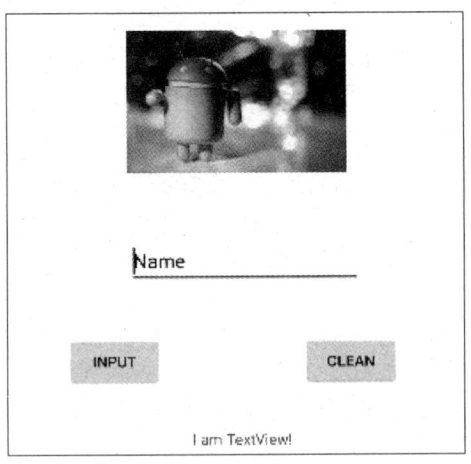

图 4-24　单击 TextView 运行效果

4.5.3　自定义实验——手写板开发

【实验目的】

（1）掌握 Android 自定义控件设计；

（2）掌握 Android 自定义控件使用。

【实验环境】

硬件平台：高级嵌入式综合实验系统，PC。

【实验原理与内容】

在自定义控件的基础上，设计一个手写板控件。该控件可用于手写输入法、原笔迹记事本及涂鸦等相关 App 的开发。

一般而言，画图板应包括三个因素：画板工具，包括直尺等；画刷，设置颜色和线的粗细；画纸，以保存上一次的笔迹并在此基础上继续作画。Android 系统的画纸由位图替代，将绘图保存在一个图像缓冲区内，下次显示时再将缓冲区内的图像调出来进行显示并继续绘画。

手写板需要实现包括捕获触摸点的事件处理和笔迹的重绘等，其核心在于：重写 public boolean onTouchEvent(MotionEvent event)，用于捕捉触摸点；重写 protected void onDraw(Canvas canvas)，用于绘制笔迹。主要设计过程如下：

（1）在 Java 类中从 View 继承并定义一个新的手写板控件类

```
public class WrittingView extends View{…}
```

引入需要的包：

```
import android.graphics.*;          // 导入所有绘图相关类，包括 Canvas、Paint、Bitmap 等
import android.content.Context;     // 用于访问应用程序全局信息的上下文类
import android.util.AttributeSet;   // 用于获取 XML 中定义的属性的类
import android.view.*;              // 导入所有 View 相关类，包括 View 基类、MotionEvent 等
```

在 activity_main.xml 布局文件中声明如下，其中 com.example.handwritting 为控件的完整名称（即 WrittingView 在 Java 中的路径）。

```
<com.example.myapplication.WrittingView
  android:id="@+id/writting"
  android:layout_width="fill_parent"
  android:layout_height="fill_parent"
  android:background="#000000"
  android:gravity="center"
  app:layout_constraintEnd_toEndOf="parent"
  app:layout_constraintStart_toStartOf="parent"
  app:layout_constraintTop_toTopOf="parent">
</com.example.myapplication.WrittingView>
```

在 WrittingView 的 Java 类中添加 3 个类成员变量：

```
private Canvas mCanvas;      // 定义一个画板，提供各种工具
private Bitmap mBitmap;      // 定义一个位图（画纸）
private Paint paint = null;  // 定义一个画刷
```

在 WrittingView 的构造函数中完成画板和画笔的初始化：

```
public WrittingView(Context context, AttributeSet attrs) {
// 调用父类构造方法，传入上下文和属性集
super(context, attrs);
// 创建一个新的绘图画笔对象
paint = new Paint();
// 设置画笔颜色为白色
paint.setColor(Color.WHITE);
// 设置画笔笔触宽度为 5 像素
paint.setStrokeWidth(5);
// 设置画笔样式为描边模式（轮廓）
paint.setStyle(Paint.Style.STROKE);
```

```
// 设置线条转角样式为圆角
paint.setStrokeJoin(Paint.Join.ROUND);
// 设置线条端点样式为圆角
paint.setStrokeCap(Paint.Cap.ROUND);
// 开启抗锯齿，使绘制的形状边缘更加平滑
paint.setAntiAlias(true);
// 创建一个新的画布对象
mCanvas = new Canvas();
}
```

设计 setColor(int)类成员函数设置笔刷颜色、setStrokeWidth(int)类成员函数设置笔刷大小，其中主要是调用 Paint 类的函数实现参数的设置，如下：

```
// 设置笔刷颜色
public void setcolor(int color){
        if(paint!=null){
                paint.setColor(color);
        }
}

// 设置笔刷大小
public void setPenSize(float size){
        if(paint!=null){
                paint.setStrokeWidth(size);
        }
}
```

由于 onDraw(Canvas canvas)中 canvas 每次绘制时都会刷新，即都把非当前笔迹清除，因此需要一个画纸（位图）保存之前所画图的笔迹作为缓冲，这里采用 Bitmap 进行画图笔迹的缓冲保存，从而可以继续绘画。因此，需要重定义两个回调函数：①在 View 尺寸发生变化时重新定义控件的大小，即 onSizeChanged()函数的重定义，该函数也会在第一次启动调整画板的尺寸时被调用，因此在该函数中使用了位图用以缓冲和保存笔迹；②在每次绘图中需要在位图上继续进行绘画，即需要 onDraw()函数的重定义。如下：

```
protected void onSizeChanged(int w, int h, int oldw, int oldh) {
        // TODO Auto-generated method stub
        mBitmap = Bitmap.createBitmap(w, h, Bitmap.Config.ARGB_8888);
// 创建位图，即画纸用来缓冲和存储笔迹，定义位图的存储位宽度
        mCanvas.setBitmap(mBitmap);// 声明画板在该位图上进行缓冲存储
        super.onSizeChanged(w, h, oldw, oldh);
    }
// 在 onDraw()函数中将缓冲的图像画到画布上：
protected void onDraw(Canvas canvas) {
        // TODO Auto-generated method stub
        super.onDraw(canvas);
        canvas.drawBitmap(mBitmap,0, 0, null);// 将位图即画纸上的内容画到屏幕上
    }
```

在画图板中，绘制直线或者曲线的思路如下：采用 Android 系统提供的系统时间采样功能，定时获取每次触摸屏上的触点坐标，当触摸屏被按下、连续滑动触摸或者弹起时，系统会连续给出每个时间间隔点的坐标。在连续获得坐标的基础上画线，让这些线首尾连接便组成了直线或曲线。如图 4-25 所示。

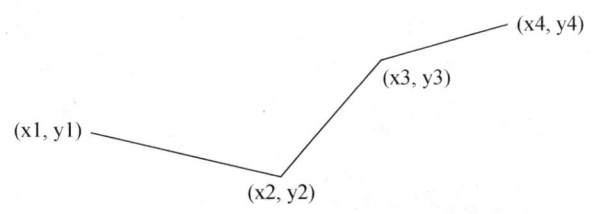

图 4-25　Android 系统画线示意图

可以通过重写 View 类中的 onTouchEvent()函数来处理单击信息，即在 WrittingView 类中重写该函数，并在 public boolean onTouchEvent(MotionEvent event)中通过 event.getAction()函数，得到当前事件类型，包括处理单击、移动或者收笔操作，代码如下：

```
public boolean onTouchEvent(MotionEvent event) {
        // TODO Auto-generated method stub
        int action=event.getAction();
        switch(action){// 触摸状态
        case MotionEvent.ACTION_DOWN: // 单击
        // 在这里获取起始点坐标
            break;
        case MotionEvent.ACTION_MOVE: // 移动
            // 在这里获取移动点坐标
            break;
        case MotionEvent.ACTION_UP: // 收笔
            // 在这里获取末点坐标
            break;
        default:
                break;
        }
        return true;
}
```

定义如下类成员保存当前触摸点的坐标和画笔结束的坐标：

```
private float startX = 0;
private float startY = 0;
private float stopX = 0;
private float stopY = 0;
```

得到前后两个点的坐标后，可以利用 Canvas 中的 drawLine()函数绘制曲线（这里只进行简单的前后点连接，如果想要曲线平滑些，可以考虑利用贝塞尔曲线方法）。

注意：每次在 onTouchEvent()函数内使用 drawLine 方法绘制图形后，需要对视图进行刷新，在 UI 线程中可以调用 invalidate()函数，在非 UI 线程中调用 postInvalidate()函数；只有刷新后，系统会回调 onDraw()函数，笔迹才会不断更新。

按照上述思路完善 onTouchEvent()函数如下：

```
@Override
    public boolean onTouchEvent(MotionEvent event) {
        // TODO Auto-generated method stub
        int action=event.getAction();
        switch(action){
        case MotionEvent.ACTION_DOWN:// 单击
            // 在这里获取起始点坐标
            startX = event.getX();
            startY = event.getY();
            break;
        case MotionEvent.ACTION_MOVE:// 移动
```

```
                    // 在这里获取移动点坐标
                    stopX = event.getX();
                    stopY = event.getY();
                    mCanvas.drawLine(startX, startY, stopX, stopY, paint);// 用起点和终点坐标画直线段
                    // 把终点赋值给起始点，作为下一次的起始点坐标
                    startX = stopX;
                    startY = stopY;
                    invalidate();// 通知系统需要重绘制
                    break;
                case MotionEvent.ACTION_UP:// 收笔
                    stopX = event.getX();
                    stopY = event.getY();
                    invalidate();// 通知系统需要重绘制
                    break;
                default:
                        break;
            }
            return true;
        }
```

（2）设计 MainActivity 类

```
public class MainActivity extends AppCompatActivity {

    private WrittingView writtingView;// 画板视图
    @Override
    protected void onCreate(Bundle savedInstanceState) {
        super.onCreate(savedInstanceState);
        setContentView(R.layout.activity_main);

        writtingView = (WrittingView)findViewById(R.id.writting);
        writtingView.setcolor(Color.WHITE);
        writtingView.setPenSize(1.0f+5);

    }
}
```

　　自定义的控件可以使用 findViewById()函数进行"绑定"，并且使用 setcolor()和 setPenSize()
函数设置笔的颜色和笔尖的宽度，其中 1.0f+防止笔尖宽度小于 1，出现 0 宽度的逻辑错误。
　　通过虚拟设备或者直接在真实的硬件设备上运行 App，效果如图 4-26 所示。

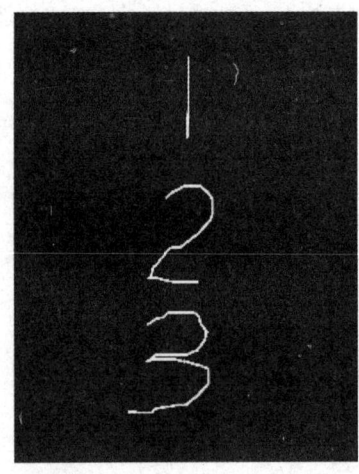

图 4-26　手写板控件的运行效果

4.6 网络通信实验

（1）掌握 Android 系统 TCP 的使用；
（2）掌握 Android 系统多线程的使用。

硬件平台：高级嵌入式综合实验系统，PC。

在移动互联网应用开发中，网络编程是至关重要的技术基础，而 TCP 作为传输层协议，更是网络通信的核心机制。

Android 系统严格禁止在主线程（UI 线程）中直接进行网络 Socket 操作，这一设计源于对系统性能和响应性的全面考虑。网络操作本质上是一个不确定耗时的过程，可能因网络延迟、连接超时等因素导致阻塞。如果在主线程中执行这类操作，将直接冻结整个用户界面，使应用程序失去响应，严重损害用户体验。这也是为什么 Android 系统会在主线程进行网络操作时抛出 NetworkOnMainThreadException 异常的原因。

然而，多线程编程本身又带来了新的挑战。当我们将网络操作转移到子线程后，如何安全地将网络接收的数据更新到用户界面？直接在网络线程中操作 UI 控件同样是被禁止的，因为 Android 系统的 UI 控件本质上是非线程安全的。多个线程并发访问 UI 控件会导致不可预期的竞争，可能引发严重的同步问题，甚至导致应用崩溃。

为了解决这些复杂的技术难题，Android 系统引入了消息传递机制。通过 Handler 和 Message，可以实现线程间安全的通信，将网络线程接收到的数据安全地传递到主线程，进而更新用户界面，这不仅确保了系统的性能和响应性，还维护了多线程编程的安全性。

（1）界面设计

设计一个界面，如图 4-27 所示。

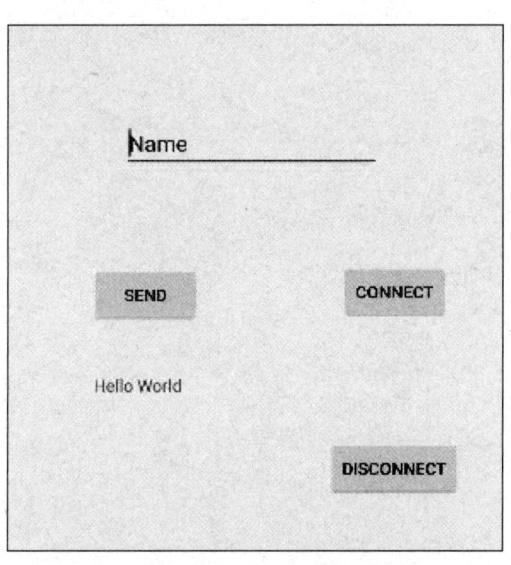

图 4-27　TCP 客户端界面设计效果

主界面包含了 3 个 Button 控件，分别用于连接、发送和断开的操作；1 个 EditText 控件，用于输入发送的内容；1 个 TextView 控件，用于显示接收的内容。完整的 activity_main.xml 文件内容如下：

```xml
<?xml version="1.0" encoding="utf-8"?>
<androidx.constraintlayout.widget.ConstraintLayout xmlns:android="http://schemas.android.com/apk/res/android"
    xmlns:app="http://schemas.android.com/apk/res-auto"
    xmlns:tools="http://schemas.android.com/tools"
    android:layout_width="match_parent"
    android:layout_height="match_parent"
    tools:context=".MainActivity">

    <TextView
        android:layout_width="wrap_content"
        android:layout_height="wrap_content"
        android:text="Hello World!"
        android:id="@+id/TextView"
        app:layout_constraintBottom_toBottomOf="parent"
        app:layout_constraintHorizontal_bias="0.224"
        app:layout_constraintLeft_toLeftOf="parent"
        app:layout_constraintRight_toRightOf="parent"
        app:layout_constraintTop_toTopOf="parent"
        app:layout_constraintVertical_bias="0.512" />

    <Button
        android:id="@+id/Button_send"
        android:layout_width="wrap_content"
        android:layout_height="wrap_content"
        android:layout_marginStart="73dp"
        android:layout_marginTop="209dp"
        android:layout_marginEnd="250dp"
        android:text="Send"
        app:layout_constraintEnd_toEndOf="parent"
        app:layout_constraintStart_toStartOf="parent"
        app:layout_constraintTop_toTopOf="parent" />

    <Button
        android:id="@+id/Button_conn"
        android:layout_width="wrap_content"
        android:layout_height="wrap_content"
        android:layout_marginStart="277dp"
        android:layout_marginTop="207dp"
        android:layout_marginEnd="46dp"
        android:text="Connect"
        app:layout_constraintEnd_toEndOf="parent"
        app:layout_constraintStart_toStartOf="parent"
        app:layout_constraintTop_toTopOf="parent" />

    <Button
        android:id="@+id/discon"
        android:layout_width="wrap_content"
        android:layout_height="wrap_content"
        android:layout_marginStart="277dp"
```

```
        android:layout_marginTop="353dp"
        android:layout_marginEnd="46dp"
        android:text="Disconnect"
        app:layout_constraintEnd_toEndOf="parent"
        app:layout_constraintStart_toStartOf="parent"
        app:layout_constraintTop_toTopOf="parent" />

    <EditText
        android:id="@+id/editText"
        android:layout_width="wrap_content"
        android:layout_height="wrap_content"
        android:layout_marginStart="98dp"
        android:layout_marginTop="85dp"
        android:layout_marginEnd="100dp"
        android;ems="10"
        android:inputType="textPersonName"
        android:text="Name"
        app:layout_constraintEnd_toEndOf="parent"
        app:layout_constraintStart_toStartOf="parent"
        app:layout_constraintTop_toTopOf="parent" />

</androidx.constraintlayout.widget.ConstraintLayout>
```

（2）设计 MainActivity 类

引入需要的包：

`import android.view.View;`	// View 相关类的基类，定义了 UI 控件的基本行为
`import android.widget.*;`	// 导入所有与 Widget 相关的类，包括 TextView、Button 等常用控件
`import java.io.PrintWriter;`	// 用于处理输出流的字符打印类
`import java.io.IOException;`	// 用于处理 I/O 操作中的异常类
`import java.net.Socket;`	// 网络编程中的 Socket 类，用于建立客户端和服务器的通信连接
`import java.io.InputStream;`	// 表示字节输入流的类，用于从 Socket 获取数据
`import java.io.DataInputStream;`	// 字节输入流的包装类，用于读取基本数据类型
`import java.net.UnknownHostException;`	// 网络编程中的异常类，用于处理主机解析失败的情况
`import android.os.Handler;`	// 用于在不同线程间处理消息和任务的类
`import android.os.Message;`	// 用于在 Handler 中封装要传递数据的类
`import android.util.Log;`	// 提供日志记录功能的工具类，用于调试和错误跟踪

在 MainActivity 类添加控件的类成员变量：

```
private TextView out_text = null;
private EditText input_edit = null;
private Button btn_send = null;
private Button btn_conn = null;
private Button btn_discon = null;
```

使用 Socket 进行通信，需要增加以下类成员变量：

```
// TCP 服务器的地址
private static final String HOST = "192.168.3.40";
// TCP 服务器的端口
private static final int PORT = 40000;
// Socket 成员变量，所有的 Socket 操作将围绕这个成员变量展开
private static Socket client = null;
// 为 Socket 输出定义一个字符流
```

```
private static PrintWriter out = null;
// 接收显示的内容，存储字符串
private String content_rev = "";
// 发送线程
private Thread SocketThread;
// 接收线程
private Thread receive_thread;
```

在 onCreate()函数中对界面上的控件和所对应的控件对象进行"绑定"：

```
out_text = (TextView) findViewById(R.id.TextView);
input_edit = (EditText) findViewById(R.id.EditText_input);
btn_send = (Button) findViewById(R.id.Button_send);
btn_conn = (Button) findViewById(R.id.Button_conn);
btn_discon = (Button) findViewById(R.id.Button_discon);
```

TCP 的发送和接收如果在主线程中有可能会阻塞 UI 的执行，因此需要新启动一个线程为 TCP 的发送和接收进行处理。首先设计连接线程，在 btn_conn 的按键消息处理函数 onClick() 中开启一个线程：

```
btn_conn.setOnClickListener(new View.OnClickListener() {
    @Override
    public void onClick(View view) {
        receive_thread = new Thread(new Runnable()
        {
            @Override
            public void run()
            {
                try {
                    // 判断是否已经存在一个连接，如果存在就不需要重复创建连接
                    if(client == null)
                        // 依据服务器地址和端口号创建一个连接
                        client = new Socket(HOST,PORT);
                    // 创建一个输入的字符流并指向 Socket 的数据字符流
                    InputStream inputStream = client.getInputStream();
                    // 创建一个输入的字符流，并以 inputStream 作为初始化内容，从而能使用 DataInputStream 类
提供的类成员函数
                    DataInputStream input_Stream = new DataInputStream(inputStream);
                    // 分配一段缓冲区用以存储接收的字符
                    byte[] cache= new byte[20000];
                    // 无限循环接收
                    while(true)
                    {
                    // 获取接收到的字符长度
                    int length = input_Stream.read(cache);
                    // 将接收到的字符进行编码，并转换为字符串
                    String Msg_rev = new String(cache, 0, length, "gb2312");
                    Log.v("data",Msg_rev);
                    // 产生一个消息，并在 mHandler 中处理这个消息，目的是避免在线程中直接操作控件
                    Message message_data = new Message();
                    // 将内容字符串设置为接收到的字符串
                    content_rev   = Msg_rev;
                    // 发送消息
                    mHandler.sendMessage(message_data);
                    }
                }catch(Exception ex)
```

```
        {
            ex.printStackTrace();
        }
      }
    });
    // 启动接收线程
    receive_thread.start();
  }
});
```

其中 run()是该线程执行的内容，receive_thread.start()指明在返回按键消息处理前启动该线程。而任何关于 Socket 的操作都可能引发异常，因此在程序中必须有异常处理机制，即 try 和 catch。由于 TextView 控件位于主线程中，其他的线程无法直接对主线程的类成员进行操作，因此需要在新的线程中发送一个消息给主线程，通过主线程消息的处理完成对控件的操作。

为了在消息处理机制中操作 TextView 控件，在 MainActivity 类中增加一个消息类成员变量：

```
public Handler mHandler = new Handler() {
  @Override
// 消息处理函数，注意这里没有判断消息的内容，因为本实验仅有一个消息需要处理，消息仅是一个触发的机制，无须进行消息类型的判断
  public void handleMessage(Message msg) {
// 操作文本控件，显示接收到的数据
    out_text.setText(out_text.getText().toString() + content_rev);
  }
};
```

对发送线程做相似的设计，即在 btn_send 的按键消息处理函数 onClick()中新增加一个线程：

```
btn_send.setOnClickListener(new View.OnClickListener() {
  @Override
  public void onClick(View view) {
    // 创建一个新的线程执行网络操作
    Thread SocketThread = new Thread(new Runnable() {
      @Override
      public void run() {
        try {
          // 判断是否已经存在连接
          if (client == null) {
            client = new Socket(HOST, PORT); // 创建新的 Socket 连接
          }
          // 创建一个输出的字符流，以 Socket 的输出流为基础
          PrintWriter out = new PrintWriter(client.getOutputStream(), true); // 第二个参数 true 自动刷新流
          //从 EditText 获取输入内容并发送到服务器
          String message = input_edit.getText().toString();
          out.println(message); // 写入数据
          out.flush(); // 确保数据已发送
        } catch (UnknownHostException e) {
          e.printStackTrace();
          Log.e("SocketError", "Unknown host: " + e.getMessage());
        } catch (IOException e) {
          e.printStackTrace();
          Log.e("SocketError", "IO exception: " + e.getMessage());
        }
      }
    });
```

```
    // 启动线程
    SocketThread.start();
  }
});
```

关闭连接操作需在 btn_discon 的按键消息处理中调用 Socket 的关闭函数，并将 Socket 置为 null：

```
btn_discon.setOnClickListener(new View.OnClickListener() {
  @Override
  public void onClick(View view) {
    try {
      client.close();
      client = null;
    }
    catch(Exception ex)
    {
      ex.printStackTrace();
    }
  }
});
```

为了使用网络权限，需要在 AndroidManifest.xml 中的</manifest>前增加如下代码：
```
<uses-permission android:name="android.permission.INTERNET"/>
```
在 PC 上开启网络调试助手进行测试，运行效果如图 4-28 所示。

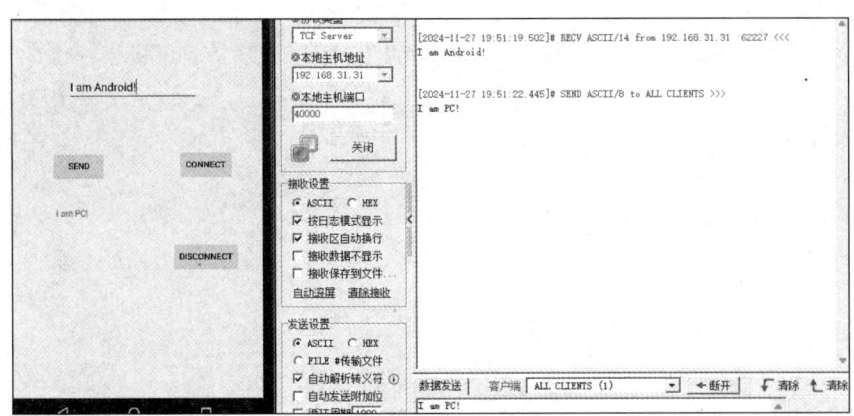

图 4-28　TCP 数据收发运行效果图

4.7　数据库实验

【实验目的】

（1）了解 SQLite 的使用场景和方法；

（2）掌握使用 Android 系统的 SQLite 的接口。

【实验环境】

硬件平台：高级嵌入式综合实验系统，PC。

【实验原理与内容】

（1）数据管理功能

● 建立一个用于管理姓名和学号的数据库；

● 该数据库应支持录入参加学习的同学的姓名和学号；

● 支持通过姓名或学号来查找并返回相应的内容。

该程序需要一个数据库来实现上述功能。Android 系统内嵌了一个轻量级的数据库——SQLite。通过 SQLite 的数据插入和查询功能，可以实现学生信息的录入和查询。

基于上述需求，主要的设计过程如下。

① 新建数据库操作类。

● 在 Android 项目中新增一个专门用于数据库操作的类；

● 该类主要继承自 SQLiteOpenHelper 类，并提供对 SQLite 数据库操作的接口和函数。

② 获取数据库实例。

● 查询数据库：使用 getReadableDatabase()函数获取一个可读的数据库对象，以便进行查询操作。

● 插入数据：使用 getWritableDatabase()函数获取一个可写的数据库对象，以便进行数据插入操作。

③ 实现数据库操作接口。

● 创建数据库表：在 SQLiteOpenHelper 类的构造函数中定义数据库表的创建语句。通常在 onCreate()函数中执行表的创建。

● 插入数据：编写一个函数，使用 SQLiteDatabase 对象的 insert()函数将学生信息插入数据库中。

● 查询数据：编写一个函数，使用 SQLiteDatabase 对象的 query()函数从数据库中查询学生信息。

● 升级数据库表：在 onUpgrade()函数中定义数据库表的升级逻辑，以便在数据库版本变化时自动执行表结构调整。

（2）数据库表单的创建和字段的声明

在数据库开发中，数据操作主要通过 SQL 语句和 Android 提供的库函数来实现。这主要包括 3 个基本要素：首先是创建数据库文件，它类似于 Excel 文件，作为数据的物理存储载体；其次是在数据库文件中定义数据表，这相当于 Excel 中的工作表，用于组织特定主题的数据；最后是在数据表中声明各个字段的名称、类型和属性，确定每列数据的具体含义和存储特征。

① 数据库表单创建。在 Android 数据库开发中，使用 DATABASE_CREATE 存储一个标准的 "create table" 数据库指令完成数据库表单的创建和字段的声明工作，具体如下：

```
private static final String DATABASE_CREATE = "create table " +
        DATABASE_TABLE + "(" + KEY_ID +
        " integer primary key autoincrement, " +
        KEY_NAME + " text not null, " +
        KEY_NUMBER+" text not null);";
```

创建后的表单内容包括数据名称和类型（括号内为数据类型）：

KEY_ID(integer)	KEY_NAME(text)	KEY_NUMBER(text)

② 继承数据库类函数。在 Android 数据库开发中，需要通过继承 SQLiteOpenHelper 类来管理数据库的创建和版本更新。此类要求必须实现两个核心函数：onCreate()和 onUpgrade()。其中，onCreate()负责首次创建数据库表的结构，它在数据库表首次创建时被系统自动调用；而 onUpgrade()则负责处理数据库版本升级时的数据迁移，当数据库版本发生变化时，系统会自动调用此函数来更新数据库表的结构或内容。这两个方法都接收 SQLiteDatabase 类型的参数，用于执行具体的数据库操作，从而提供一个规范的数据库生命周期管理框架，代码如下：

```
void onCreate(SQLiteDatabase db) {
        // TODO Auto-generated method stub
}
public void onUpgrade(SQLiteDatabase db, int oldVersion, int newVersion) {
        // TODO Auto-generated method stub
}
```

③ 数据库操作函数。Android 数据库操作主要通过 getReadableDatabase()和 getWritableDatabase()
函数来获取 SQLiteDatabase 对象，从而分别实现数据库的读、写操作。这两个函数都会返回
SQLiteDatabase 对象，为后续的数据库操作提供基础。

对于数据插入操作，可以使用 insert()函数。具体实现时，首先创建 ContentValues 对象来
存储待插入的数据键值对，然后通过 getWritableDatabase().insert()函数将数据写入数据库。示例
代码如下：

```
public void insertNewValue(String name, String number) {
    ContentValues values = new ContentValues();
    values.put(KEY_NAME, name);
    values.put(KEY_NUMBER, number);
    getWritableDatabase().insert(DATABASE_TABLE, KEY_ID, values);
}
```

在数据查询方面，可以使用 query()函数实现。查询操作需要通过游标（Cursor）来获取和
遍历查询结果。游标可以理解为查询结果的集合，它提供了对结果集进行遍历和操作的接口。
基本的查询实现如下：

```
public Cursor fetchdata(String name, String number) {
    Cursor mCursor = getReadableDatabase().query(
        true, DATABASE_TABLE,
        new String[]{KEY_ID, KEY_NAME, KEY_NUMBER},
        KEY_NAME + "='" + name + "'",
        null, null, null, null
    );
    if (mCursor != null) {
        mCursor.moveToFirst();
    }
    return mCursor;
}
```

如果需要实现模糊查询，可以使用 SQL 的 like 语句，示例代码如下：

```
public String fetchdata(String data) {
    Cursor mCursor = getReadableDatabase().query(
        true, DATABASE_TABLE,
        new String[]{KEY_ID, KEY_NAME, KEY_NUMBER},
        KEY_NAME + " like '%" + data + "%' or " + KEY_NUMBER + " like '%" + data + "%'",
        null, null, null, null, null
    );
    // 后续处理...
}
```

（3）实验 UI 设计

本实验的界面分为上、下两部分：上半部分用于信息录入，包含 2 个用于输入学生姓名和
学号的 EditText 控件，1 个确认录入的 Button 控件；下半部分用于信息查询，包含 1 个查询
EditText 控件、1 个结果显示 TextView 控件和一个查询 Button 控件，如图 4-29 所示。可参考
前面实验内容完成设计。

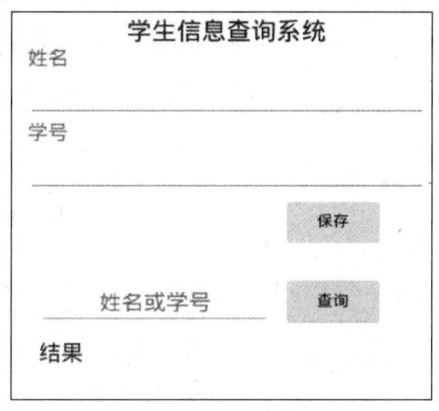

图 4-29　学生信息管理界面

（4）设计数据操作类

在 Java 程序中新增加一个类，命名为 StudentInformationManager，该类继承于 SQLiteOpenHelper 类。

引入所需的包：

```
import android.content.ContentValues; // 用于创建和管理键值对数据，主要在数据库插入和更新操作中使用
import android.content.Context; // 提供应用程序的上下文信息，用于数据库的创建和访问
import android.database.Cursor; // 用于封装数据库查询结果，提供遍历查询结果集的接口
import android.database.sqlite.SQLiteDatabase; // 提供 SQLite 数据库的创建和操作功能的核心类
import android.database.sqlite.SQLiteOpenHelper; // 数据库帮助类，用于管理数据库的创建和版本管理
import android.widget.Toast; // 用于显示短暂的提示信息，通常用于操作反馈
```

类的具体名称和继承如下：

```
public class StudentInformationDatabase    extends SQLiteOpenHelper{...}
```

对该类定义类成员变量用以查询数据库字段名称、数据库名称和表单的名称：

```
public static final String KEY_ID = "_id";//主键
public static final String KEY_NAME="name";//姓名
public static final String KEY_NUMBER="number";//学号
private static final String DATABASE_NAME = "StudentDatabase.db";//数据库名称
private static final int DATABASE_VERSION = 1;//版本号
private static final String DATABASE_TABLE = "StudentTable";//表名
private Context context = null;
```

其中，KEY_ID、KEY_NAME 和 KEY_NUMBER 分别用作数据表的主键、姓名字段和学号字段。数据库的基本信息通过 DATABASE_NAME（数据库名称）、DATABASE_VERSION（数据库版本号）和 DATABASE_TABLE（数据表名）这些常量来确定。特别需要注意的是 Context 变量，它是 Android 开发中最为核心的组件之一。Context 代表了应用程序的上下文信息，负责管理应用程序的生命周期，并提供访问应用程序资源和功能的接口。在数据库操作中，Context 扮演着桥梁的角色：由于 Android 系统的数据库服务是作为独立的系统服务存在的，我们需要通过 Context 来建立当前应用程序与数据库服务之间的通信连接，实现对数据库的访问和操作，从而确保应用程序组件之间的有效通信和资源共享。

该类构造函数接收一个 Context 参数，用于确保与 MainActivity 的上下文信息一致。这是保证数据库操作运行环境正确的重要步骤。在构造函数中，通过调用父类构造函数 super()，完成数据库名称、版本号等参数的传递，从而实现对数据库的初始化操作。代码如下：

```
public StudentInformationManager(Context context) {
        super(context, DATABASE_NAME, null, DATABASE_VERSION);
        this.context = context;
        // TODO Auto-generated constructor stub
    }
```

增加数据删除功能函数，其通过调用 Context 的 deleteDatabase()函数实现数据库文件的删除操作：

```
public boolean deleteDatabase(Context context) {
        return context.deleteDatabase(DATABASE_NAME);
    }
```

需要注意的是，该函数会永久删除数据库文件，所有数据将无法恢复，因此在调用时需确认该操作。

增加创建数据函数，数据库表的创建由 DATABASE_CREATE 字符串定义，该字符串是一个 SQL 命令语句，描述了数据库表的结构，包括字段名和数据类型。以下是 DATABASE_CREATE 的定义：

```
private static final String DATABASE_CREATE = "create table " +
        DATABASE_TABLE + "(" + KEY_ID +
        " integer primary key autoincrement, " +
        KEY_NAME + " text not null, " +
        KEY_NUMBER+" text not null);";
```

该类的 onCreate()函数会在数据库创建时自动调用，主要是通过执行创建数据库表的 SQL 语句实现：

```
@Override
public void onCreate(SQLiteDatabase db) {
        // TODO Auto-generated method stub
        db.execSQL(DATABASE_CREATE);
    }
```

增加更新数据库函数，当数据库版本号发生变化时，onUpgrade()函数会被调用。该方法通过删除旧表并重新创建新表来更新数据库结构：

```
@Override
public void onUpgrade(SQLiteDatabase db, int oldVersion, int newVersion) {
        // TODO Auto-generated method stub
        db.execSQL("DROP TABLE IF IT EXISTS " + DATABASE_TABLE);
        onCreate(db);
}
```

需要注意，DROP TABLE 会删除表中的所有数据。如果需要保留数据，可以自定义逻辑添加迁移数据的功能。

增加查询数据库和写入数据库函数，主要通过调用父类的 getReadableDatabase()和 getWritableDatabase()函数进行实现：

```
//向数据库插入数据函数
public void insert(String name, String number){
//判断传入参数是否为空或者没有内容
    if(name == null || number ==null)return;
    if(name.equals("") || number.equals(""))return;
    //先查询是否存在
    Cursor cousor = null;
    try{
        cousor = fetchdata(name, number);
```

```java
        }catch(Exception e){
            cousor = null;
        }
        if(cousor!=null && cousor.getCount()>0){//若存在，则更新
            UpdateValue(name, number);
            cousor.close();
        }else{//不存在，则直接插入数据库
            insertNewValue(name, number);
        }
        showSuccesstoSave();
}
/**
 * 查询 hanshu
 * @param name  姓名
 * @param number  学号
 * @return
 */
public Cursor fetchdata(String name, String number){
/* 查询并将获取的信息存入游标内  */
        Cursor mCursor = getReadableDatabase().query(true, DATABASE_TABLE, new String[]{KEY_ID,
KEY_NAME, KEY_NUMBER}, KEY_NAME+"='"+name+"'",//比较字符串，需要加"单引号
null, null, null, null, null);//正则匹配搜索
        if(mCursor!=null) mCursor.moveToFirst();//有信息，指向第一条
        return mCursor;
}


// 更新数据库内容函数
public void UpdateValue(String name,String number){
        try{
        ContentValues values = new ContentValues();
            values.put(KEY_NAME, name);
            values.put(KEY_NUMBER, number);
        getWritableDatabase().update(DATABASE_TABLE, values,
            KEY_NAME +"='"+name+"'", null);//比较字符串，需要加"单引号
            }catch(Exception e){
            }
}

// 插入新的数据函数
public void insertNewValue(String name,String number){
        ContentValues values= new ContentValues();
        values.put(KEY_NAME, name);
        values.put(KEY_NUMBER, number);
        try{
            getWritableDatabase().insert(DATABASE_TABLE, KEY_ID, values);
        }catch(Exception e){
        }
}

// 查找数据函数
public String fetchdata(String data){
        Cursor mCursor = null;
        try{
```

```
// 查询并将获取的信息存入游标内
            mCursor = getReadableDatabase().query(true, DATABASE_TABLE, new String[]{KEY_ID,
KEY_NAME, KEY_NUMBER},
        KEY_NAME +" like '%"+data+"%' or "+KEY_NUMBER+" like '%"+data+"%'", null, null, null, null, null);
// 正则匹配，采用相似性查找，例如前几个字符相同的内容都会返回
    }catch(Exception e){
        mCursor = null;
        }
        if(mCursor == null) return getNoresultString();
    mCursor.moveToFirst();//如果有数据，从第一行开始处理
    int size = mCursor.getCount(); //再次判断数据行数是否为 1
    if(size<1) return getNoresultString();//如果行数小于 1，返回
    StringBuilder infor = new StringBuilder("");//创建一个字符串构建对象
    do{
// 从游标内根据 KEY 获取信息和数据
        int nameindex = mCursor.getColumnIndex(KEY_NAME);
        int numberindex = mCursor.getColumnIndex(KEY_NUMBER);
        String name = mCursor.getString(nameindex);
        String number = mCursor.getString(numberindex);
// 将获得内容顺序填入字符串构建对象，完成字符串内容的最终构建
        infor.append(getNameString());
        infor.append(": ");
        infor.append(name);
        infor.append("\r\n");
        infor.append(getNumberString());
        infor.append(": ");
        infor.append(number);
        infor.append("\r\n\r\n");
    }while(mCursor.moveToNext());
    return infor.toString();
}
```

增加删除数据库表单函数：

```
// 删除数据库表单函数
public void DelectAllData(){
        getWritableDatabase().delete(DATABASE_TABLE, null, null);
}
```

为了统一返回结果和提示信息，将不同的信息类型和状态定义为类成员函数，为 insert()和 fetchdata()函数提供格式化显示。

```
private String getNoresultString(){
  return "没有结果";
}
private String getNameString(){
  return "姓名";
}
private String getNumberString(){
  return "学号";
}
private void showSuccesstoSave(){
  Toast.makeText(context, "保存成功", Toast.LENGTH_SHORT).show();
}
```

上述代码中，使用了 Toast 方法。该方法提供一些特殊的信息显示模式，例如信息弹窗或浮动显示等。

（5）设计 MainActivity 类

在 MainActivity 类中同样增加以下类成员，与页面的控件相对应：

```
private EditText nameedittext = null;          // 姓名
private EditText numberedittext = null;        // 学号
private EditText searchinformation = null;     // 搜索内容
private Button savebutton = null;              // 保存按钮
private Button searchbutton = null;            // 搜索按钮
private TextView result = null;                // 用于显示搜索结果
```

在界面对应的类中新增一个类成员函数——init()，用以包装初始化操作，完成控件对象的"绑定"以及各个按键的单击回调函数的设计，该函数在 MainActivity 的 onCreate()函数内调用，一般在 onCreate()函数最后执行。其中，在按键的单击回调函数中对 StudentInformationManager 类进行对象（实例）化，并调用相应的类函数完成数据库的操作。

在初始化数据库时，getApplicationContext()函数将当前程序的 Context 传入数据库操作类成员变量中，保持上下文信息的一致性。

虽然不同的按键操作不同的数据库对象，但是 SQLite 服务是唯一的，因此，表单文件也是唯一的。进一步，通过 getApplicationContext()函数获取应用程序的上下文信息，确保了所有操作都访问同一个数据库表单。而表单仅在第一次构造时被创建，并不会重复构造表单。init()函数的内容如下：

```
private void init(){
    nameedittext = (EditText)findViewById(R.id.nameid);              // 姓名
    numberedittext = (EditText)findViewById(R.id.numberid);          // 学号
    searchinformation = (EditText)findViewById(R.id.informationid);  // 输入搜索信息
        result = (TextView)findViewById(R.id.resultid);//显示搜索结果
        // 录入按键
        savabutton = (Button)findViewById(R.id.savabuttonid);
        savabutton.setOnClickListener(new View.OnClickListener() {
            @Override
            public void onClick(View v) {
                // TODO Auto-generated method stub
            StudentInformationManager database = new
            StudentInformationManager(getApplicationContext());
            String name= nameedittext.getText().toString();
            String number = numberedittext.getText().toString();
            database.insert(name, number);
            database.close();
            }
    });
        // 搜索按键
        searchbutton = (Button)findViewById(R.id.searchbuttonid);
        searchbutton.setOnClickListener(new View.OnClickListener() {
            @Override
            public void onClick(View v) {
                // TODO Auto-generated method stub
                StudentInformationManager database = new
                StudentInformationManager(getApplicationContext());
                String information = searchinformation.getText().toString();
                result.setText(database.fetchdata(information));
                database.close();
            }
    });
    }
```

学生信息管理 App 的运行效果如图 4-30 所示。

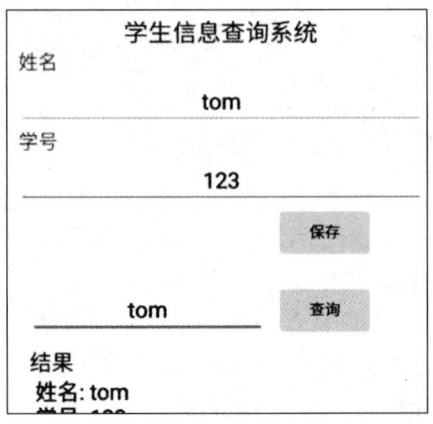

图 4-30 学生信息管理 App 的运行效果

4.8 JNI 项目开发

4.8.1 JNI 简介

Android JNI（Java Native Interface）是一种接口规范，用于在 Java 代码和本地（Native）代码之间进行通信。在 Android 开发中，JNI 允许开发者在 Java 应用中调用 C/C++编写的本地代码，并进一步可优化、复用已有的 C/C++库，并且访问 Java 无法直接操作的底层功能，如图 4-1 所示。

1. JNI 的工作流程

JNI 的核心在于提供了一套 API，允许 Java 代码与本地代码在运行时进行交互。其工作流程大致可分为以下几个步骤。

① 定义 Native 方法：在 Java 代码中声明本地方法，并使用 native 关键字标注。

② 加载 Native 库：通过 System.loadLibrary()函数加载 C/C++编译生成的动态链接库（如.so 文件）。

③ 实现 Native 方法：在 C/C++代码中实现对应的本地方法，利用 JNI 提供的 API 与 Java 对象、方法和字段交互。

④ 调用 Native 方法：Java 代码调用本地方法后，JNI 负责完成 Java 虚拟机与本地代码的交互，包括数据类型的转换和内存管理。

JNI 不仅支持从 Java 代码调用 C/C++代码，反过来，C/C++代码也可以调用 Java 代码。这种双向交互机制使得 Java 与 C/C++的结合更加灵活。通过 JNI，Java 代码和本地代码之间实现了数据传递和功能调用，使得它们能够充分发挥各自的优势，例如 Java 的跨平台特性和 C/C++的高性能计算能力。对于嵌入式系统，JNI 交互机制的一个典型应用场景是对 Android 底层硬件的控制。例如，可以通过 JNI 在 Java 代码中调用 C/C++代码的底层实现，来完成打开 LED 灯、关闭 LED 灯等硬件操作。

2. 动态链接库

在 JNI 的开发过程中，C/C++代码需要被编译成可供 Java 调用的动态链接库（如.so 文件）。在 Android 开发中，有两种常见方法可以生成.so 库。

（1）使用 CMake

CMake 是一种跨平台的构建工具，在 Android 中被广泛用来生成动态链接库。通过编写 CMakeLists.txt 文件，CMake 可以与 Gradle 无缝配合完成构建流程，生成符合 Android 要求的.so 库。CMake 的优势在于灵活性强、跨平台支持好，且已经成为现代 Android 开发的主流工具。

（2）使用 NDK 自带脚本工具（ndk-build）

ndk-build 是 NDK（Native Development Kit）提供的传统构建工具，它通过 Android.mk 和 Application.mk 文件定义构建规则，并生成动态链接库。尽管 ndk-build 在早期非常流行，但由于使用方式较为陈旧，配置较为烦琐，现已经逐渐被 CMake 取代，使用频率大幅降低。

相较于 ndk-build，CMake 的优势在于其现代化设计和广泛的社区支持，因此本书将以 CMake 为主要构建方式进行介绍。

4.8.2　新建 JNI 项目

【实验目的】

（1）了解 JNI 项目的创建过程；

（2）掌握 JNI 的基本开发流程。

【实验环境】

硬件平台：高级嵌入式综合实验系统，PC。

【实验原理与内容】

（1）下载并安装 CMake

打开 Android Studio，选择 Android SDK 选项，在 SDK Tools 下面的列表中勾选 CMake，单击 OK 或 Apply 按钮，完成 CMake 的安装，如图 4-31 所示。

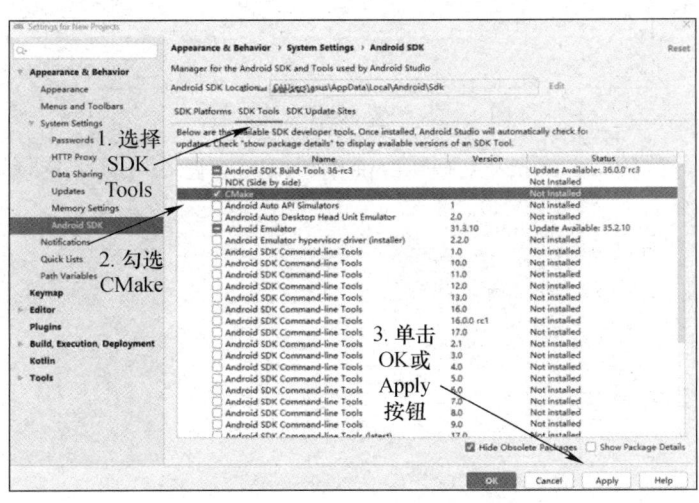

图 4-31　下载并安装 CMake

（2）创建 Native C++项目

在弹出的 Chose your project 窗口中选择 Native C++项目，如图 4-32 所示。

单击 Next 按钮，弹出 Configure your project 窗口，这里将项目名称设置成 JniTest，设置保存路径（保存路径避免使用中文），语言设置为 Java，选择最小的 API 版本为 Android 4.0，如图 4-33 所示。

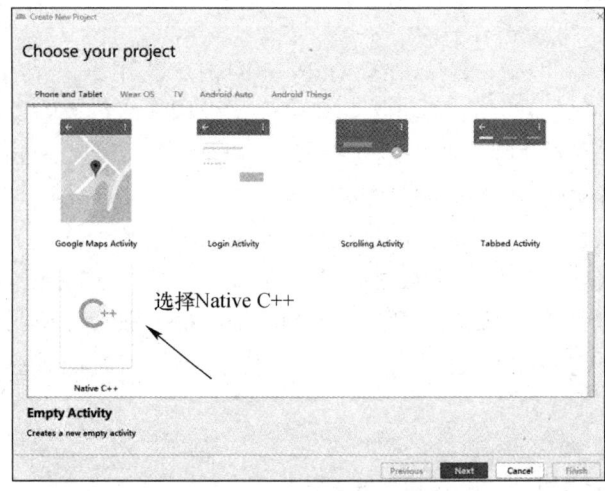

图 4-32　选择 Native C++项目

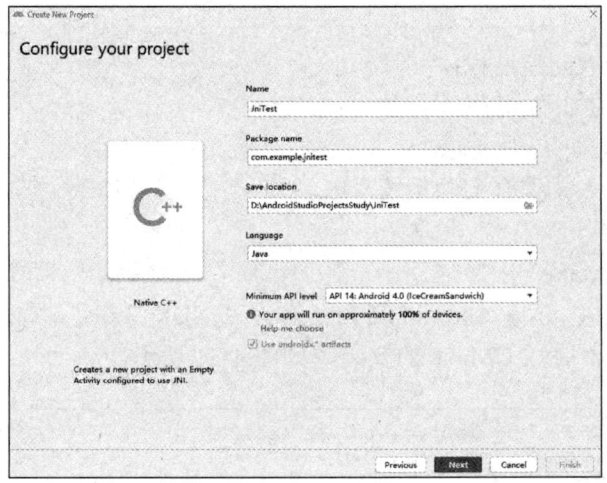

图 4-33　配置 Native C++项目

单击 Next 按钮，弹出 Customize C++ Support 窗口，这里 C++标准选择 C++11，如图 4-34 所示，单击 Finish 按钮。

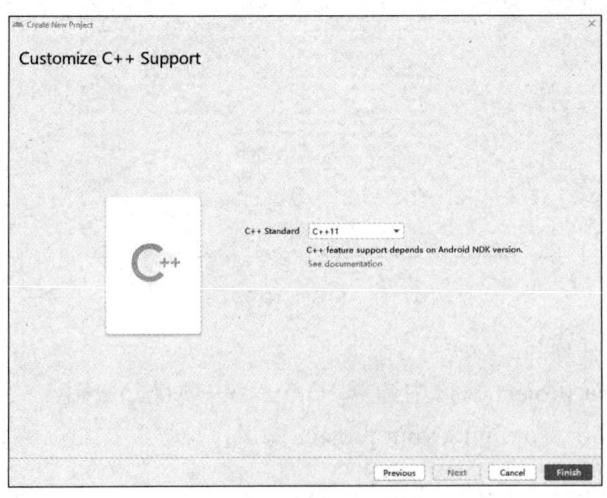

图 4-34　选择 C++版本

创建的 JNI 项目如图 4-35 所示。

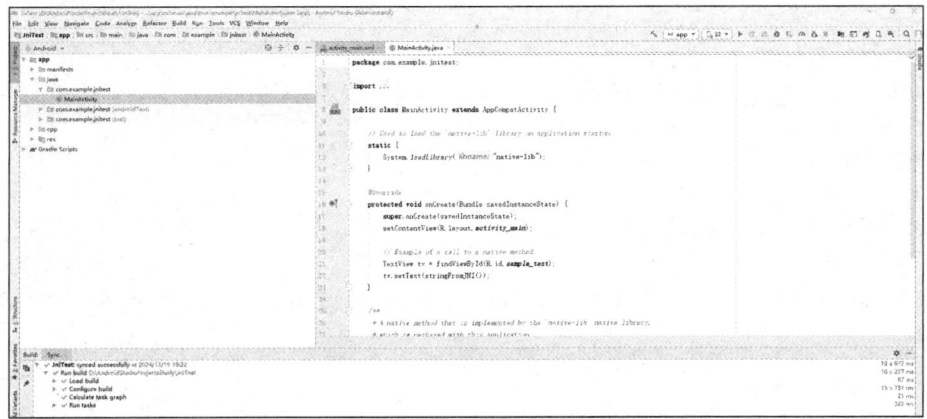

图 4-35　创建的 JNI 项目

（3）JNI 项目分析

依据 Android App 项目结构，从 MainActivity 类开始分析，代码如下：

```java
package com.example.jnitest;

import androidx.appcompat.app.AppCompatActivity;

import android.os.Bundle;
import android.widget.TextView;

public class MainActivity extends AppCompatActivity {

    // Used to load the 'native-lib' library on application startup.
    static {
        System.loadLibrary("native-lib");
    }

    @Override
    protected void onCreate(Bundle savedInstanceState) {
        super.onCreate(savedInstanceState);
        setContentView(R.layout.activity_main);

        // Example of a call to a native method
        TextView tv = findViewById(R.id.sample_text);
        tv.setText(stringFromJNI());
    }

    /**
     * A native method that is implemented by the 'native-lib' native library,
     * which is packaged with this application.
     */
    public native String stringFromJNI();
}
```

相比于一般的 Android App 项目，JNI 项目新增了 stringFromJNI()函数以及调用了 native-lib 库操作（System.loadLibrary("native-lib")）。

其中，native-lib 通过 src/main/cpp/native-lib.cpp 文件编译得到。该.cpp 文件的内容如下：

```
#include <jni.h>
#include <string>

extern "C" JNIEXPORT jstring JNICALL
Java_com_example_jnitest_MainActivity_stringFromJNI(
    JNIEnv* env,
    jobject /* this */) {
  std::string hello = "Hello from C++";
  return env->NewStringUTF(hello.c_str());
}
```

使用 CMake 编译.so 库，需要 CMakeLists.txt 和 build.gradle 文件，如图 4-36 所示。

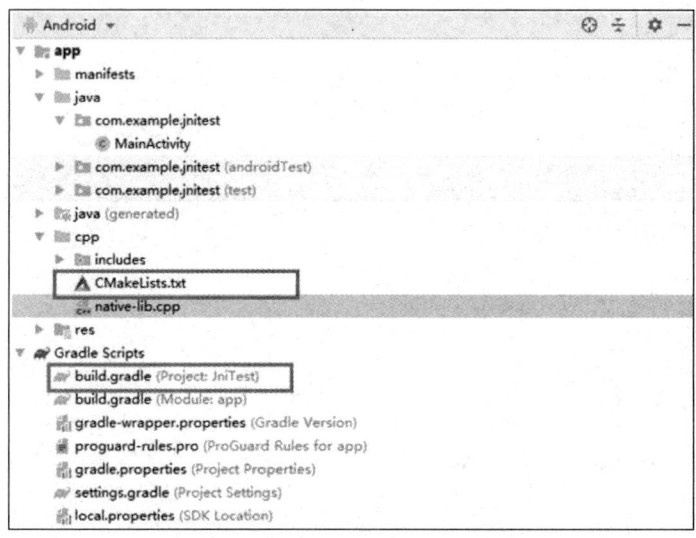

图 4-36　CMake Lists.txt 和 build.gradle 文件

编译并运行该项目，可以在 Java 虚拟机或者实验系统显示界面上得到：Hello from C++，如图 4-37 所示。

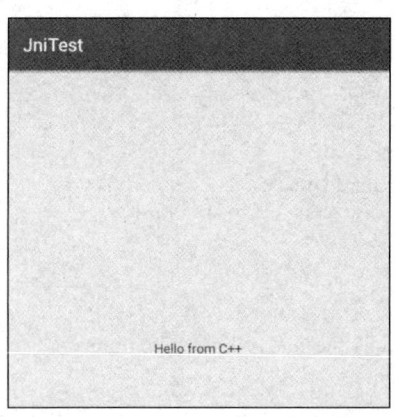

图 4-37　JNI 项目的运行效果

JNI 调用的.so 文件可在路径 app\build\intermediates\cmake\debug\obj 下找到，如图 4-38 所示。

为了满足不同的硬件架构，这里提供了 4 个存放不同的.so 文件的文件夹。

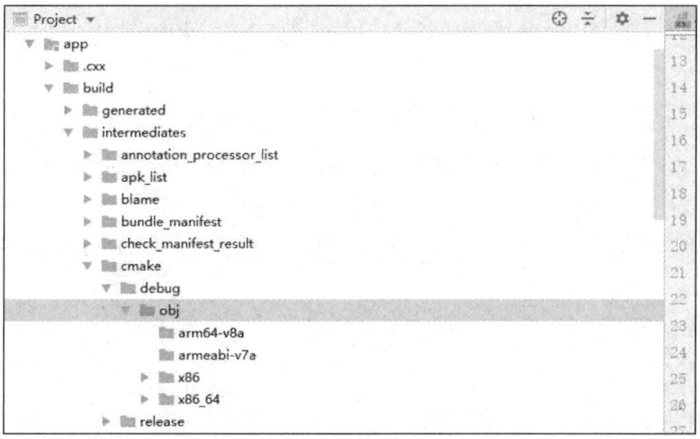

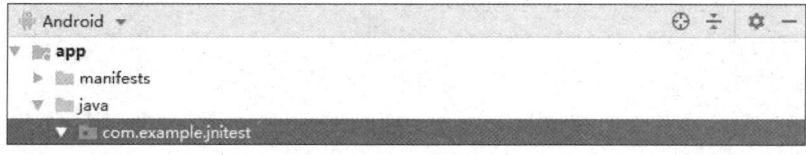

图 4-38　JNI 调用的.so 文件位置

进一步，.cpp 文件的具体解释如下：

```cpp
# include <jni.h>
# include <string>

// 使用 extern "C"确保函数名不被 C++编译器修改，便于 JNI 识别和调用
extern "C" JNIEXPORT jstring JNICALL
Java_com_example_jnitest_MainActivity_stringFromJNI(
    JNIEnv* env, // JNIEnv 指针，用于与 Java 虚拟机交互
    jobject /* this */) { // jobject 是调用此函数的 Java 对象（通常是 MainActivity 的实例）

    // 定义一个 C++字符串，存储需要返回给 Java 的文本
    std::string hello = "Hello from C++";

    // 将 C++字符串转换为 Java 的 String 对象
    return env->NewStringUTF(hello.c_str());
}
```

其中，关键内容如下：

● extern "C"确保函数名不被 C++编译器修改，便于 JNI 识别和调用。

● JNIEXPOR 表示这个函数可以被其他函数调用，类似于 C++的 PUBLIC 修饰。

● JNICALL 为空，没有调用的内容。

在安装 Android Studio 的系统下，可找到 NDK 提供的头文 jni.h 的相关内容：

```cpp
# define JNIIMPORT
# define JNIEXPORT _ _attribute_ _((visibility("default"))) // 默认提供外部可见
# define JNICALL
```

进一步，jstring 表示的是字符串类型，与之类似的还有 jint、jchar，C 语言类型为 int 和 char。

Java_com_example_jnitest_MainActivity_stringFromJNI 是函数名。一般而言，JNI 使用静态注册，对函数名有一定的格式要求，需要遵循以下格式：

Java_包名_类名_Java 需要调用的函数名

因此，在 Java_com_example_jnitest_MainActivity_stringFromJNI 中，com_example_jnitest 为包名，一般为 MainActivity 所在的包名，如图 4-39 所示。

图 4-39　包名

Java 需要调用的函数名为 stringFromJNI，该函数即为 MainActivity 下的 public native String stringFromJNI()。

参数 JNIEnv* env 是用于实现与 Java 交互的指针。在 Android 开发中，JNIEnv* env 是 JNI 的核心之一，通过这个指针，开发者可以调用 JNI 提供的 API，与 Java 代码交互，实现数据传递、对象操作和函数调用等功能。具体而言，JNIEnv* env 实际上是一个指向 JNI 函数表的指针，它为本地代码提供了操作 Java 虚拟机的接口。例如，它可以创建 Java 对象、调用 Java 函数、访问 Java 字段或处理异常等。

在 NDK 的头文件 jni.h 中，JNIEnv 的定义如下：

```
struct JNIEnv;
typedef const struct JNINativeInterface* JNIEnv;
```

从以上代码可见：

● JNINativeInterface 是一个结构体，包含了 JNI 的所有函数指针（如 FindClass、NewStringUTF 等）。

● JNIEnv 是 JNINativeInterface 的指针，用于调用 JNI 函数。

在调用过程中，JNIEnv* env 由 Java 虚拟机在调用本地方法时自动传递，用于操作和管理 Java 虚拟机。其主要功能如下。

① 对象操作：

● 创建 Java 对象，例如通过 env->NewObject 创建一个 Java 类的实例。

● 获取或设置 Java 对象的字段值，例如通过 env->GetObjectField 和 env->SetObjectField 操作 Java 对象的成员变量。

② 调用 Java 函数：提供了调用 Java 函数的能力，例如通过 env->CallVoidMethod 调用无返回值的 Java 函数，或者使用 env->CallStaticObjectMethod 调用 Java 的静态函数。

③ 类型转换：提供从 C/C++类型到 Java 类型的转换方法，例如将 C 字符串（const char*）转换为 Java 字符串（jstring），或者将 Java 数组转为 C/C++数组。

④ 异常处理：处理 Java 代码抛出的异常，例如通过 env->ExceptionOccurred 检测异常，并使用 env->ExceptionClear 清除异常。

⑤ 类和函数查找：使用 env->FindClass 加载 Java 类，或者通过 env->GetMethodID 获取 Java 函数的签名和引用。

在实际中，JNIEnv* env 通常是作为本地函数的第一个参数进行传递的。

最后，jobject 的作用是作为 C/C++代码和 Java 虚拟机之间的对象表示，允许本地代码操作 Java 对象，让 C/C++代码能够与 Java 虚拟机交互，因此可以实现 C/C++调用 Java 代码的功能。

4.8.3　自定义 JNI 实验

【实验目的】

掌握 JNI 自定义开发的过程。

【实验环境】

硬件平台：高级嵌入式综合实验系统，PC。

【实验原理与内容】

（1）按照 4.8.2 节构建一个 Native C++项目。

（2）在 MainActivity 中增加调用 Native C++的数字计算函数，按照项目默认的方法增加以下代码：

public native String mathadd(int a,int b);

增加 Native C++调用代码如图 4-40 所示。

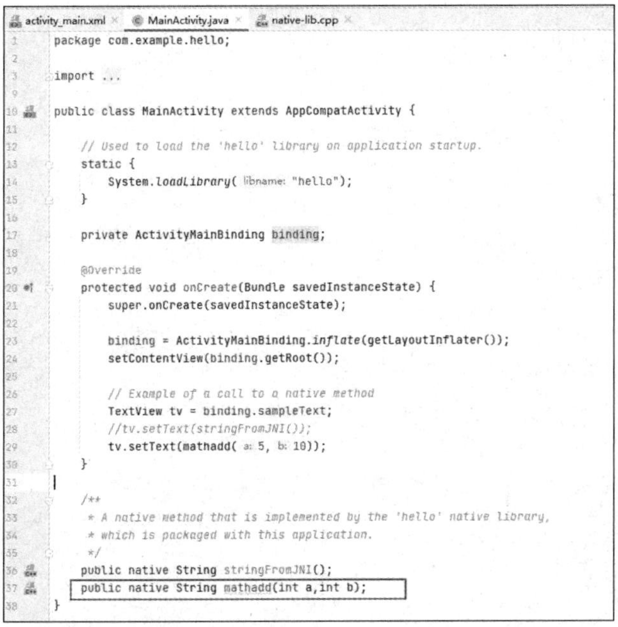

图 4-40　增加 Native C++调用代码

（3）打开 native-lib.cpp 文件，参考原有的 JNI 代码，增加以下代码：

```cpp
extern "C" JNIEXPORT jstring JNICALL
Java_com_example_hello_MainActivity_mathadd(
    JNIEnv* env,
    jobject /* this */,
    jint a,
    jint b) {
jint sum;
sum = a+b;
char buffer[20];
snprintf(buffer,sizeof (buffer),"%d",sum);
return env->NewStringUTF(buffer);
}
```

增加.cpp 文件代码如图 4-41 所示。

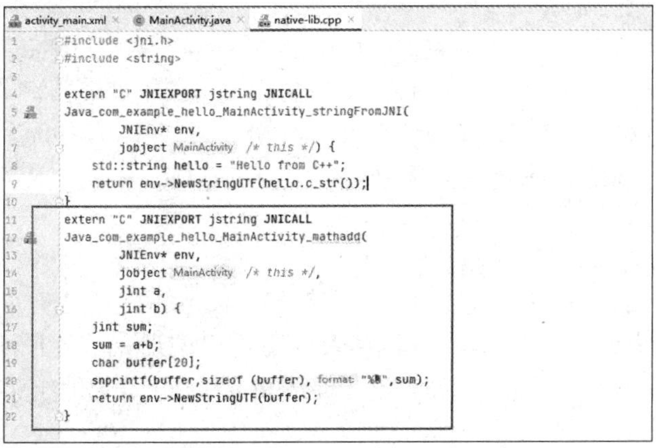

图 4-41　增加.cpp 文件代码

完整代码的注释如下：

```cpp
// 包含 JNI 头文件，以便与 Java 层进行交互
#include <jni.h>
#include <cstdio> // 提供 snprintf()函数

/**
 * 通过 JNI 提供的原生函数，计算两个整数的和，并将结果以字符串形式返回给 Java 层
 *
 * 函数名称需与 Java 层定义一致，命名规则遵循 JNI 的标准格式：
 * Java_包名_类名_方法名。例如，此方法对应 Java 层的 com.example.hello.MainActivity 类中的 mathadd 方法。
 *
 * @param env 指向 JNI 指针，用于访问 JNI 提供的函数
 * @param this 指向调用此方法的 Java 对象实例（在这里未使用）
 * @param a 第一个整数参数，从 Java 层传递进来的值
 * @param b 第二个整数参数，从 Java 层传递进来的值
 * @return 计算结果的字符串形式，返回给 Java 层
 */
extern "C" JNIEXPORT jstring JNICALL
Java_com_example_hello_MainActivity_mathadd(
    JNIEnv* env,        // JNI 指针
    jobject /* this */, // 调用此函数的 Java 对象
    jint a,             // 第一个整数参数
    jint b              // 第二个整数参数
) {
    // 定义存储计算结果的变量 sum
    jint sum;

    // 计算两个整数的和，并存储在 sum 中
    sum = a + b;

    // 定义一个字符缓冲区，用于将整数结果转换为字符串
    char buffer[20];

    // 使用 snprintf 将整数 sum 转换为 C++字符串（null-terminated string）
    snprintf(buffer, sizeof(buffer), "%d", sum);

    // 使用 JNI 提供的 NewStringUTF 方法，将 C++字符串转换为 Java 层可用的字符串（jstring）
    return env->NewStringUTF(buffer);
}
```

该函数的主要作用是接收两个整数 a 和 b，计算它们的和，并将结果以字符串形式返回给 Java 层。其中，函数名称 Java_com_example_hello_MainActivity_mathadd 是根据 JNI 的命名规则确定的，Java_是固定前缀，包名使用下划线"_"替代 Java 中的点"."，类名和函数名保持一致。

在 Java 层中，对应的原生方法是：

```java
public native String mathadd(int a, int b);
```

在实际开发中，某些场景下需要将计算结果以字符串的形式传递回 Java 层，以便直接用于显示或进行进一步的字符串处理。比如，在 Android 应用中，这种结果可能会直接显示在 UI 控件中（如 TextView）。

（4）在 MainActivity 中增加一个 TextView 控件用于显示计算结果，这里直接将 mathadd()
函数返回的字符串作为显示的结果。

```
tv.setText(mathadd(5,10));
```

增加 TextView 控件的显示代码如图 4-42 所示。

```
activity_main.xml    © MainActivity.java    native-lib.cpp
1    package com.example.hello;
2
3    import ...
10   public class MainActivity extends AppCompatActivity {
11
12       // Used to load the 'hello' library on application startup.
13       static {
14           System.loadLibrary( libname: "hello");
15       }
16
17       private ActivityMainBinding binding;
18
19       @Override
20       protected void onCreate(Bundle savedInstanceState) {
21           super.onCreate(savedInstanceState);
22
23           binding = ActivityMainBinding.inflate(getLayoutInflater());
24           setContentView(binding.getRoot());
25
26           // Example of a call to a native method
27           TextView tv = binding.sampleText;
28           //tv.setText(stringFromJNI());
29           tv.setText(mathadd( a: 5, b: 10));
30       }
31
32       /**
33        * A native method that is implemented by the 'hello' native library,
34        * which is packaged with this application.
35        */
36       public native String stringFromJNI();
37       public native String mathadd(int a,int b);
38   }
```

图 4-42　增加 TextView 控件的显示代码

上述代码在控件操作上与之前实验有一定的区别，不再使用 findViewById()函数，而是使
用了视图绑定（View Binding）直接访问 XML 布局中的控件。

该方法的使用方式如下：

```
private ActivityMainBinding binding;
……
Binding = ActivityMainBinding.inflate(getLayoutInflater());
setContentView(binding.getRoot());
TextView tv = binding.sampleText; // sampleText 为控件的 ID
```

binding.sampleText 是 View Binding 功能的一部分，
它会在编译时为每个 XML 布局文件生成一个对应的绑
定类（以布局文件名为基础）。使用时，无须通过
findViewById()函数查找控件，直接通过绑定类的属性
访问控件。

相比于 findViewById()函数，View Binding 类型安
全（编译时自动生成代码，不需要手动转换类型）、更
高效（避免了运行时查找视图）、更简洁（避免了重复
代码，尤其是在复杂布局中）。

对项目进行编译和运行，在 Java 虚拟机或者实验系
统显示屏上显示结果为 15，如图 4-43 所示。

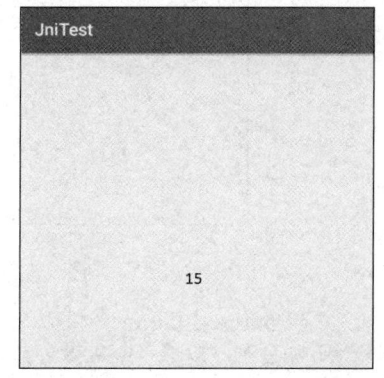

图 4-43　JNI 项目的运行效果

4.8.4　JNI 驱动 LED 灯实验

【实验目的】

（1）掌握 JNI 调用 C/C++函数的过程；

（2）掌握 JNI 控制硬件的方法。

【实验环境】

硬件平台：高级嵌入式综合实验系统，PC。

【实验原理与内容】

在 Android 中，应用程序运行在 Java 层，而硬件控制（如 LED 灯的操作）通常需要直接与底层驱动或硬件接口进行交互。由于底层驱动或硬件接口通常是用 C/C++实现的，为了实现 Java 层与底层驱动之间的通信，需要使用 JNI 框架。

（1）按照 4.8.2 节构建一个 Native C++项目。

（2）在 MainActivity 增加调用 LED 灯控制的三个方法，按照项目默认的方法增加以下代码：

```
public native int LedOpen();
public native int LedClose();
public native int LedIoctl(int num,int en);
```

增加控制 LED 灯的方法如图 4-44 所示。

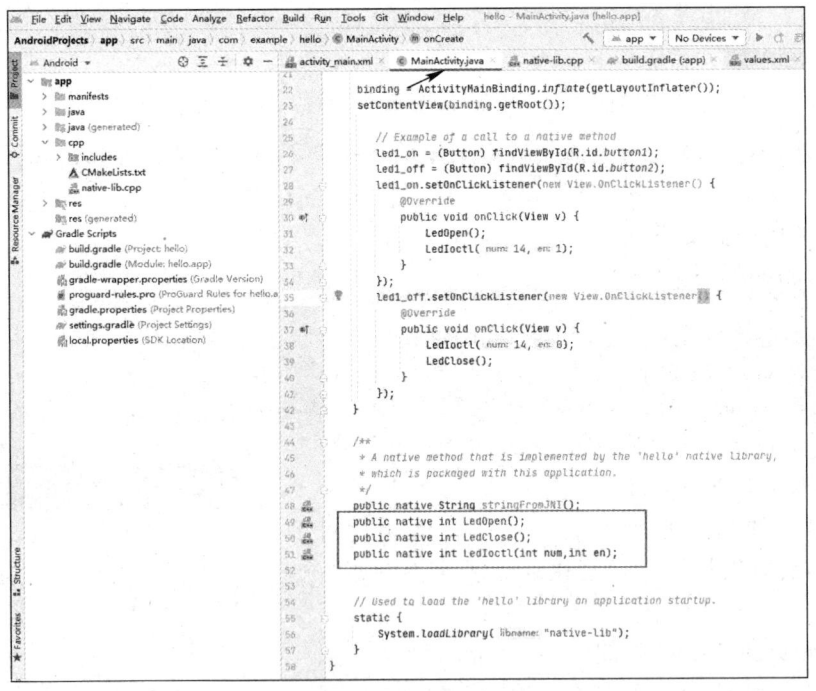

图 4-44　增加控制 LED 灯的方法

（3）在 native-lib.cpp 文件，实现 LED 灯的打开、关闭，代码如下：

```
// 包含 JNI 头文件，用于实现与 Java 层的交互
#include <jni.h>

// 包含必要的 C 标准库头文件，用于字符串处理、文件操作和错误处理等
```

```cpp
#include <string.h>
#include <stdio.h>
#include <stdlib.h>
#include <errno.h>
#include <fcntl.h>
#include <unistd.h>
#include <sys/types.h>
#include <sys/stat.h>
#include <stdint.h>
#include <termios.h>
#include <sys/ioctl.h>
#include <android/log.h>
#include <string>

// 定义控制 LED 灯的 IOCTL 命令
// _IOW 是用于生成控制代码的宏，'L'是设备的类型标识，1 和 0 是具体的命令号
#define LED_ON _IOW('L', 1, unsigned long)      // 打开 LED 灯的命令
#define LED_OFF _IOW('L', 0, unsigned long)     // 关闭 LED 灯的命令

// 定义文件描述符，用于保存设备文件的句柄
int fd = 0;

// JNI 方法 1: 返回一个字符串，从 C++层发送到 Java 层
/**
 * JNI 方法：返回一段从 C++层发送的简单字符串
 *
 * @param env JNI 指针，用于操作 Java 层对象和调用 JNI 函数
 * @param this 调用此方法的 Java 对象实例（未使用）
 * @return Java 层可用的字符串"Hello from C++"
 */
extern "C" JNIEXPORT jstring JNICALL
Java_com_example_nativec_MainActivity_stringFromJNI(
    JNIEnv* env,
    jobject /* this */) {
    // 定义 C++的字符串并将其转换为 jstring 返回
    std::string hello = "Hello from C++";
    return env->NewStringUTF(hello.c_str());
}

// JNI 方法 2: 打开 LED 灯驱动设备文件
/**
 * JNI 方法：打开 LED 灯驱动设备文件
 *
 * @param env JNI 指针
 * @param this 调用此方法的 Java 对象实例（未使用）
 * @return 返回 0 表示调用成功
 */
extern "C" JNIEXPORT jint JNICALL
Java_com_example_nativec_MainActivity_LedOpen(
    JNIEnv* env,
    jobject /* this */){
    // 打开设备文件/dev/led_drv，使用读、写模式（O_RDWR）
```

```c
    fd = open("/dev/led_drv", O_RDWR);

    // 检查文件描述符是否有效
    if (fd <= 0) {
        // 如果打开失败，打印错误日志到 Logcat
        __android_log_print(ANDROID_LOG_INFO, "serial", "open /dev/led_drv error");
    } else {
        // 如果打开成功，打印成功日志到 Logcat
        __android_log_print(ANDROID_LOG_INFO, "serial", "open /dev/led_drv success fd = %d", fd);
    }

    return 0; // 返回 0 表示调用成功
}

// JNI 方法 3：关闭 LED 灯驱动设备文件
/**
 * JNI 方法：关闭 LED 灯驱动设备文件
 *
 * @param env JNI 指针
 * @param this  调用此方法的 Java 对象实例（未使用）
 * @return  返回 0 表示调用成功
 */
extern "C" JNIEXPORT jint JNICALL
Java_com_example_nativec_MainActivity_LedClose(
    JNIEnv* env,
    jobject /* this */) {
    // 如果文件描述符有效，关闭设备文件
    if (fd > 0) close(fd);
    return 0; // 返回 0 表示调用成功
}

// JNI 方法 4：通过 IOCTL 控制 LED 灯的开、关
/**
 * JNI 方法：通过 IOCTL 命令控制 LED 灯的开、关
 *
 * @param env JNI 指针
 * @param this  调用此方法的 Java 对象实例（未使用）
 * @param num LED 灯编号，指明要操作的具体 LED 灯
 * @param en 开关状态：1 表示打开，0 表示关闭
 * @return 返回 0 表示调用成功，返回-1 表示操作失败
 */
extern "C" JNIEXPORT jint JNICALL
Java_com_example_nativec_MainActivity_LedIoctl(
    JNIEnv* env,
    jobject /* this */,
    jint num,     // LED 灯编号
    jint en       // 开、关状态
) {
    // 根据传入的状态参数 en，选择对应的 IOCTL 命令
    jint cmd;
    if (en) {
        cmd = LED_ON;        // 打开 LED 灯
```

```
  } else {
    cmd = LED_OFF;        // 关闭 LED 灯
  }

  // 调用 ioctl()函数发送命令。如果失败，打印错误信息并关闭设备文件
  if (ioctl(fd, cmd, (unsigned long)num) < 0) {
    perror("ioctl failed");  // 打印错误信息到标准输出
    close(fd);               // 关闭文件描述符
    return -1;               // 返回-1 表示失败
  }

  return 0; // 返回 0 表示调用成功
}
```

上述代码提供了 JNI 操作硬件设备 LED 灯的基本功能，并将这些功能开放给 Android 系统的 Java 层使用。

（4）在 MainActivity 中增加 2 个 Button 控件，用于打开和关闭 LED 灯，代码如下：

```
//定义 Button
private Button led1_on;
private Button led1_off;
//定义 Button 单击事件:
led1_on = (Button) findViewById(R.id.button1);
led1_off = (Button) findViewById(R.id.button2);
led1_on.setOnClickListener(new View.OnClickListener() {
  @Override
  public void onClick(View v) {
    LedOpen();
    LedIoctl(14,1);
  }
});
led1_off.setOnClickListener(new View.OnClickListener() {
  @Override
  public void onClick(View v) {
    LedIoctl(14,0);
    LedClose();
  }
});
```

如图 4-45 所示。

上述代码执行的操作与 Linux 控制 GPIO 的操作类似。

① LedOpen()通过 JNI 调用 Java_com_example_nativec_MainActivity_LedOpen()，打开 LED 灯的设备文件/dev/led_drv，并检查是否成功。

② LedIoctl(14, 1) 通 过 JNI 调用 Java_com_example_nativec_MainActivity_LedIoctl()，将 IOCTL 命令 LED_ON 传递给设备文件 fd，并指定 LED 灯的编号为 14，实现对应 GPIO 的 LED 灯的开启。

③ LedIoctl(14, 0) 通 过 JNI 调用 Java_com_example_nativec_MainActivity_LedIoctl()，将 IOCTL 命令 LED_OFF 传递给设备文件 fd，并指定 LED 灯的编号为 14，实现对应 GPIO 的 LED 灯的关闭。

④ LedClose()通过 JNI 调用 Java_com_example_nativec_MainActivity_LedClose()，关闭 LED 灯的设备文件/dev/led_drv。

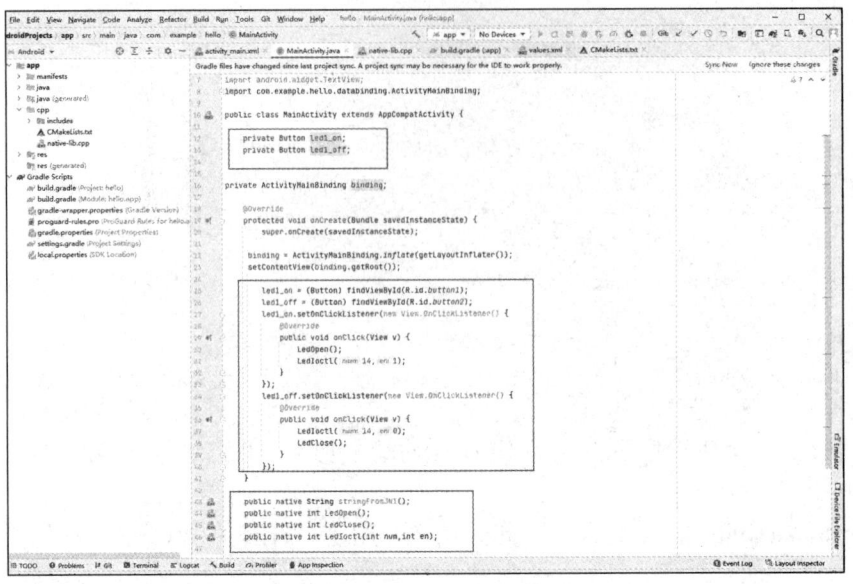

图 4-45　增加 LED 灯的控制 Button

（5）App 运行前，需要先对 LED 灯的驱动进行挂载和权限的处理。

① 通过 ADB 工具进入实验系统的 ARM 终端，使用 su 命令切换到超级用户，进入/sdcard（这里采用 SD 卡将 LED 灯的驱动传入实验系统，也可以采用 adb push 传输文件），并使用 insmod 挂载 led.ko 驱动文件（led.ko 并不通过 JNI 进行编译，可作为 Linux 驱动进行编译）。

② 使用 setenforce 0 禁用 SELinux（安全权限）。

③ 进入/dev 目录，对 LED 灯的设备节点 led_drv 赋予权限 chmod 777 led_drv，如图 4-46 所示。

```
C:\Users\Administrator>adb shell
nanopi3:/ $ su
nanopi3:/ # cd /sdcard/
nanopi3:/sdcard # insmod led.ko
nanopi3:/sdcard # setenforce 0
nanopi3:/sdcard # cd ../dev
nanopi3:/dev # chmod 777 led_drv
nanopi3:/dev #
```

图 4-46　LED 灯驱动的挂载与权限处理

编译并运行项目，可在实验系统的屏幕上单击对应的按键实现 LED 灯的开、关，如图 4-47 和图 4-48 所示。

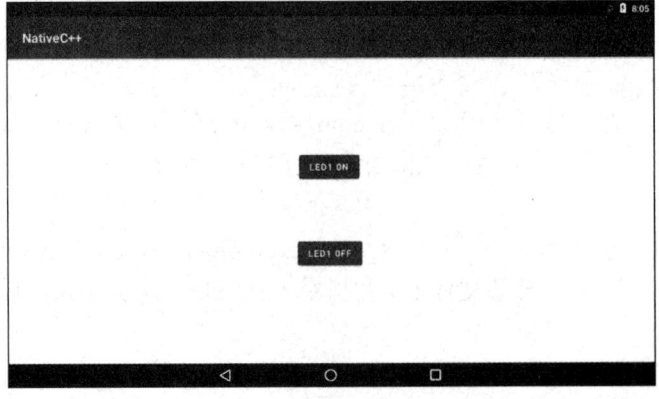

图 4-47　LED 灯的控件界面

图 4-48　LED 灯的控制效果

第 5 章　基于 STM32 核心板的 TinyML 开发

5.1　TinyML 介绍

随着人工智能（AI）技术的发展，将 AI 向资源受限的微控制器（Microcontroller Unit，MCU）部署，实现低功耗、低成本的智能化应用，已成为当前技术发展的重要趋势。因此，TinyML（Tiny Machine Learning，微型机器学习）应运而生。TinyML 是一种专注于资源受限设备上运行机器学习算法的技术，它通过硬件优化和轻量化算法设计，使得嵌入式设备也能够执行高效的 AI 推理。TinyML 要求在极其有限的计算资源和存储空间下（通常是 KB 级别的 RAM 和 Flash），以极低的功耗（通常在毫瓦级）实现智能化功能，从而使得在各类微控制器、传感器等终端设备上实现本地智能化成为可能，是边缘计算与 AI 结合的典型应用。值得注意的是，TinyML 中的"ML"虽然字面上指代"机器学习"，但其实践范围已经扩展到深度学习等多个 AI 分支。TinyML 层次关系如图 5-1 所示。

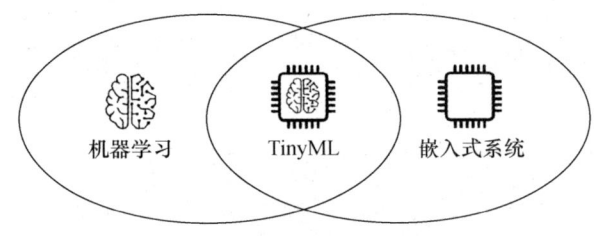

图 5-1　TinyML 层次关系

TinyML 的技术特点主要体现在三个维度：硬件平台、软件框架和应用场景。在硬件平台方面，TinyML 主要面向 ARM Cortex-M 系列等低功耗微控制器，通常这类微控制器的主频在数十 MHz 量级，RAM 的容量在数百 KB 以下，要求算法具有极高的优化程度。在软件框架方面，TensorFlow Lite、Edge Impulse 等专门面向微控制器的轻量级框架逐渐成熟，它们通过模型量化、核心算子优化等技术手段，实现了深度学习模型在微控制器上的高效运行。例如，Arduino Nano 33 BLE Sense 是专为 AI 应用设计的开发板，它配备了嵌入式传感器（如加速度计、麦克风和温度传感器），可以轻松实现振动检测、手势识别和环境音分析等应用。利用 TensorFlow Lite 和 Edge Impulse 等框架，开发者甚至无须编写复杂的代码，即可训练和部署机器学习模型。在应用场景方面，TinyML 特别适合处理各类传感器数据的智能分析任务，例如语音唤醒、运动检测、异常识别等，这些应用通常对实时性要求较高，但对计算精度要求相对较低。正是基于这些技术特点，越来越多的半导体厂商、软件开发商和应用企业开始关注并投入 TinyML 领域，2019 年成立的 TinyML 基金会就是这一趋势的重要体现。该基金会通过组织峰会、制定标准等方式，推动了 TinyML 生态的快速发展。TinyML 技术示意图如图 5-2 所示。

从技术发展趋势来看，TinyML 正在经历从理论到实践的快速演进。在工具链方面，端到端的开发平台不断完善，使得开发者可以更便捷地完成从数据采集、模型训练到设备部署的全流程开发；在算法优化方面，新的模型压缩技术、量化方案不断涌现，进一步提升了模型在资源受限环境下的运行效率；在应用领域方面，TinyML 逐步从简单的传感器数据处理，向计算机视觉、自然语言处理等更复杂的应用场景扩展。特别值得一提的是，随着新型神经网络加速器的出现，一些专门面向微控制器优化的神经网络处理单元（如 ARM 的 Ethos-U 系列）开始投入使用，这为 TinyML 在更广泛领域的应用提供了硬件基础。随着物联网、边缘计算等技术的持续发展，人们对终端智能化的需求将不断增长，TinyML 作为实现终端智能化的关键技术，也将发挥越来越重要的作用。

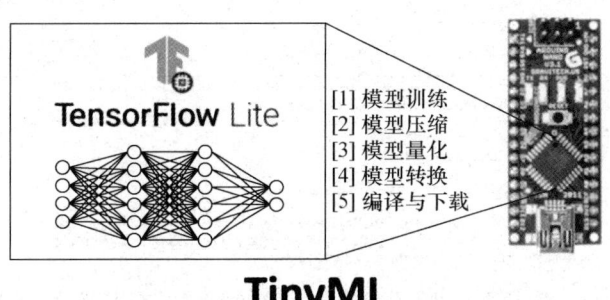

图 5-2　TinyML 技术示意图

5.2　TinyML 环境的构建

本书使用 TensorFlow Lite 框架作为 AI 的训练平台，微控制器采用意法半导体（ST）的 STM32F407ZGT6，采用 STM32CubeMX 作为模型与 C 语言库转换工具。

1. Keil 安装

本书采用 MDK517 作为 Keil 版本，安装方法读者可按安装的提示完成。

2. 添加器件固件库

下载 Keil.STM32F4xx_DFP.2.14.0.pack 安装包，按照提示完成安装。Keil.STM32F4xx_DFP.2.14.0.pack 是专为 STM32F4xx 系列微控制器设计的官方固件库，为 TinyML 提供硬件抽象层接口。

3. Anaconda 安装

Anaconda 是 Python 的一个开源发行版本管理工具，其包含 TinyML 开发需要的 Python、TensorFlow、JupyterLab 等 180 多个安装包及其依赖项，具体安装如下：

（1）双击打开安装包文件夹下面的 Anaconda3-2022.10-Windows-x86_64.exe，出现欢迎界面，如图 5-3 所示，单击 Next 按钮。

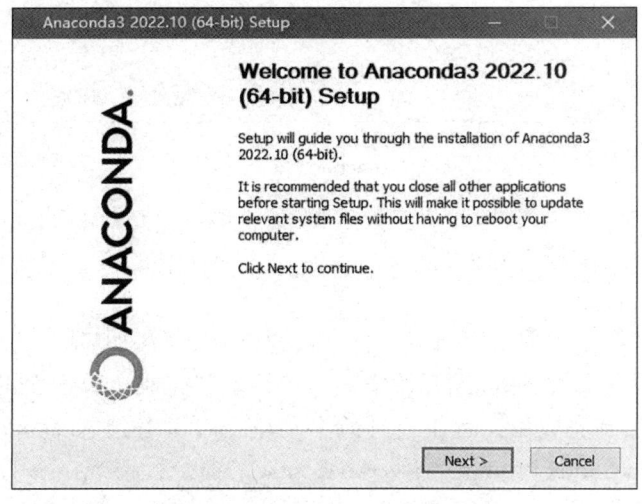

图 5-3　Anaconda 安装界面一

（2）在弹出的许可证界面单击 I Agree 按钮，如图 5-4 所示。

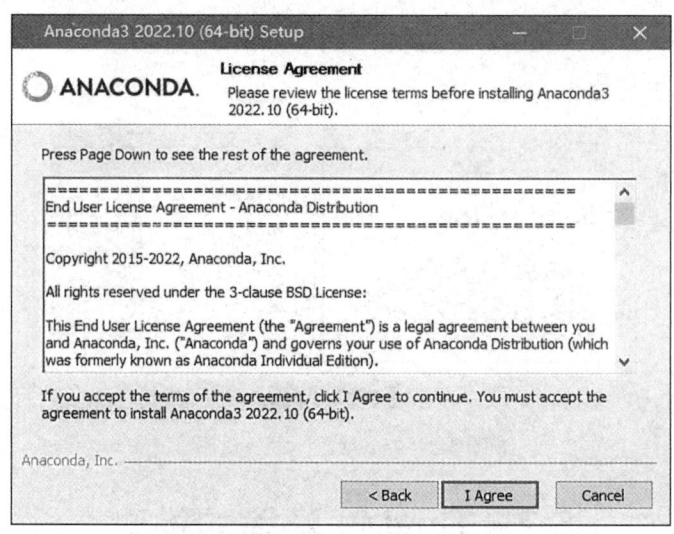

图 5-4　Anaconda 安装界面二

（3）选择用户：推荐选择 Just me(recommended)，单击 Next 按钮。一般而言，计算机只有一个用户，当有多个用户时才考虑用户权限的选择。如图 5-5 所示。

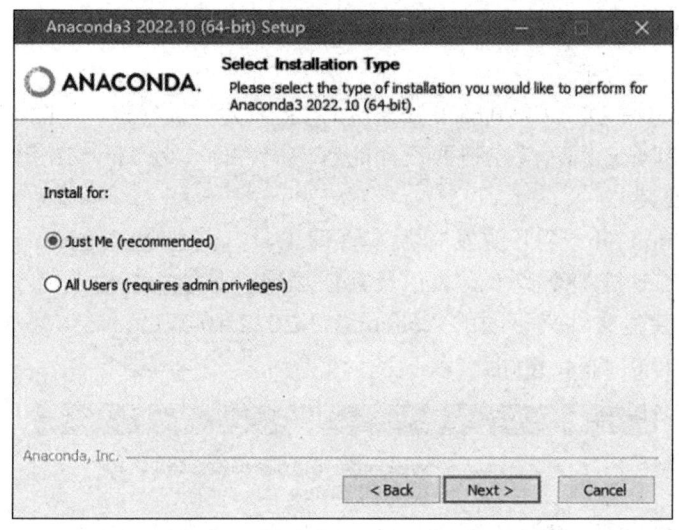

图 5-5　Anaconda 安装界面三

（4）选择安装目录：可以选择默认安装在 C 盘，也可以选择自定义安装路径。Anaconda 需要的空间比较大（一般需要几 GB 的空间），要确保有足够的安装空间。单击 Next 按钮，如图 5-6 所示。

（5）设置安装选项，选择默认的即可。注意：勾选第一个添加环境变选项，如图 5-7 所示。

（6）单击 Install 按钮，Anaconda 开始安装。等待安装完成，单击 Finish 按钮。

（7）检验安装：安装完成后，单击"开始"菜单，可以看到 Anaconda 的 4 种启动方式，如图 5-8 所示。单击 Anaconda Prompt，启动 Anaconda 的命令行模式，输入命令可进行 Anaconda 相关库的安装和其他操作。

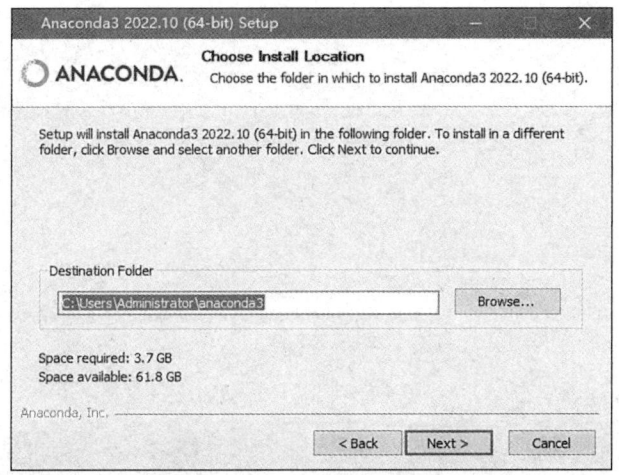

图 5-6　Anaconda 安装界面四

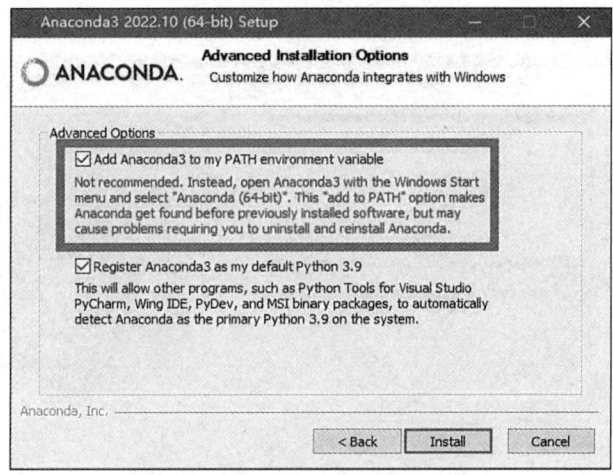

图 5-7　Anaconda 安装界面五

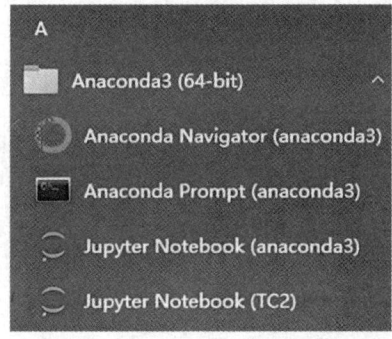

图 5-8　Anaconda 的启动方式

在 Anaconda Prompt 中输入 conda info，查看 Anaconda 的安装信息，如图 5-9 所示。

4．STM32CubeMX 安装

STM32CubeMX 是 ST 公司推出的一种自动创建单片机项目及初始化代码的工具，可利用其提供的模型接口加载 TensorFlow 模型到 STM32 核心板。本书采用 6.8 以上版本的 STM32CubeMX（低版本不提供 AI 模型的解析功能），安装方法读者可按照安装提示完成。如图 5-10 所示。

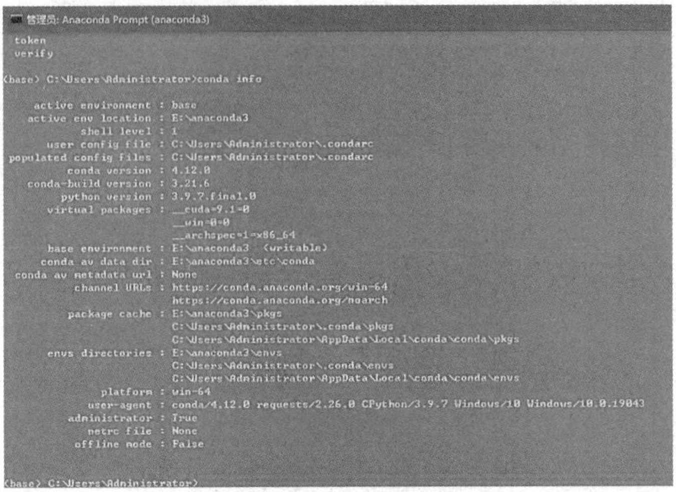

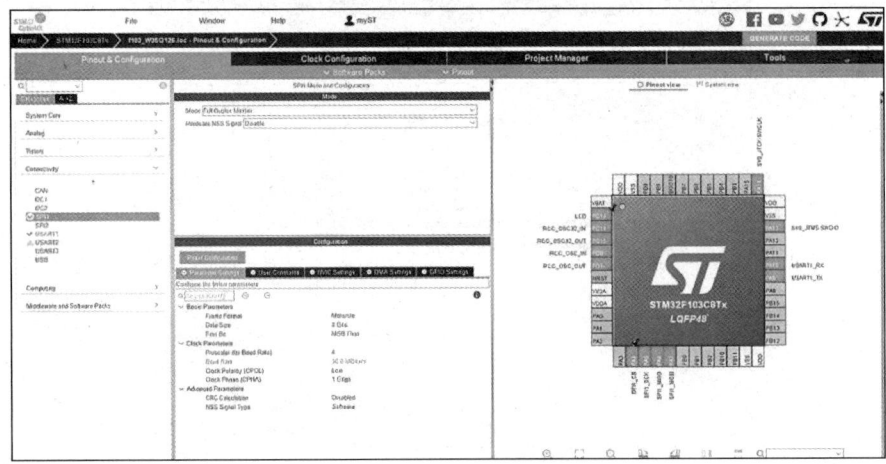

图 5-9　Anaconda 的安装信息

图 5-10　STM32CubeMX 界面

STM32CubeMX 作为模型的解析工具，对 TinyML 非常重要，因此，需要掌握 STM32CubeMX 的使用。

5.3　STM32CubeMX 的使用实验

5.3.1　Demo 项目搭建和程序烧录——基于 LED 灯的控制实验

【实验目的】

（1）掌握 STM32CubeMX 的使用；

（2）掌握调试器的设置，特别是程序的下载、调试方法。

【实验环境】

硬件平台：高级嵌入式 AI 综合实验系统的 STM32 核心板，PC。

【实验原理与内容】

1．开发环境简介

在 STM32 单片机开发的演进过程中，开发方式经历了显著的变革。早期使用 ST 公司提供的标准库进行开发时，虽然相比 51 单片机直接操作寄存器的方式已经简化了许多，但仍然存在一定的使用门槛，开发者需要深入理解外设与总线的关系、时钟配置、功能参数等细节。以配置一个简单的 GPIO 为例，就需要了解 GPIO 所在的总线、使能时钟、配置频率等，这要求开发人员必须深入研读芯片手册，掌握相关知识后才能开展工作。

为了进一步降低开发难度，ST 公司推出了图形化配置工具 STM32CubeMX。STM32CubeMX 采用可视化界面，极大地简化了 STM32 单片机的开发流程。开发者无须深入了解底层细节，只需在软件界面上选择所需的外设功能，STM32CubeMX 就能自动生成基于 HAL 库的完整项目代码。这种"一站式"的开发方式，使得即使是不熟悉 STM32 架构的开发者也能快速上手。

对于高级嵌入式 AI 综合实验系统而言，STM32CubeMX 的重要性更加突出。由于实验内容主要聚焦于 AI 应用开发，需要在 STM32 核心板上运行机器学习模型。这就要求使用 STM32CubeMX 来解析训练好的模型，将其转换为 STM32 单片机可执行的代码。本章后续所有实验都将基于 STM32CubeMX 生成的框架展开。掌握 STM32CubeMX 的使用方法，将是开展实验需要掌握的基础技能。

下面从搭建一个简单项目来快速掌握 STM32CubeMX 的应用。

2．项目搭建

（1）启动 STM32CubeMX，如图 5-11 所示。

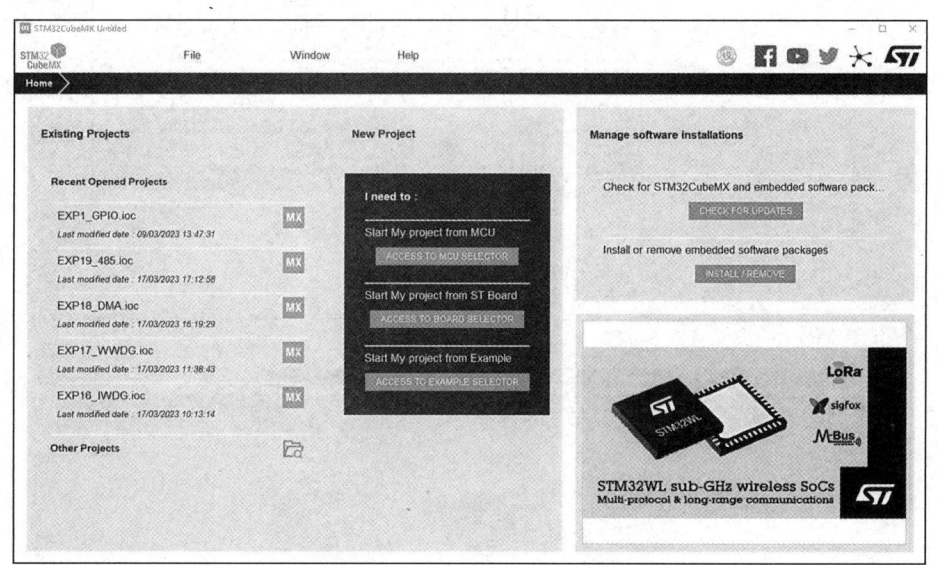

图 5-11　启动 STM32CubeMX 界面

（2）建立 STM32CubeMX 项目。项目建立的方法有两种：第一种方法是打开 STM32CubeMX 之后，在图 5-11 所示界面选择 New Project 选项；第二种方法是在菜单栏依次单击 File→New Project。如图 5-12 所示。

（3）单击 ACCESS TO MCU SELECTOR 按键后，弹出 MCU 选择窗口。按照 STM32 核心板搜索并选中芯片型号为 STM32F407ZGT6，然后双击确定。如图 5-13 所示。

项目创建完毕，STM32CubeMX 会直接进入 Pinout & Configuration 选项卡，右侧窗口中会展示芯片的完整引脚图，如图 5-14 所示。

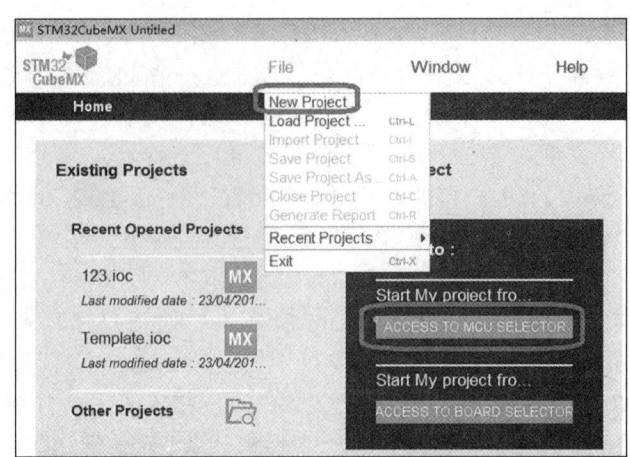

图 5-12　创建 STM32CubeMX 项目

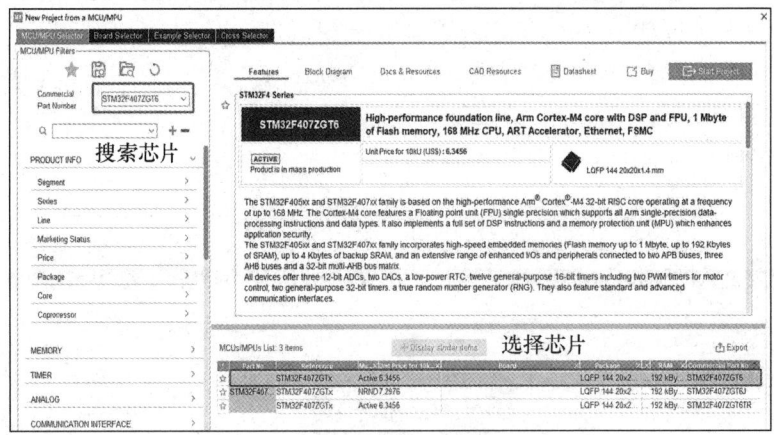

图 5-13　选择芯片型号

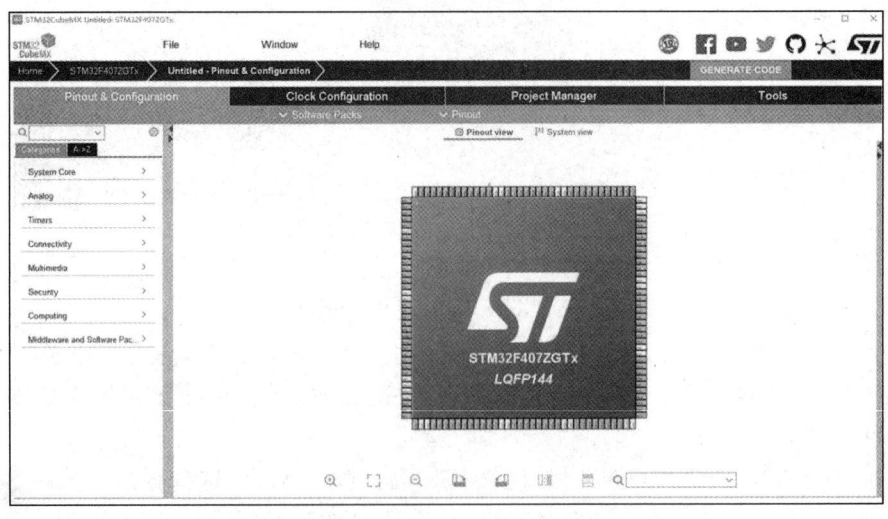

图 5-14　Pinout & Configuration 选项卡

　　① SYS 配置调试系统。在 System Core 中设置调试工具选项 SYS，由于实验系统使用 J-Link 调试器，这里选择 Debug 为串行模式（Serial Wire）。如图 5-15 所示。

图 5-15　调试方式设置

② RCC 选择设置。在 System Core 中设置调试工具选项 RCC。根据实验系统的硬件原理图，可知需要使用外部时钟。这里高速时钟和低速时钟都选外部时钟，如图 5-16 所示。

图 5-16　时钟设置

由于上面选择了晶振作为外部时钟源，所以需要设置晶振的值。根据实验系统的硬件原理图，分别设置晶振为 8MHz 和 32.768kHz，并设置所需倍频和分频系数，输出时钟为 168MHz。如图 5-17 所示。

③ 外设功能引脚配置。进一步，需要设置外设的功能，例如 GPIO、定时器、UART、ADC等外设。本实验以一个 GPIO 设置为例，根据实验系统的硬件原理图，在 System Core 中选择GPIO，选择需要设置的 GPIO 模式（PB4 引脚），如图 5-18 至图 5-20 所示。

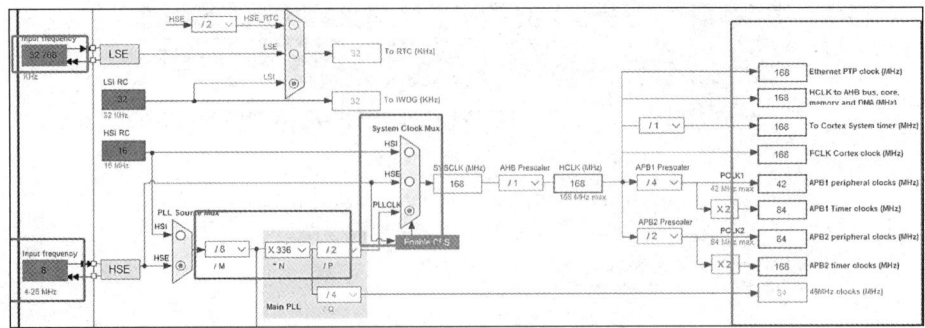

图 5-17　Clock Configuration 设置

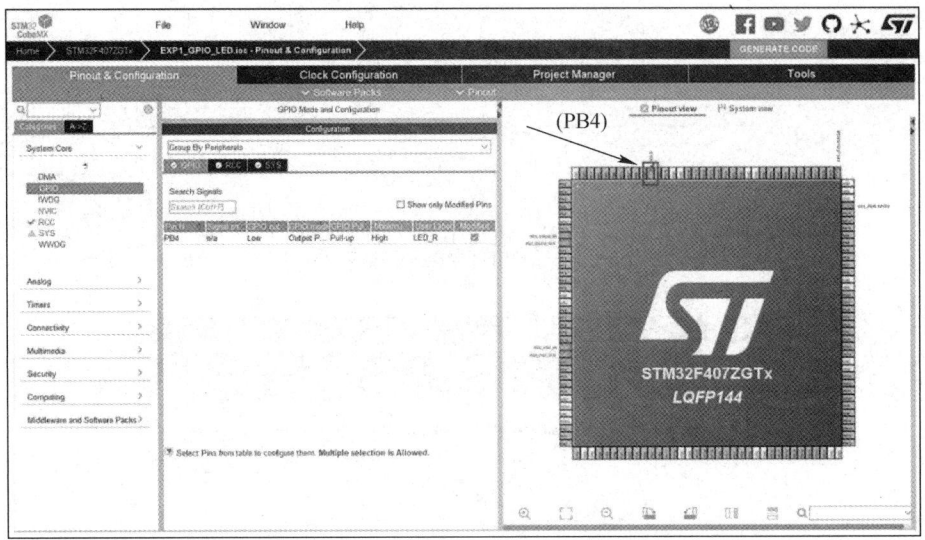

图 5-18　选择 GPIO 设置界面

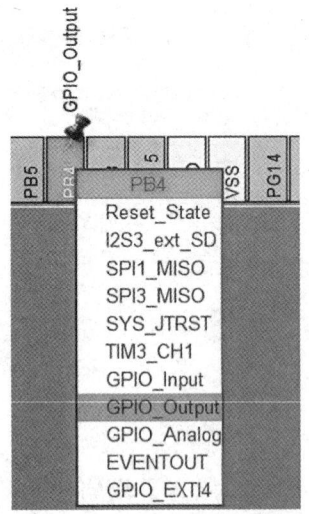

图 5-19　GPIO 模式设置界面

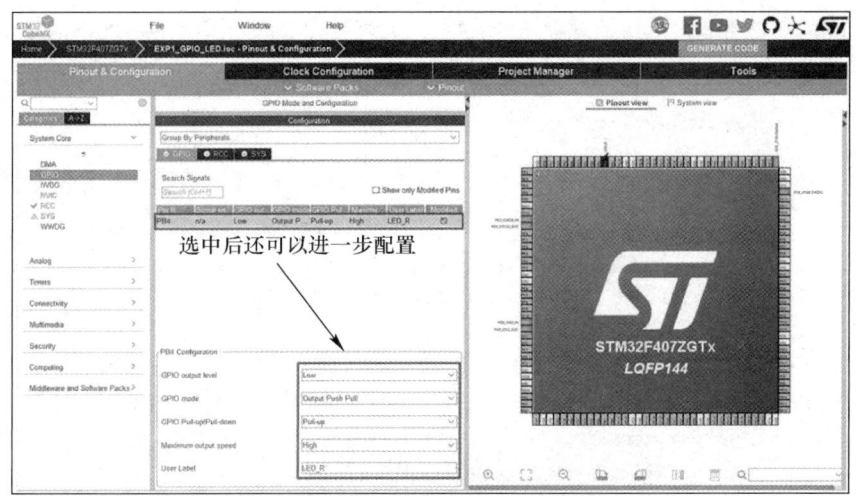

图 5-20　GPIO 功能设置

注意：不同的 GPIO 选择，应根据实际的硬件原理图进行设置。

（4）项目名称和保存路径设置

单击 Project Manager 选项卡设置项目属性。本实验的项目名称设置为 EXP1_GPIO_LED，保存路径可设置为目标文件夹，编译环境选择 MDK-ARM V5，如图 5-21 所示。

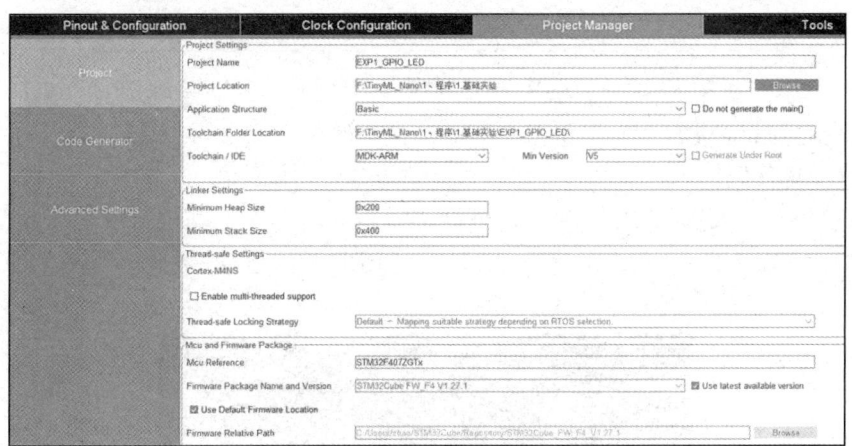

图 5-21　项目属性设置

（5）代码生成

完成以上配置后，单击 GENERATE CODE 选项生成代码，如图 5-22 所示。

3．编辑生成的项目

（1）使用 Keil 软件打开生成的项目，文件结构如图 5-23 所示。

图 5-22　代码生成选项

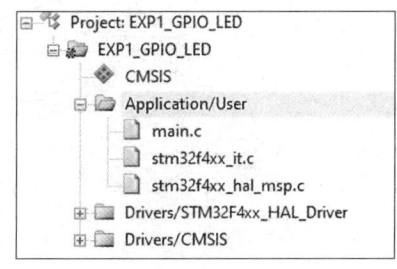

图 5-23　代码结构

可见，项目已经生成了 main()函数，它直接编译后就能正常运行。main()函数中包括
HAL_init()、SystemClock_Config()、MX_GPIO_Init()及 while 循环，如图 5-24 所示。

```
int main(void)
{
  /* USER CODE BEGIN 1 */

  /* USER CODE END 1 */

  /* MCU Configuration----------------------------------------------------------*/

  /* Reset of all peripherals, Initializes the Flash interface and the Systick. */
  HAL_Init();  ◄————————————— 硬件初始化配置

  /* USER CODE BEGIN Init */

  /* USER CODE END Init */

  /* Configure the system clock */
  SystemClock_Config();  ◄————————— RCC的晶振配置和各个外设时钟配置

  /* USER CODE BEGIN SysInit */

  /* USER CODE END SysInit */

  /* Initialize all configured peripherals */
  MX_GPIO_Init();  ◄————————— 外设GPIO配置
  /* USER CODE BEGIN 2 */

  /* USER CODE END 2 */

  /* Infinite loop */
  /* USER CODE BEGIN WHILE */
  while (1)
  {
    /* USER CODE END WHILE */  ◄————————— 应用程序主循环

    /* USER CODE BEGIN 3 */
  }
  /* USER CODE END 3 */
}
```

图 5-24　main()函数的结构

至此，STM32CubeMX 快速建立了一个项目并初始化了硬件接口。

（2）修改项目代码

在 STM32CubeMX 项目的基础上，可以按照需要对程序代码进行编写和修改。本实验的
目的是控制实验系统上的 LED 灯。这里以红色的 LED 灯为例，实验系统的硬件和原理图如
图 5-25 所示。

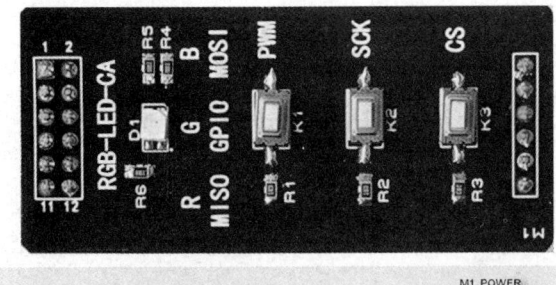

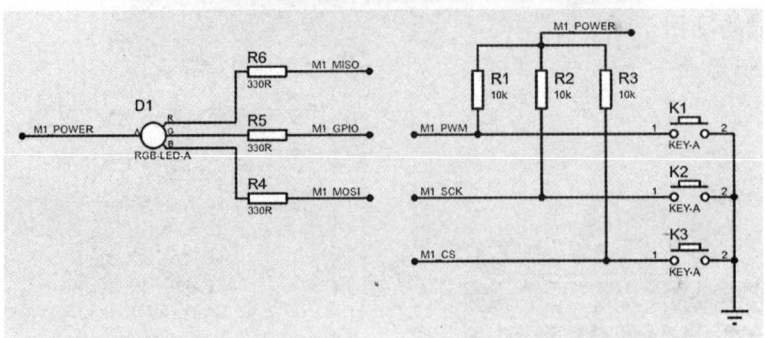

图 5-25　实验系统上 LED 灯的硬件与原理图

由图 5-25 可知，实验系统采用共阳极方式控制 LED 灯，即 3 个不同的 GPIO 引脚输出为低电平时，LED 灯显示对应的颜色。为了方便引脚参数的设置，在 main.h 中增加以下定义：

```
/* Private defines -------------------------------------------------*/
#define B_Pin GPIO_PIN_13
#define B_GPIO_Port GPIOC
#define D_Pin GPIO_PIN_0
#define D_GPIO_Port GPIOC
#define A_Pin GPIO_PIN_1
#define A_GPIO_Port GPIOB
#define LED_G_Pin GPIO_PIN_9
#define LED_G_GPIO_Port GPIOA
#define K1_Pin GPIO_PIN_10
#define K1_GPIO_Port GPIOA
#define K3_Pin GPIO_PIN_15
#define K3_GPIO_Port GPIOA
#define C_Pin GPIO_PIN_12
#define C_GPIO_Port GPIOC
#define K2_Pin GPIO_PIN_3
#define K2_GPIO_Port GPIOB
#define LED_R_Pin GPIO_PIN_4
#define LED_R_GPIO_Port GPIOB
#define LED_B_Pin GPIO_PIN_5
#define LED_B_GPIO_Port GPIOB
```

在 main()函数中增加一行代码，如图 5-26 所示。

```
/* USER CODE END SysInit */

/* Initialize all configured peripherals */
MX_GPIO_Init();
/* USER CODE BEGIN 2 */

HAL_GPIO_WritePin(LED_R_GPIO_Port, LED_R_Pin, GPIO_PIN_RESET);// Set GPIO ouput low.
/* USER CODE END 2 */

/* Infinite loop */
/* USER CODE BEGIN WHILE */
while (1)
```

图 5-26　增加 LED 灯的控制代码

HAL_GPIO_WritePin(LED_R_GPIO_Port, LED_R_Pin, GPIO_PIN_RESET)是一个 STM32 HAL 库中的函数，用于控制 GPIO 引脚的输出状态。

● HAL_GPIO_WritePin：设置 GPIO 引脚输出状态的函数。

● LED_R_GPIO_Port：指定 GPIO 端口组（如 GPIOA、GPIOB 等）。这里是：

```
#define LED_R_GPIO_Port GPIOB
```

● LED_R_Pin：指定具体的引脚编号（如 GPIO_PIN_0、GPIO_PIN_1 等）。这里是：

```
#define LED_R_Pin GPIO_PIN_4
```

● GPIO_PIN_SET：设置引脚状态。其中，GPIO_PIN_SET 将引脚设置为高电平（V_{CC}）；GPIO_PIN_RESET 将引脚设置为低电平（0V）。

4．程序编译与烧录

（1）程序编译

与一般的 STM32 项目类似，在完成上述代码的增加和修改后，单击 Keil 中的 🔲 开始编译项目，并检查项目是否有错误。

（2）JTAG 烧录

用 J-Link 调试器将 PC 和 STM32 核心板上的 JTAG 口连接起来，并在 Keil 的 Debug 菜单中选择 Options for Target 'EXP_LED'，设置 Debug 选项卡，如图 5-27 所示。

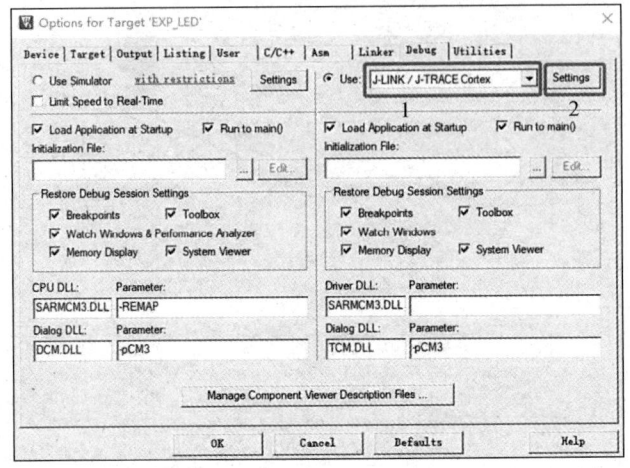

图 5-27　选择 J-Link 调试器

单击 Settings 按钮，在弹出的窗口中选择 SW 接口和下载方式，如图 5-28 和图 5-29 所示。

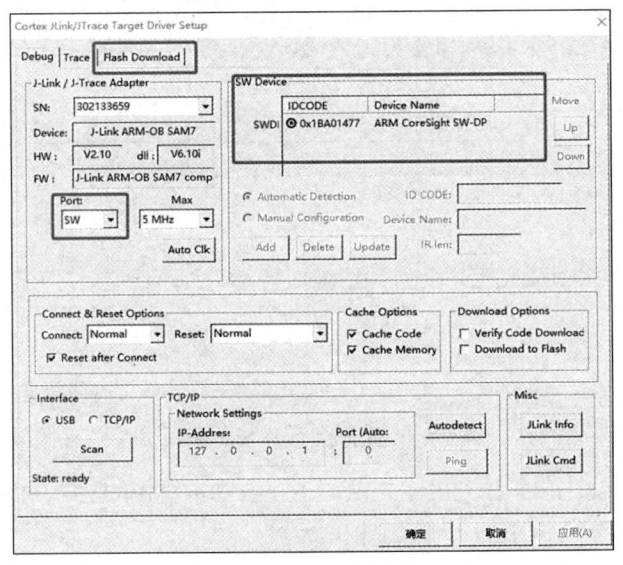

图 5-28　选择 SW 接口

（3）运行

下载完成后，可采用以下 3 种方式运行：①关闭 Keil 软件，按硬件复位按键，程序开始运行；②再按一次 🔍 ，进入调试运行；③再按一次 🔍 ，退出调试后，程序开始运行。此时，实验系统上的 LED 灯显示红色。

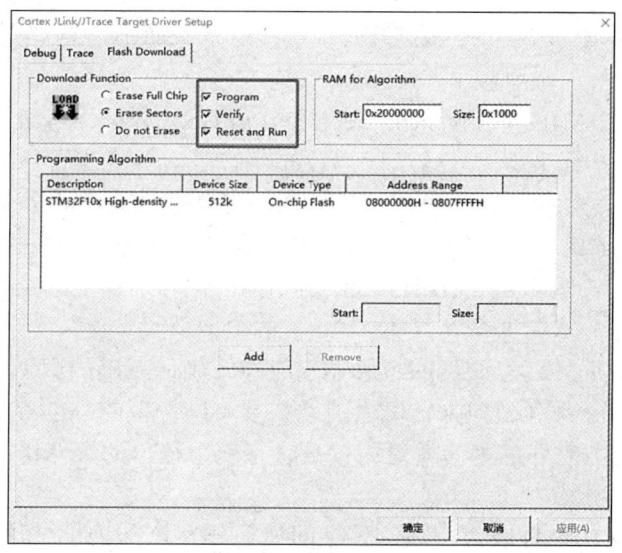

图 5-29 选择下载方式

5.3.2 LCD 屏与触摸实验

【实验目的】

（1）了解 LCD 屏的基本原理；

（2）掌握 STM32CubeMX 触摸屏控制的基本方法和过程。

【实验环境】

硬件平台：高级嵌入式 AI 综合实验系统的 STM32 核心板，PC。

【实验原理与内容】

1．FSMC 机制简介

FSMC（Flexible Static Memory Controller，可变静态存储控制器）是 STM32 系列中内部集成 256KB 以上 Flash 存储器，后缀为 xC、xD 和 xE 的高存储密度微控制器特有的存储控制机制。之所以称为"可变"，是由于通过对特殊功能寄存器的设置，FSMC 能够根据不同的外部存储器类型，发出相应的数据/地址/控制信号类型以匹配信号的速度，从而使得 STM32 系列微控制器不仅能够应用各种不同类型、不同速度的外部静态存储器，而且能够在不增加外部器件的情况下同时扩展多种不同类型的静态存储器，满足系统设计对存储容量、产品体积及成本的综合要求。

（1）FSMC 技术优势

① 支持多种静态存储器类型。STM32 系列微控制器通过 FSMC 可以与 SRAM、ROM、PSRAM、NOR Flash 和 NAND Flash 存储器的引脚直接相连。

② 支持丰富的存储操作方法。FSMC 不仅支持多种数据宽度的异步读/写操作，而且支持对 PSRAM、NOR Flash、NAND Flash 存储器的同步突发访问方式。

③ 支持同时扩展多种存储器。在 FSMC 的映射地址空间中，不同的 BANK（存储区域）是独立的，可用于扩展不同类型的存储器。当系统中扩展和使用多个外部存储器时，FSMC 会通过总线悬空延迟时间参数的设置，防止各存储器对总线的访问冲突。

④ 支持更为广泛的存储器芯片型号。通过对 FSMC 的时间参数设置，可扩大系统中可用存储器的速度范围，为用户提供了灵活的存储器芯片选择空间。

⑤ 支持代码从 FSMC 扩展的外部存储器中直接运行，而不需要首先调入内部 SRAM。

（2）FSMC 的架构与工作原理

FSMC 的一端通过 AHB（Advanced High-performance Bus，高级高性能总线）连接至 Cortex-M3 内核，另一端通过外部总线连接至外部存储器。内核访问外部存储器时，相关信号首先传输至 AHB 总线，再由 FSMC 负责信号转换，将其调整为符合外部存储器通信协议的格式，并传输至外部存储器的相应引脚。FSMC 在数据交互过程中承担桥梁作用，主要功能包括：

● 信号类型转换——适配 Cortex-M3 内核与不同外部存储器之间的信号格式差异；

● 数据宽度调整——支持 8 位、16 位、32 位的数据总线宽度；

● 时序管理——根据外部存储器的特性调整时序，确保正确的数据读/写。

通过 FSMC，STM32 系列微控制器可以灵活扩展不同类型的外部存储器，而无须在软件上做大量适配，使不同类型的外部存储器对内核而言呈现出统一的存储访问方式。

（3）FSMC 的地址映射

FSMC 共管理 1GB 的地址映射空间，该空间被划分为 4 个 256MB 的 BANK，每个 BANK 进一步又划分为 4 个 64MB 的子 BANK，如下所示。

BANK	地址空间大小	控制方式	适用存储器类型
BANK1	256MB（4×64MB）	4 组独立片选信号和控制寄存器	NOR Flash/SRAM/PSRAM
BANK2	256MB	共享片选信号和控制寄存器	NAND Flash / PC Card
BANK3	256MB	共享片选信号和控制寄存器	NAND Flash / PC Card
BANK4	256MB	共享片选信号和控制寄存器	NAND Flash / PC Card

其中，BANK1 由 NOR Flash 控制器管理，适用于 NOR Flash、SRAM、PSRAM 等类型存储器。BANK1 内的 4 个子 BANK 具有独立的片选信号和控制寄存器，因此可分别扩展 4 个独立的存储设备。

而 BANK2~BANK4 适用于 NAND Flash 和 PC Card 存储器，但这三个 BANK 共享一组片选信号和控制寄存器，因此存储设备的扩展方式有所不同。

（4）FSMC 的存储器扩展策略

由于 NOR Flash 和 NAND Flash 存储器在访问方式上的根本性差异，在进行存储器扩展时，需要根据存储设备类型正确选择 FSMC 的地址映射区域：

● 扩展 NOR Flash、SRAM 或 PSRAM 存储器时，应选择 BANK1 的相应子 BANK，并配置独立的控制寄存器，以确保设备能独立访问。

● 扩展 NAND Flash 或 PC Card 存储器时，应选择 BANK2~BANK4，但需注意它们共用一组控制寄存器，扩展多个设备时需确保访问不会冲突。

2．STM32 核心板上的 LCD 屏

STM32 核心板上使用的 LCD 屏是电阻式触摸屏，该 LCD 屏是一块与显示器表面紧密贴合的电阻薄膜屏。当手指触摸屏幕时，电阻薄膜屏上的两个导电层在触摸点位置就有了接触，电阻发生变化，在 X 和 Y 两个方向上产生信号，然后将信号送触摸屏控制器。控制器侦测到这一接触并计算出（X，Y）的位置，再根据模拟鼠标的方式运作。

STM32 核心板采用了 XPT2046 电阻薄膜屏控制驱动芯片，该芯片是一款 4 线制电阻式触摸屏控制器，内含 12 位分辨率、125kHz 转换速率的逐步逼近型 A/D 转换器。XPT2046 支持从 1.5V 到 5.25V 的低电压 I/O 接口。XPT2046 能通过执行两次 A/D 转换查出被触摸的屏幕位置，除此之外，还可以测量加在触摸屏上的压力。

3. 实验步骤

（1）参考 Demo 项目，GPIO 引脚配置按照如图 5-30 和图 5-31 所示进行设置。

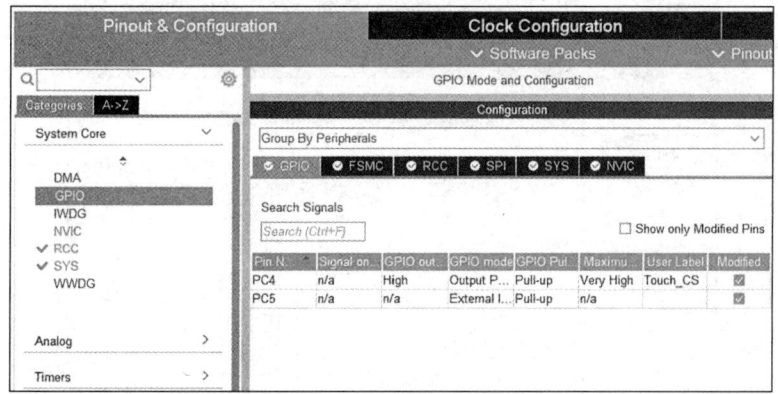

图 5-30　GPIO 引脚配置一

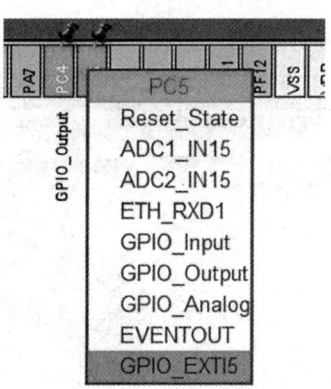

图 5-31　GPIO 引脚配置二

在 Connectivity 选项中对 LCD 屏的 FSMC 按照图 5-32 进行配置。

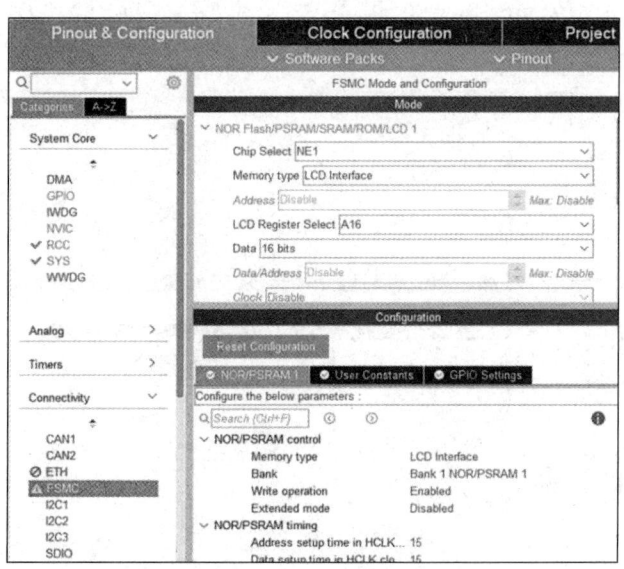

图 5-32　选择 LCD 屏的 FSMC 配置

返回 System Core 选项的 GPIO，按照实验系统的硬件原理图完成 FSMC 的引脚配置，如图 5-33 所示。

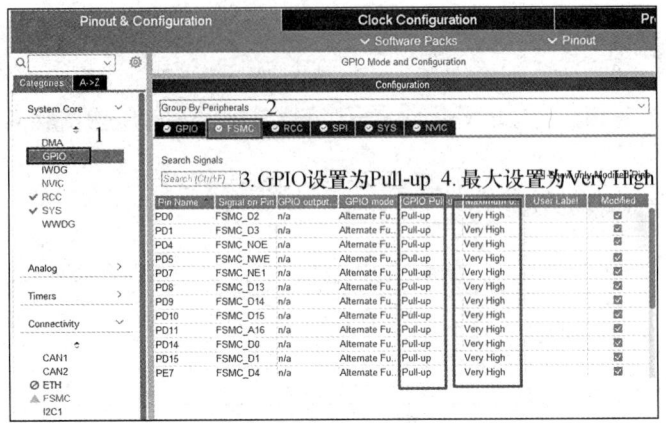

图 5-33　FSMC 引脚配置

由于实验系统的 LCD 屏采用 SPI 协议，因此需要在 SPI 中配置引脚，如图 5-34 所示。

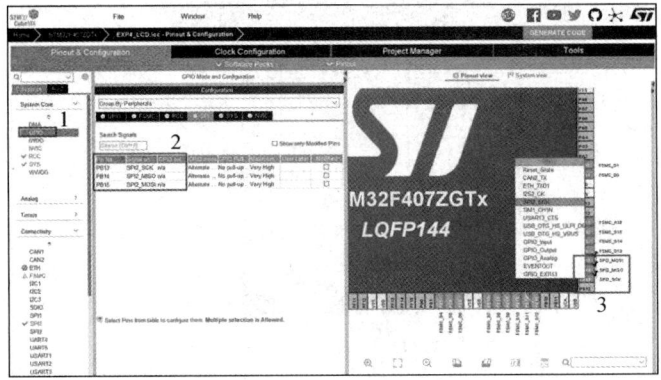

图 5-34　配置 PB13、PB14、PB15 引脚

在 Connectivity 选项中对 SPI 设置模式，如图 5-35 所示。

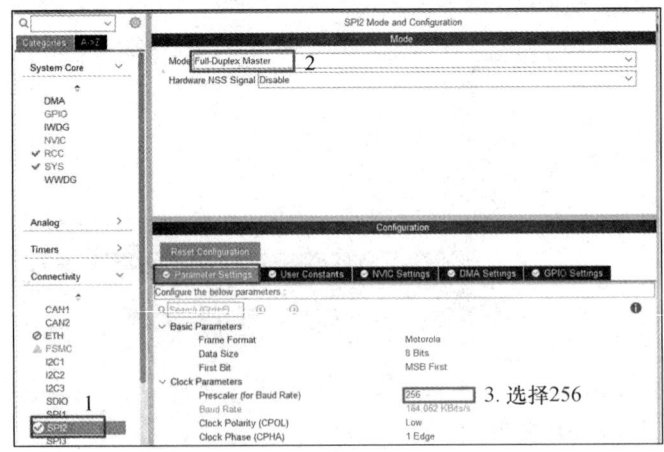

图 5-35　SPI 模式配置

（2）完成上述设置后，生成项目代码，采用 Keil 打开后，文件结构如图 5-36 所示。

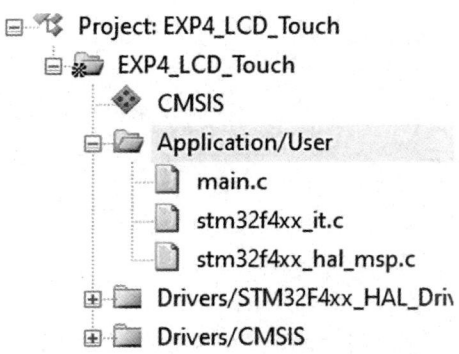

图 5-36 STM32CubeMX 生成的文件结构

（3）修改项目代码

① 导入驱动硬件的 BSP 文件夹：在文件目录树右击，添加新组，并命名为 BSP，如图 5-37 和图 5-38 所示。

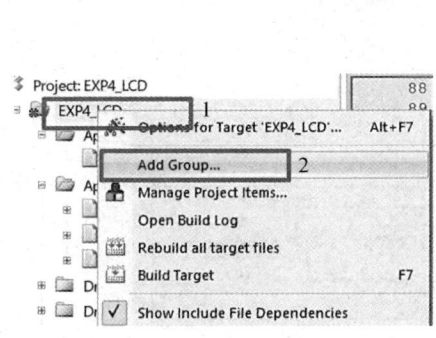

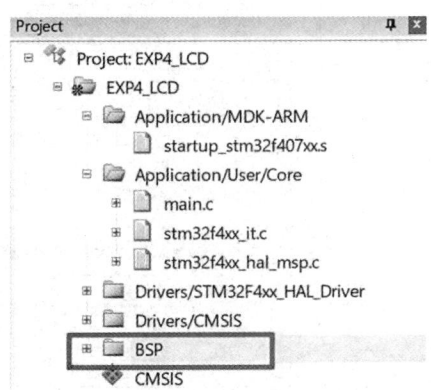

图 5-37 增加组   图 5-38 增加 BSP 的效果

将包含 LCD 显示驱动与触摸屏驱动函数文件的 BSP 文件夹复制并粘贴到当前的项目目录下，如图 5-39 所示。

② 在 Keil 中将刚复制到本地的文件导入 BSP 文件夹，包括 lcd.c 和 TouchPanel.c，如图 5-40 至图 5-43 所示。

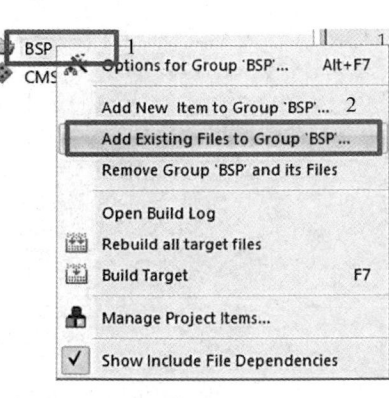

图 5-39 复制并粘贴 BSP 文件夹   图 5-40 BSP 文件夹导入对应文件

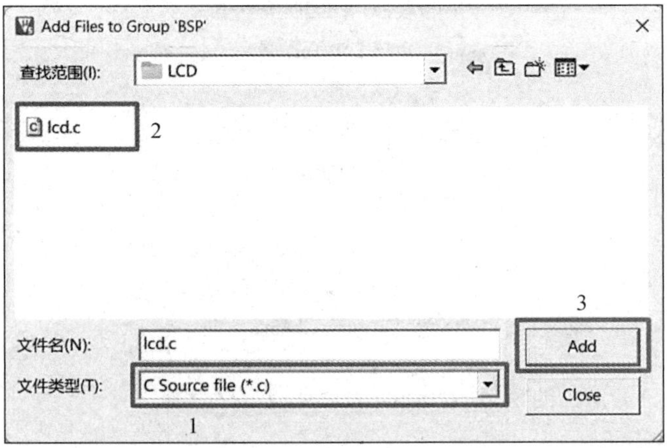

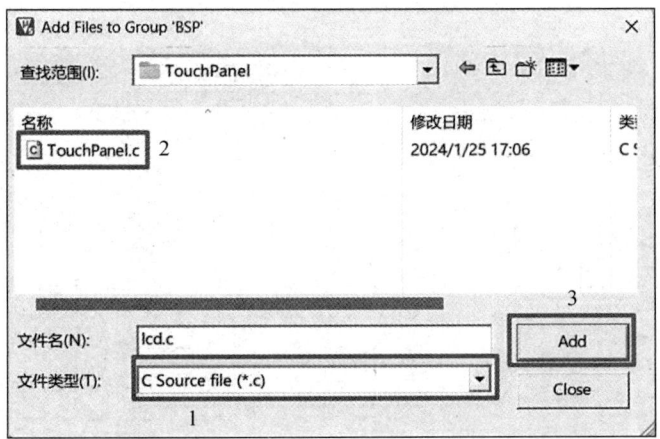

图 5-41　选择 lcd.c 文件

图 5-42　选择 TouchPanel.c 文件

图 5-43　添加完成效果

③ 在 Keil 界面单击 图标，选择 C/C++选项卡，添加头文件路径，配置完成后单击 OK

按钮，如图 5-44 和图 5-45 所示。

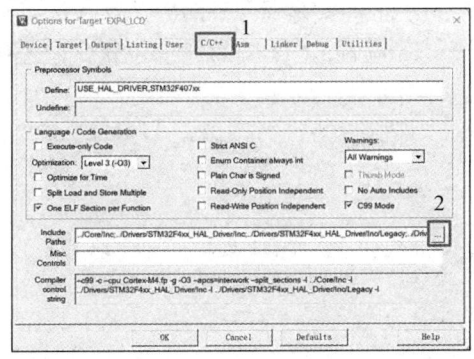
图 5-44　增加头文件编辑界面

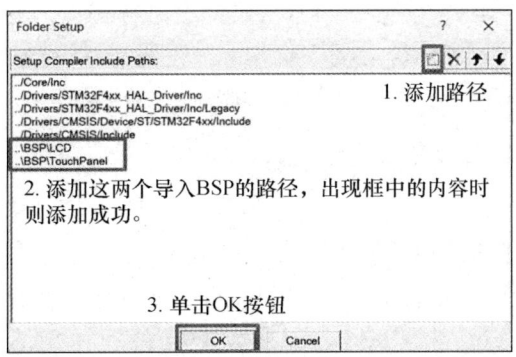
图 5-45　编辑头文件路径

④ 在 main.c 文件中引入头文件，如图 5-46 所示。

图 5-46　引入头文件

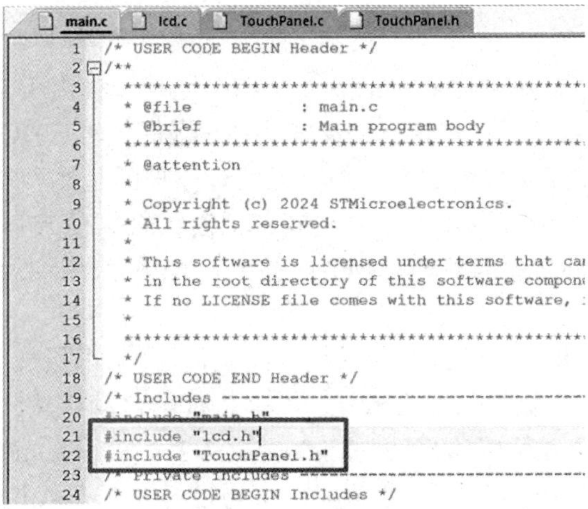

⑤ 先在 main() 函数中增加 LCD 显示与触摸屏初始化函数，并定义一个结构体指针，然后在 while 循环中获取触摸点的坐标，最后调用 LCD 画图函数在对应的坐标画点，从而形成一个轨迹。如图 5-47 所示。

图 5-47　修改 main() 函数

4. 程序编译与烧录

参考前面实验的方法对程序进行编译，并使用 J-Link 连接实验系统完成下载。运行后：①点触 LCD 屏上的十字坐标，完成 LCD 屏坐标的校正；②点触 LCD 屏的任意位置，让程序捕捉 LCD 屏上的触点轨迹，通过 LCD 屏显示轨迹。

5.3.3 摄像头实验

【实验目的】

（1）掌握 DCMI 接口对摄像头的读取数据方法；

（2）掌握 FSMC 配置 LCD 屏接口和 SRAM 接口。

【实验环境】

硬件平台：高级嵌入式 AI 综合实验系统的 STM32 核心板，PC。

【实验原理与内容】

1. 接口基本知识

数字摄像头接口（Digital Camera Interface，DCMI）是一种用于采集摄像头数据的接口，支持多种类型的摄像头，包括黑白摄像头、X24 和 X5 摄像头等。DCMI 提供 8 位、10 位、12 位和 14 位的并行数据接口，支持通过嵌入码（识别行或帧的起始和结束）或外部同步信号（HSYNC 和 VSYNC）完成行/帧同步。采集模式包括连续采集模式和快照模式，此外还支持裁剪功能，优化图像采集。DCMI 能处理多种数据格式，如单色或原始拜耳格式、YCbCr4:2:2、RGB565 及 JPEG 格式等。

DCMI 的数据传输由 DMA 控制，以确保数据的完整性。由于摄像头数据速率较高，DMA 能在每次接收到完整的 32 位数据块时触发搬运操作，将数据自动传输到指定存储位置，避免了数据丢失。下面以 OV2640 图像传感器为例进行介绍，OV2640 是 OmniVision 公司生产的一款 1/4 英寸 CMOS UXGA（1600×1200 像素）传感器，可通过 SCCB 总线控制输出整帧、子采样、缩放和窗口裁剪的 8 位或 10 位影像数据。其关键信号包括 PCLK（像素时钟信号，控制每个像素输出的时间，t_p 表示高电平时长）、VSYNC（帧同步信号）、HREF/HSYNC（行同步信号）和 Y[9:0]（输出图像数据，一般使用其中的 8 位数据，P0，P1，…），时序如图 5-48 所示。DCMI 结合 DMA 和高性能传感器，能够高效采集和处理图像数据，是嵌入式系统中重要的图像采集接口之一。

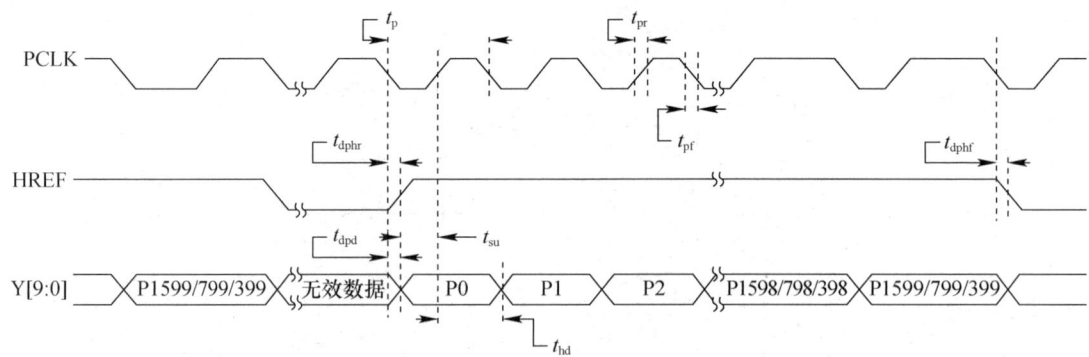

图 5-48　OV2640 的时序

其中，图像数据在 HREF 为高电平时输出。当 HREF 变为高电平后，在每个 PCLK 时钟输出一字节数据。例如，采用 UXGA（1600×1200 像素）、RGB565 格式输出，此时每 2 个字节组成一个像素的颜色（低字节在前，高字节在后），每行输出共有 1600×2 个 PCLK 周期，即输出 1600×2 字节。帧输出时序（UXGA）如图 5-49 所示。

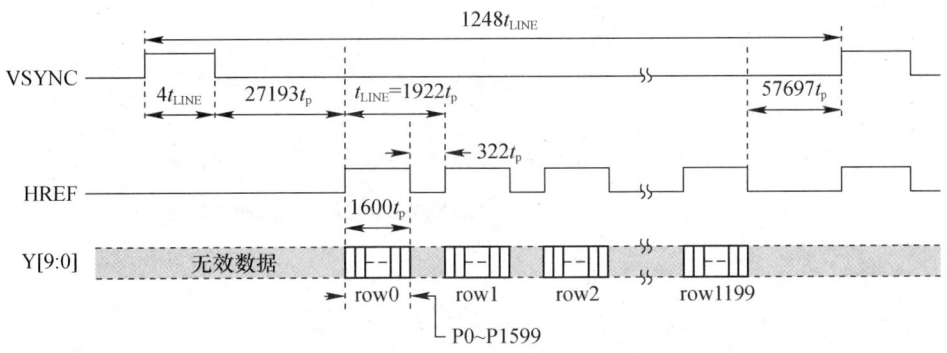

图 5-49　帧输出时序（UXGA）

OV2640 在 RGB565 格式下，输出时序严格遵循标准图示；在 JPEG 格式下，PCLK 信号的频率降低，行同步信号（HREF）不连续，数据流以 0xFF, 0xD8 开始，以 0xFF, 0xD9 结束，保存这些数据为.jpg 文件，即可直接查看图像。初始化过程包括以下步骤：① 初始化 I/O 口，根据硬件接线配置相应的引脚；② 上电并复位图像传感器；③ 通过 SCCB 总线读取图像传感器 ID，以验证设备连接；④ 执行初始化寄存器配置，代码示例如下：

```
for (i = 0; i < sizeof(ov2640_sxga_init_reg_tbl) / 2; i++) {
    SCCB_WR_Reg(ov2640_sxga_init_reg_tbl[i][0], ov2640_sxga_init_reg_tbl[i][1]);
}
```

其中，SCCB 是一种类似 I²C 的总线，包含起始信号、终止信号和应答信号，仅需两根线（数据线和时钟线）即可实现通信，用于控制 OV2640 的寄存器。以 SCCB 总线完成初始化后，图像传感器 OV2640 即进入工作状态。

2. 实验步骤

（1）参考 Demo 项目，并且引脚按照如图 5-50 至图 5-55 所示进行配置。

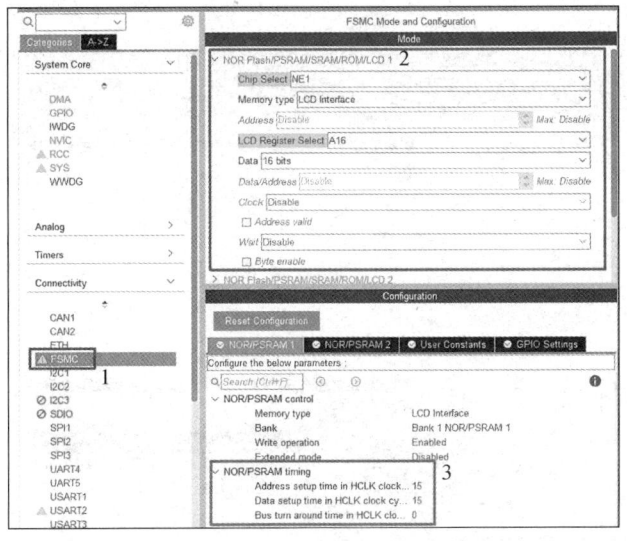

图 5-50　选择 LCD 屏接口的 FSMC 配置一

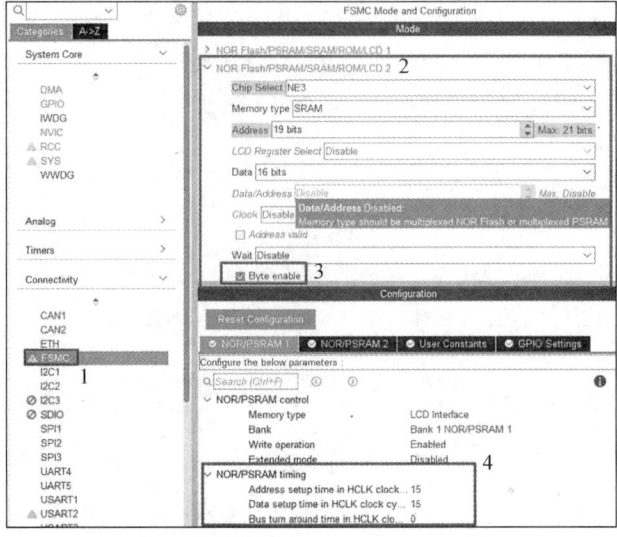

图 5-51　选择 LCD 屏接口的 FSMC 配置二

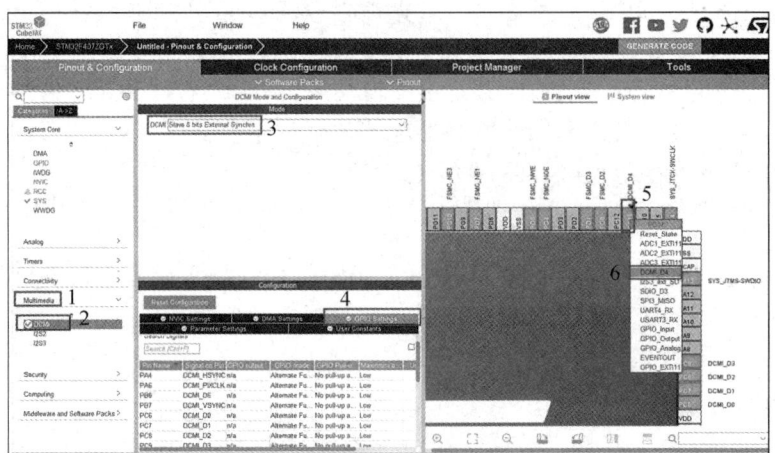

图 5-52　DCMI 配置一

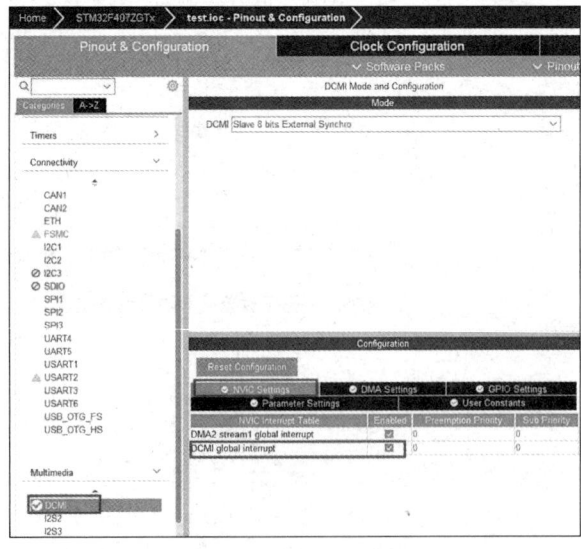

图 5-53　DCMI 配置二

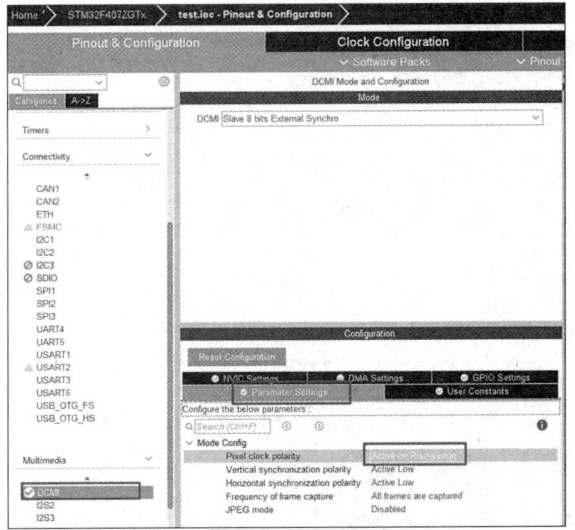

图 5-54　DCMI 配置三

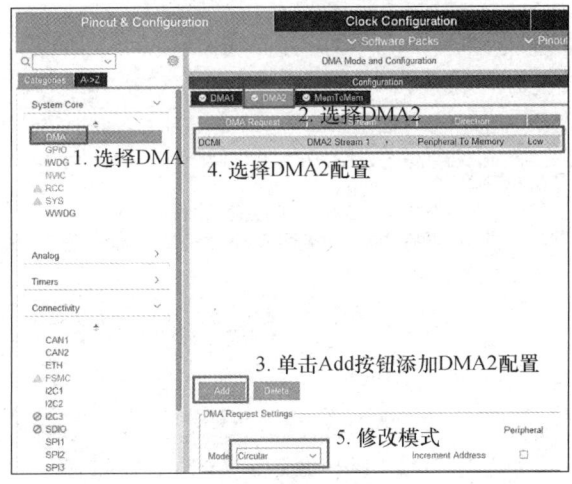

图 5-55　DMA 配置

（2）完成上述配置后，生成项目代码，用 Keil 软件打开后显示的文件结构如图 5-56 所示。

（3）修改项目代码

① 导入驱动硬件的 BSP 文件夹：

参考 5.3.2 节的 LCD 屏的触摸实验，增加 BSP 文件夹，其中包括：DCMI 文件夹下的 mydcmi.c 和 mydcmi.h；LCD 文件夹下的 lcd.c、lcd.h 和 font.h；OV2640 文件夹下的与 OV2640 和 SCCB 相关的文件。

② 参考 5.3.2 节的 LCD 屏的触摸实验，导入 BSP 文件夹下的相关文件，包括 mydcmi.c、lcd.c、ov26404.c、sccb.c，效果如图 5-57 所示。

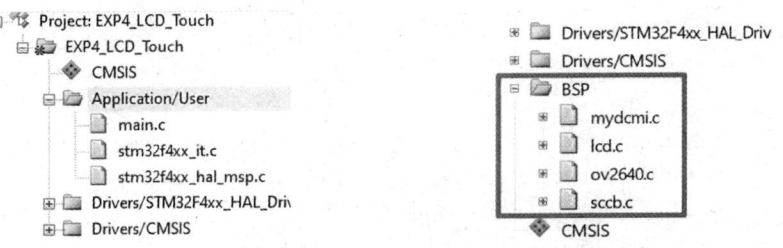

图 5-56　项目的文件结构　　　图 5-57　导入 BSP 文件夹下的相关文件

在 Keil 界面单击 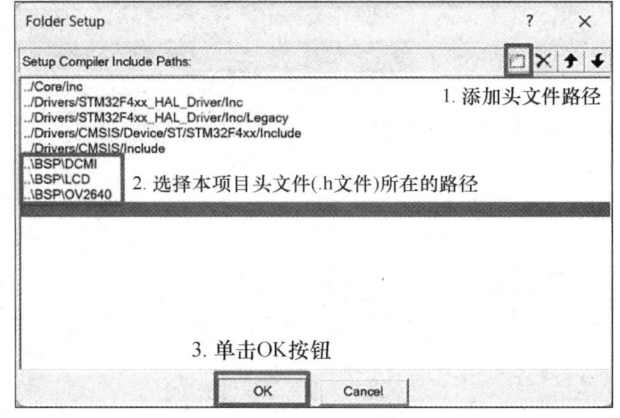 图标，选择 C/C++选项卡，添加头文件路径，配置完成后单击 OK 按钮，如图 5-58 和图 5-59 所示。

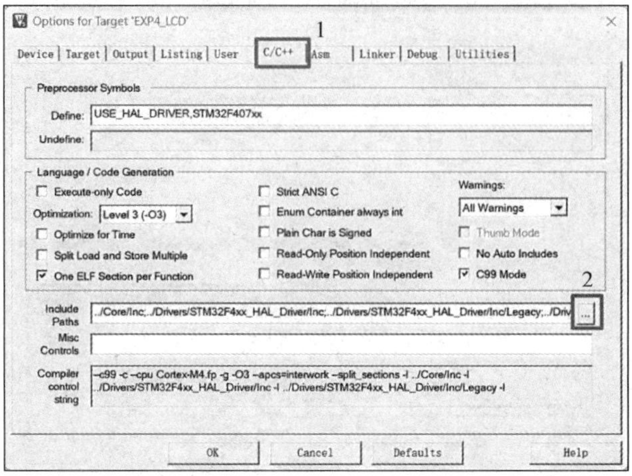

图 5-58　增加头文件编辑界面

图 5-59　编辑头文件路径

③ 修改 main.c 文件内容，如下：

```c
#include "main.h"
#include "lcd.h"
#include "ov2640.h"
#include "mydcmi.h"

// 定义 DCMI 和 DMA 句柄
DCMI_HandleTypeDef hdcmi;
DMA_HandleTypeDef hdma_dcmi;

// 定义 SRAM 句柄
SRAM_HandleTypeDef hsram1;
SRAM_HandleTypeDef hsram2;

/* 用户代码区：定义图像缓存和 RGB 变量*/
volatile uint8_t gm_cache[96*96] = {0};     // 用于缓存从摄像头读取的数据
uint8_t *result;                            // 结果指针，用于存储图像数据
uint16_t gm_red, gm_green, gm_blue;         // 存储 RGB 值
uint16_t RGB_temp;   // 临时存储 RGB 值
```

```c
// 函数声明
void SystemClock_Config(void);        // 配置系统时钟
static void MX_GPIO_Init(void);       // 初始化 GPIO
static void MX_DMA_Init(void);        // 初始化 DMA
static void MX_DCMI_Init(void);       // 初始化 DCMI
static void MX_FSMC_Init(void);       // 初始化 FSMC

int main(void)
{
    HAL_Init();               // 初始化硬件抽象层

    SystemClock_Config();     // 配置系统时钟

    // 初始化外设
    MX_GPIO_Init();
    MX_DMA_Init();
    MX_DCMI_Init();
    MX_FSMC_Init();

    /*用户代码区：初始化 LCD 并显示启动信息*/
    LCD_Init();   // 初始化 LCD
    LCD_ShowString(10, 10, 240, 32, 32, "OV2640 Init...");   // LCD 显示初始化信息

    /*设备初始化过程：尝试初始化 OV2640*/
    while (OV2640_Init())   // 如果初始化失败，则显示错误信息并重新尝试
    {
        LCD_ShowString(10, 10, 240, 32, 32, "OV2640 ERROR!    ");   // LCD 显示错误信息
        HAL_Delay(800);   // 延迟 800ms
        LCD_Fill(10, 10, 256, 42, WHITE);   // 清空错误提示区域
        HAL_Delay(200);   // 延迟 200ms
    }

    // 初始化摄像头模式和分辨率
    OV2640_RGB565_Mode();          // 设置 OV2640 为 RGB565 模式
    OV2640_OutSize_Set(320, 240);  // 设置图像输出分辨率为 320×240 像素

    // 启动 DCMI 接口
    DCMI_Start();

    /*无限循环：在此进行图像处理和显示*/
    while (1)
    {
        Camera_Display();   // 调用显示函数显示摄像头图像
    }
}

// 系统时钟配置函数
void SystemClock_Config(void)
{
    RCC_OscInitTypeDef RCC_OscInitStruct = {0};
    RCC_ClkInitTypeDef RCC_ClkInitStruct = {0};
```

```
    __HAL_RCC_PWR_CLK_ENABLE();    // 启用电源控制时钟
    __HAL_PWR_VOLTAGESCALING_CONFIG(PWR_REGULATOR_VOLTAGE_SCALE1);    // 设置电压缩放

    // 配置 HSE（外部高速晶振）为系统时钟源
    RCC_OscInitStruct.OscillatorType = RCC_OSCILLATORTYPE_HSE;
    RCC_OscInitStruct.HSEState = RCC_HSE_ON;
    RCC_OscInitStruct.PLL.PLLState = RCC_PLL_ON;
    RCC_OscInitStruct.PLL.PLLSource = RCC_PLLSOURCE_HSE;
    RCC_OscInitStruct.PLL.PLLM = 8;
    RCC_OscInitStruct.PLL.PLLN = 336;
    RCC_OscInitStruct.PLL.PLLP = RCC_PLLP_DIV2;
    RCC_OscInitStruct.PLL.PLLQ = 4;

    // 初始化并配置时钟
    if (HAL_RCC_OscConfig(&RCC_OscInitStruct) != HAL_OK)
    {
        Error_Handler();    // 如果初始化失败，则进入错误处理
    }

    // 配置系统时钟分频
    RCC_ClkInitStruct.ClockType = RCC_CLOCKTYPE_HCLK | RCC_CLOCKTYPE_SYSCLK
                                  | RCC_CLOCKTYPE_PCLK1 | RCC_CLOCKTYPE_PCLK2;
    RCC_ClkInitStruct.SYSCLKSource = RCC_SYSCLKSOURCE_PLLCLK;
    RCC_ClkInitStruct.AHBCLKDivider = RCC_SYSCLK_DIV1;
    RCC_ClkInitStruct.APB1CLKDivider = RCC_HCLK_DIV4;
    RCC_ClkInitStruct.APB2CLKDivider = RCC_HCLK_DIV2;

    if (HAL_RCC_ClockConfig(&RCC_ClkInitStruct, FLASH_LATENCY_5) != HAL_OK)
    {
        Error_Handler();    // 如果时钟配置失败，则进入错误处理
    }
}

// 初始化 DCMI 接口
static void MX_DCMI_Init(void)
{
    hdcmi.Instance = DCMI;
    hdcmi.Init.SynchroMode = DCMI_SYNCHRO_HARDWARE;
    hdcmi.Init.PCKPolarity = DCMI_PCKPOLARITY_RISING;
    hdcmi.Init.VSPolarity = DCMI_VSPOLARITY_LOW;
    hdcmi.Init.HSPolarity = DCMI_HSPOLARITY_LOW;
    hdcmi.Init.CaptureRate = DCMI_CR_ALL_FRAME;
    hdcmi.Init.ExtendedDataMode = DCMI_EXTEND_DATA_8B;
    hdcmi.Init.JPEGMode = DCMI_JPEG_DISABLE;

    // 如果 DCMI 初始化失败，则进入错误处理
    if (HAL_DCMI_Init(&hdcmi) != HAL_OK)
    {
        Error_Handler();
    }
}

// 初始化 DMA 接口
```

```c
static void MX_DMA_Init(void)
{
    /*DMA 控制器时钟使能*/
    __HAL_RCC_DMA2_CLK_ENABLE();

    /*DMA 中断初始化*/
    HAL_NVIC_SetPriority(DMA2_Stream1_IRQn, 0, 0);      // 设置 DMA2 流 1 中断优先级
    HAL_NVIC_EnableIRQ(DMA2_Stream1_IRQn);              // 启用 DMA2 流 1 中断
}

// 初始化 GPIO 端口
static void MX_GPIO_Init(void)
{
    /* 启用 GPIO 端口时钟 */
    __HAL_RCC_GPIOE_CLK_ENABLE();
    __HAL_RCC_GPIOC_CLK_ENABLE();
    __HAL_RCC_GPIOF_CLK_ENABLE();
    __HAL_RCC_GPIOH_CLK_ENABLE();
    __HAL_RCC_GPIOA_CLK_ENABLE();
    __HAL_RCC_GPIOG_CLK_ENABLE();
    __HAL_RCC_GPIOD_CLK_ENABLE();
    __HAL_RCC_GPIOB_CLK_ENABLE();
}

// 初始化 FSMC 接口
static void MX_FSMC_Init(void)
{
    FSMC_NORSRAM_TimingTypeDef Timing = {0};
    FSMC_NORSRAM_TimingTypeDef ExtTiming = {0};

    // 配置 SRAM1
    hsram1.Instance = FSMC_NORSRAM_DEVICE;
    hsram1.Extended = FSMC_NORSRAM_EXTENDED_DEVICE;
    hsram1.Init.NSBank = FSMC_NORSRAM_BANK1;
    hsram1.Init.MemoryType = FSMC_MEMORY_TYPE_SRAM;
    hsram1.Init.MemoryDataWidth = FSMC_NORSRAM_MEM_BUS_WIDTH_16;
    hsram1.Init.BurstAccessMode = FSMC_BURST_ACCESS_MODE_DISABLE;
    hsram1.Init.WaitSignalPolarity = FSMC_WAIT_SIGNAL_POLARITY_LOW;
    hsram1.Init.WrapMode = FSMC_WRAP_MODE_DISABLE;
    hsram1.Init.WaitSignalActive = FSMC_WAIT_TIMING_BEFORE_WS;
    hsram1.Init.WriteOperation = FSMC_WRITE_OPERATION_ENABLE;
    hsram1.Init.WaitSignal = FSMC_WAIT_SIGNAL_DISABLE;
    hsram1.Init.ExtendedMode = FSMC_EXTENDED_MODE_DISABLE;
    hsram1.Init.AsynchronousWait = FSMC_ASYNCHRONOUS_WAIT_DISABLE;
    hsram1.Init.WriteBurst = FSMC_WRITE_BURST_DISABLE;
    hsram1.Init.PageSize = FSMC_PAGE_SIZE_NONE;

    // 设置访问时序
    Timing.AddressSetupTime = 15;
    Timing.AddressHoldTime = 15;
    Timing.DataSetupTime = 15;
    Timing.CLKDivision = 16;
    Timing.DataLatency = 17;
```

```c
// 初始化 SRAM1
if (HAL_SRAM_Init(&hsram1, &Timing, NULL) != HAL_OK)
{
    Error_Handler();    // 如果初始化失败，进入错误处理
}

// 配置 SRAM2
hsram2.Instance = FSMC_NORSRAM_DEVICE;
hsram2.Extended = FSMC_NORSRAM_EXTENDED_DEVICE;
hsram2.Init.NSBank = FSMC_NORSRAM_BANK3;
hsram2.Init.MemoryType = FSMC_MEMORY_TYPE_SRAM;
hsram2.Init.MemoryDataWidth = FSMC_NORSRAM_MEM_BUS_WIDTH_16;
hsram2.Init.BurstAccessMode = FSMC_BURST_ACCESS_MODE_DISABLE;
hsram2.Init.WaitSignalPolarity = FSMC_WAIT_SIGNAL_POLARITY_LOW;
hsram2.Init.WrapMode = FSMC_WRAP_MODE_DISABLE;
hsram2.Init.WaitSignalActive = FSMC_WAIT_TIMING_BEFORE_WS;
hsram2.Init.WriteOperation = FSMC_WRITE_OPERATION_ENABLE;
hsram2.Init.WaitSignal = FSMC_WAIT_SIGNAL_DISABLE;
hsram2.Init.ExtendedMode = FSMC_EXTENDED_MODE_ENABLE;
hsram2.Init.AsynchronousWait = FSMC_ASYNCHRONOUS_WAIT_DISABLE;
hsram2.Init.WriteBurst = FSMC_WRITE_BURST_DISABLE;
hsram2.Init.PageSize = FSMC_PAGE_SIZE_NONE;

// 设置访问时序
Timing.AddressSetupTime = 0;
Timing.AddressHoldTime = 15;
Timing.DataSetupTime = 10;
Timing.CLKDivision = 16;
Timing.DataLatency = 17;

// 初始化 SRAM2
if (HAL_SRAM_Init(&hsram2, &Timing, &ExtTiming) != HAL_OK)
{
    Error_Handler();    // 如果初始化失败，进入错误处理
}
}

// 错误处理函数
void Error_Handler(void)
{
    __disable_irq();    // 禁用中断
    while (1)
    {
        // 无限循环，用户可以添加错误处理代码
    }
}

#ifdef USE_FULL_ASSERT
// 断言失败时的回调函数
void assert_failed(uint8_t *file, uint32_t line)
{
    // 用户可以添加断言失败后的自定义处理
}
#endif /* USE_FULL_ASSERT */
```

上述代码主要内容包括：

● 系统初始化：通过 HAL_Init()函数初始化硬件抽象层，并配置系统时钟、外设等。

● OV2640 初始化：通过 OV2640_Init()函数初始化摄像头模块，并显示初始化过程。如果失败，显示错误信息并重试。

● LCD 显示：LCD 显示初始化信息，并通过 LCD_ShowString()函数显示相应的信息，帮助开发者了解设备状态。

● DCMI、DMA 和 FSMC 初始化：分别初始化用于图像采集的 DCMI 接口、DMA 和 FSMC。

● 图像采集与显示：通过 DCMI_Start()函数启动图像采集，并通过 Camera_Display()函数将采集到的图像显示在 LCD 上。

● 错误处理：系统发生错误时，进入错误处理函数，并禁止中断。

其中，位于 BSP 文件夹下的显示摄像头图像到 LCD 的 Camera_Display()函数内容如下：

```
/*
 * 图像数据在双缓冲区 IMG_1 和 IMG_2 中交替存储，通过标志位控制刷新
 */
void Camera_Display(void)
{
    unsigned int i, j;

    // 判断是否需要刷新图像（由中断或主程序置位）
    if(Renew) // 若图像刷新标志位为 1，表示有新图像需要显示
    {
        Renew = 0;   // 清除刷新标志，防止重复刷新

        // 根据当前缓冲区标志选择待显示图像的缓冲区地址
        if(Buf_Flag == 1)
            Display_BUF = IMG_2;   // 当前帧数据在 IMG_2 缓冲区
        else
            Display_BUF = IMG_1;   // 当前帧数据在 IMG_1 缓冲区

        // 设置 LCD 写入起始位置，通常为左上角(0,0)
        LCD_SetCursor(0, 0);

        // 准备进入连续写入模式（即将连续向 LCD 显存写入像素数据）
        LCD_WriteRAM_Prepare();

        // 采用行优先扫描方式，将图像数据逐像素写入 LCD 显存
        for(i = 0; i < 240; i++) // LCD 行数：240 行
            for(j = 320; j > 0; j--) // 每行像素数：320 个（从右向左）
            {
                // 将对应像素数据写入 LCD 显示寄存器，实现逐点显示
                LCD_LCD_RAM = (unsigned int)*(Display_BUF + j + i * 320);
                // 注意：Display_BUF 是图像缓存首地址，偏移计算为 j + i*320
            }
    }
}
```

在本实验中，使用了 HAL 库的 DMA2 中断来处理图像数据传输。为了避免与 HAL 库默认的 DMA2 中断处理逻辑冲突，需要注释掉默认的 DMA2_Stream1_IRQHandler()函数。在 main.c 的 Keil 显示页面按下组合键 Win+f 调出搜索，输入 DMA2_Stream1_IRQHandler，然后选择

Current Project，如图 5-60 所示。

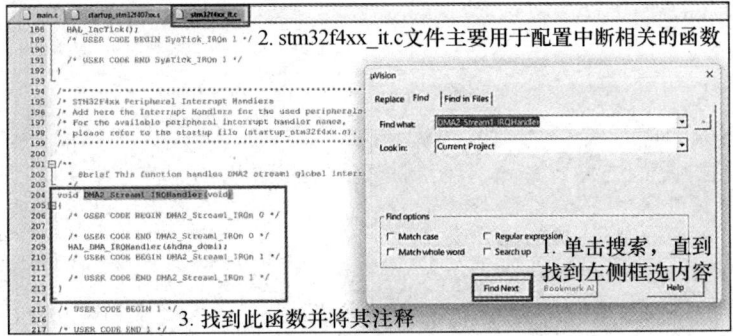

图 5-60　搜索 DMA2_Stream1_IRQHandler()函数对话框

定位到 DMA2_Stream1_IRQHandler()函数，如图 5-61 所示。

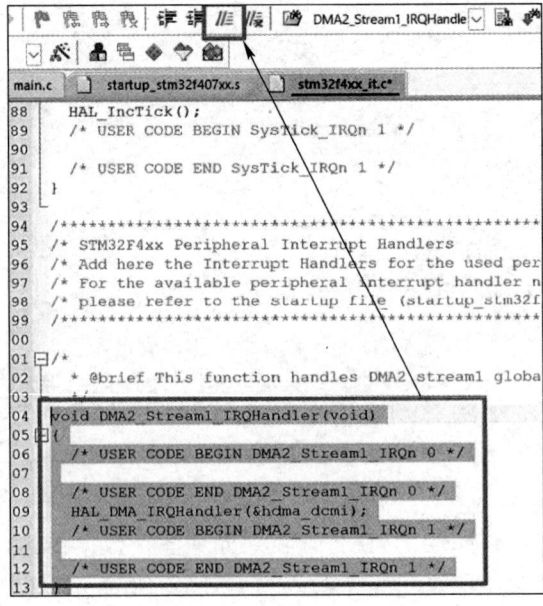

图 5-61　定位 DMA2_Stream1_IRQHandler()函数

使用 "//" 注释函数内容，如图 5-62 所示。

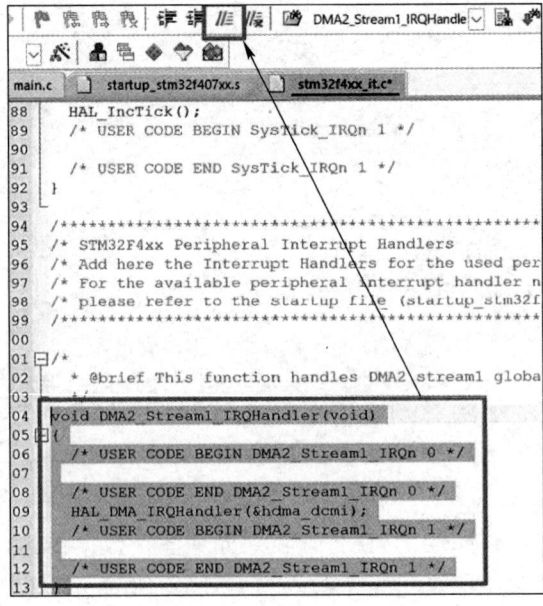

图 5-62　注释操作

3. 程序编译与烧录

参考前面实验的方法对程序进行编译，并使用 J-Link 连接实验系统完成下载。运行后，LCD 显示摄像头画面。

5.4 TinyML 实验

5.4.1 TinyML 环境构建

1. Anaconda 安装

首先，按照 5.2 节所述安装好 Anaconda，并确认系统是否添加 Anaconda 环境变量。如果没有添加 Anaconda 环境变量，按组合键 Win+R，在弹出的"打开"对话框中输入 SYSDM.CPL，找到环境变量进行设置，如图 5-63 所示。

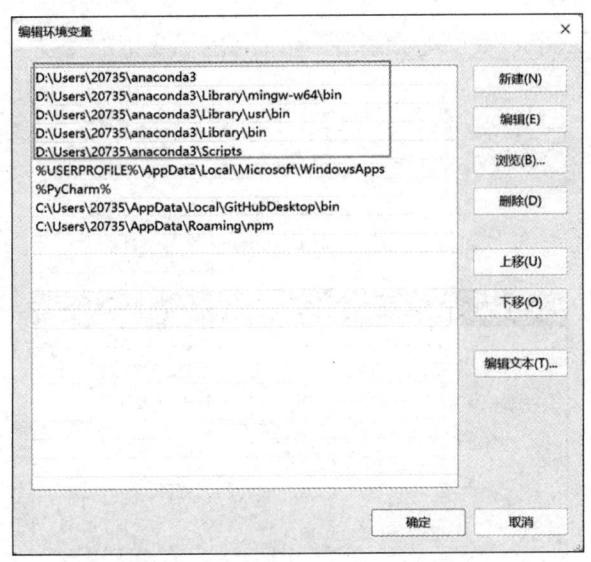

图 5-63　设置 Anaconda 环境变量

在 cmd 终端中验证 Anaconda 是否安装成功，输入 conda -V 可以获得 Anaconda 版本为 4.10.3。

```
C:\Users>conda -V
conda 4.10.3
```

2. 创建 Python 环境

（1）在 Windows 的"开始"菜单中打开 Anaconda 软件，如图 5-64 所示，选择 Anaconda Navigator 选项。

（2）在弹出的 ANACONDA NAVIGATOR 界面中单击 Environments 选项，进入环境设置界面，如图 5-65 所示。

（3）单击 Create 按钮，弹出 Create new environment 对话框，在此为 Python 环境添加名称，并选择 Python 安装的版本，单击 Create 按钮开始安装，如图 5-66 所示。

安装完成后，显示 Python 环境包含的信息，如图 5-67 所示。

由于 TinyML 模型训练需要 tensorflow 环境，因此，需要在 Python 中安装 tensorflow 环境。

在目录栏中选择 Not installed，然后输入 tensorflow 进行查找，如图 5-68 所示。

搜索到 tensorflow 后，选择版本并单击 Apply 按钮进行安装，如图 5-69 所示。

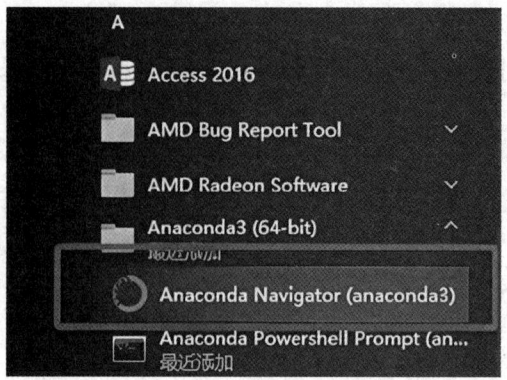

图 5-64　Anaconda 软件选项

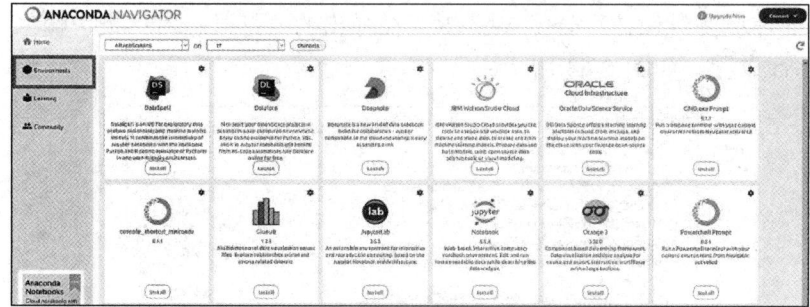

图 5-65　Environments 选项

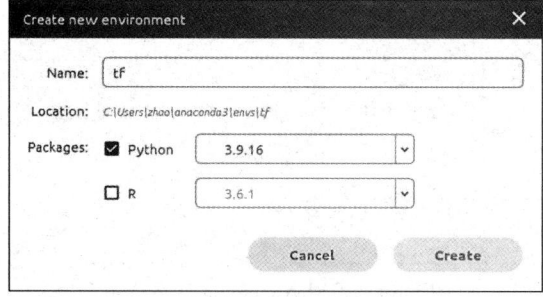

图 5-66　Python 环境创建

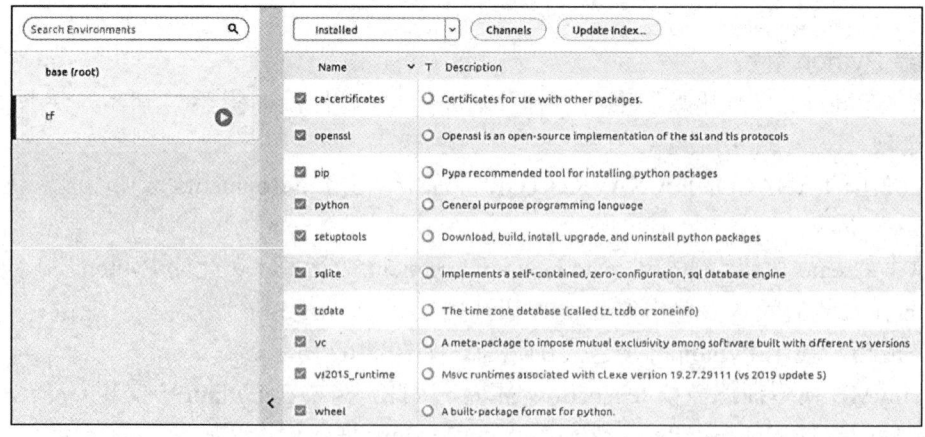

图 5-67　Python 环境信息

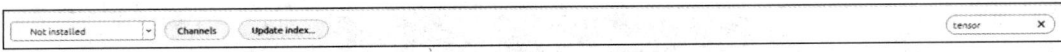

图 5-68 tensorflow 的搜索

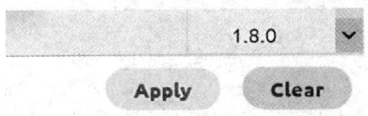

图 5-69 tensorflow 的安装

（4）安装 JupyterLab。JupyterLab 提供网页代码编辑和单步运行，为模型训练代码在 JupyterLab 环境中的编写和运行提供间接的环境。安装 JupyterLab 的主要步骤如下：在图 5-65 的 Home 界面选择建立好的 Python 环境，然后选择 JupyterLab 并单击 Install 按钮进行安装，如图 5-70 所示。

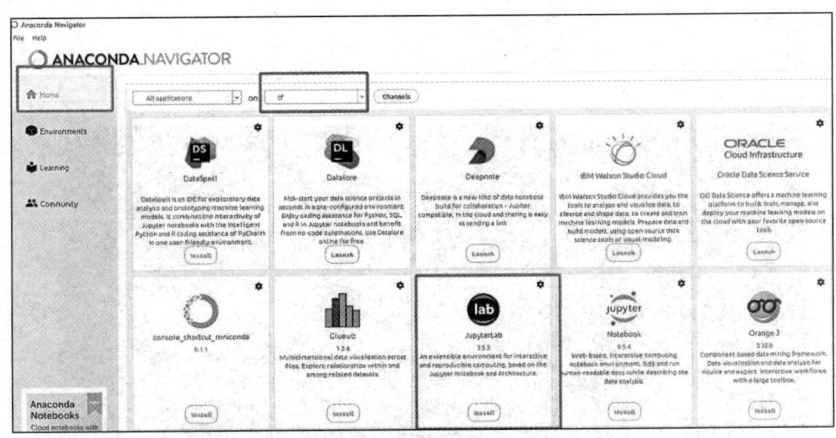

图 5-70 Jupyter 的安装

3. 使用 Anaconda 与 JupyterLab 训练 TinyML 模型

方法一：在图 5-65 的 Home 选择创建的 Python 环境，然后选择 JupyterLab 并单击 Launch 按钮启动 JupyterLab，如图 5-71 所示。

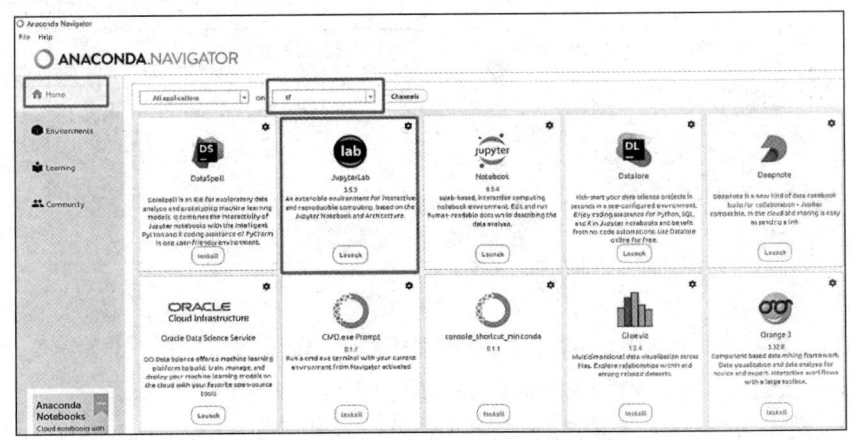

图 5-71 JupyterLab 的启动

方法二：在 Windows 的"开始"菜单栏选择 Anaconda Prompt 选项，启动 Anaconda 的命令行模式，如图 5-72 所示。

图 5-72　Anaconda 命令行模式的启动

在 Anaconda 命令行界面输入 conda activate tf 命令，激活创建的 Python 环境（名称为 tf）。在(tf)开头的命令行输入 jupyter lab 命令，启动 JupyterLab 服务。

```
(base) C:\Users >conda activate tf
(tf) C:\Users>jupyter lab
```

JupyterLab 服务启动输出，如图 5-73 所示。

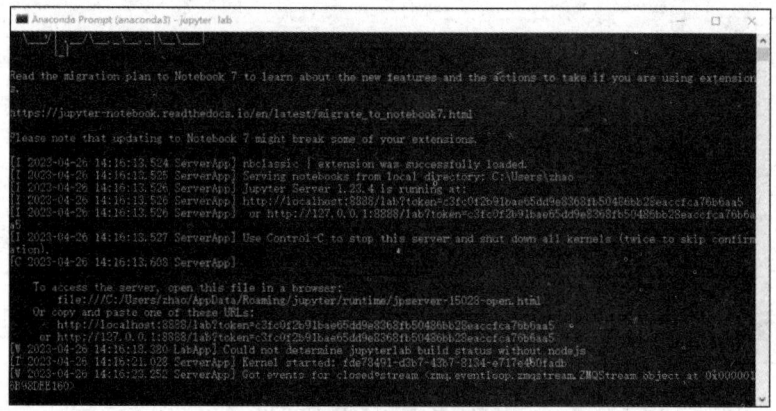

图 5-73　JupyterLab 服务启动输出

启动 JupyterLab 服务后，一般会自动启动网页服务，如图 5-74 所示。在图 5-74 上单击 ███ ＋ ███，弹出如图 5-74 所示的新建编辑文件界面。

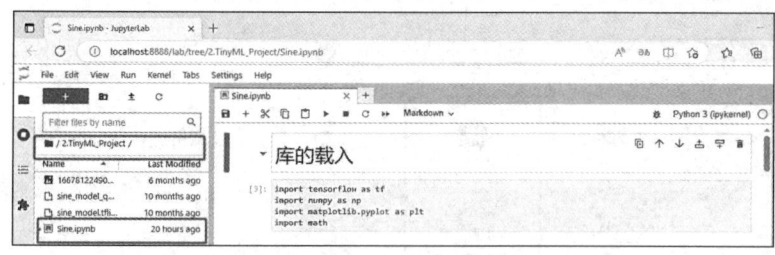

图 5-74　打开文件编辑界面

也可在图 5-74 左侧的 ▨ / 下的列表中找到对应 TinyML 模型训练项目文件夹，后缀为.ipynb 的文件为 JupyterLab 网页可编辑的 Python 文件，如图 5-75 所示。

注意：Anaconda 的 Home 选项在安装软件时默认在用户的目录下，比如 C:\Users\Jupyter，启动 JupyterLab 服务的根目录直接指定在当前的目录。如果需要将指定的目录设置为根目录，可以在 Anaconda 命令行中输入"cd 指定文件夹路径"，然后启动 JupyterLab，此时所在目录被设置为 JupyterLab 服务的根目录。例如，先在命令行中进入 TinyML 项目目录或者父目录，再启动 JupyterLab，就可以直接进入或者在根目录中打开 TinyML 项目目录。

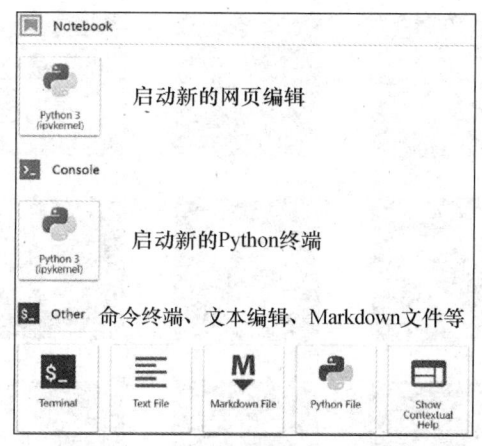

图 5-75　新建编辑文件界面

由于安装了多个 Python 环境，可能导致初始化冲突和内核死机，例如在命令窗口查看出现如图 5-76 所示的错误。

Error # 15: Initializing libiomp5md.dll, but found libiomp5md.dll already initialized.

错误如下所示：

```
1  OMP: Error #15: Initializing libiomp5md.dll, but found libiomp5md.dll already initialized.
2  OMP: Hint This means that multiple copies of the OpenMP runtime have been linked into the program. That is dangerous,
```

图 5-76　在命令窗口查看错误

该错误是由于 Anaconda 环境下存在多个 libiomp5md.dll 导致的。可在 Anaconda 安装路径下搜索该文件，如果 Anaconda 安装路径下有多个同名的文件，可将其他环境本身路径下的 libiomp5md.dll 剪切到其他路径下进行备份，仅保留 tf 环境下的 libiomp5md.dll 文件。

5.4.2　TinyML 的手写数字识别实验

【实验目的】

（1）掌握 TensorFlow 训练卷积神经网络的基本过程；

（2）掌握 TinyML 部署模型的基本步骤。

【实验环境】

硬件平台：高级嵌入式 AI 综合实验系统的 STM32 核心板，PC。

【实验原理与内容】

1．基本知识

手写数字识别是人工智能领域的经典入门项目，可以说是 AI 界的"Hello World"。为了更好地理解神经网络的原理，下面将使用 TensorFlow 实现一个最简单的神经网络，并通过 MNIST 数据集进行测试。

MNIST 是一个经典的手写数字识别数据集。该数据集包含 60000 张训练图像和 10000 张测试图像，每张图像的尺寸为 28×28 像素，且为黑白灰度图像。由于其简单性和易用性，MNIST 成为测试和验证各种深度学习算法的标准数据集之一，如图 5-77 所示。

MNIST 数据集包括 4 个文件，分别为：

● train-images-idx3-ubyte.gz，训练数据图像集；

● train-labels-idx1-ubyte.gz，训练数据标签（label）；

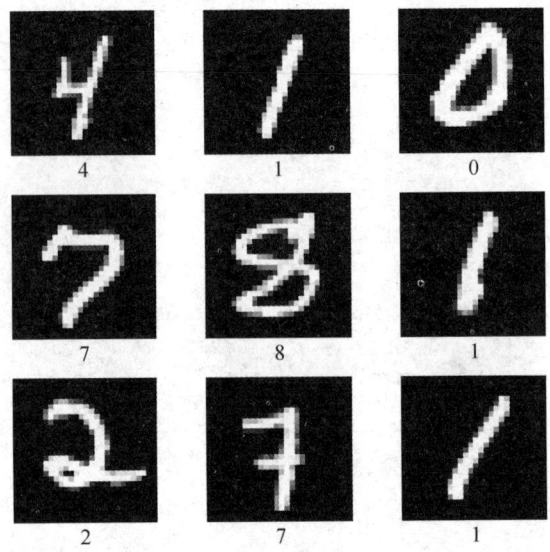

图 5-77　部分 MNIST 数据集

- t10k-images-idx3-ubyte.gz，测试数据图像集；
- t10k-labels-idx1-ubyte.gz，测试数据标签。

每张手写数字图像由 28×28 像素组成，如图 5-78 所示。

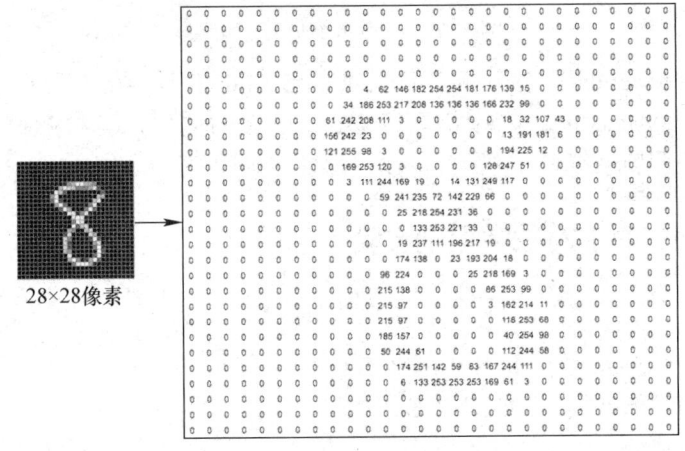

28×28像素

图 5-78　手写数字图像举例

2．神经网络模型构建

（1）在 Windows 的"开始"菜单中打开 Anaconda 软件，选择 Anaconda Prompt 选项，如图 5-72 所示，启动 Anaconda 的命令行模式。

在 Anaconda 命令行界面输入 jupyter lab 命令，启动 JupyterLab 服务，此时计算机上的浏览器会自动打开并进入 JupyterLab 网页开发环境。在如图 5-74 所示的环境中打开网页编辑，创建一个后缀为.ipynb 的文件用于 Python 编辑（实验系统的资料中提供了.ipynb 后缀的文件，可直接打开编辑）。

① 导入 tensorflow、matplotlib 和 numpy 包：

```
import tensorflow as tf
from tensorflow.keras import datasets, layers, models
import matplotlib.pyplot as plt
import numpy as np
```

② 定义模型超参数。模型的超参数是指在训练模型之前需要手动设定的参数，这些参数对模型的性能和训练过程有至关重要的影响。与通过数据学习得到的模型参数不同，超参数在训练前由开发者选择并固定。常见的超参数包括学习率、批量大小、训练轮数、Dropout 率、正则化参数等。选择合适的超参数通常需要通过实验和调优，常用的方法包括网格搜索、随机搜索、贝叶斯优化及交叉验证等。超参数的调优对提高模型的准确性、加速训练过程及防止过拟合等方面都起着重要作用。

如何选择最优的超参数？一般而言，大部分的超参数都是经验值。本实验设计的卷积神经网络的超参数如下：

```
learning_rate = 0.001    # 学习率
```

这里设置模型学习率为 0.001。

③ 数据集加载：在 TensorFlow2.0 中，load_data()函数首次执行时，如果数据文件不存在，会从网络下载数据。数据下载完成后，保存在本地，默认路径为 C:\User\用户名\.keras\datasets。并且 load_data()函数直接返回 MNIST 训练集与测试集的数据与标签。代码如下：

```
(x_train, y_train), (x_test, y_test) = tf.keras.datasets.mnist.load_data()
```

打印一张数据集图像进行显示，如图 5-79 所示。

```
test = x_train[2107].astype('uint8')
plt.imshow(test)
```

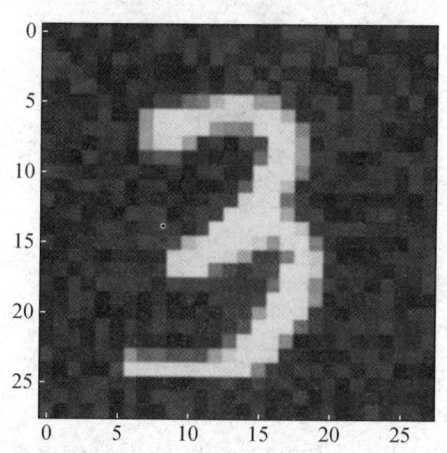

图 5-79　数据集图像显示效果

④ 数据处理。在训练图像数据模型时，为了避免模型在训练过程中依赖数据顺序而产生偏差，通常需要对图像数据进行乱序处理。乱序处理可以确保每个训练批次中样本的顺序不同，从而提高模型的泛化能力。一般而言，乱序处理可在模型训练加载数据时进行。

还可以对数据进行强化处理，例如加入随机噪声，增加数据的泛化能力。

此外，原始图像数据通常以 uint8（8 位无符号整数）类型存储，像素值范围为 0~255。为了加速训练并提高模型的准确性，需要对图像数据进行归一化处理，将像素值转换为 0~1 之间的浮点数。

```
# 增加随机噪声
# 使用按位 "OR" 操作将随机生成的噪声（范围为 0~63）添加到训练集和测试集数据中
x_train = x_train | np.random.randint(0, 64, x_train.shape, dtype=np.uint8)    #为训练集添加随机噪声
x_test = x_test | np.random.randint(0, 64, x_test.shape, dtype=np.uint8)      #为测试集添加随机噪声
```

```
# 将像素值从[0, 255]压缩到[0, 1])
train_images = (255 - x_train) / 255.0

# 将像素值从[0, 255]压缩到[0, 1])
x_train, x_test = (255 - x_train) / 255.0, (255 - x_test) / 255.0

# 显示训练集中第 1000 张图像
plt.imshow(x_train[1000])   # 可视化第 1000 张训练图像

# 定义数字类别名称
class_names = ['0', '1', '2', '3', '4', '5', '6', '7', '8', '9']     #数字手写图像分类的标签名称
```

归一化处理后的数据图像如图 5-80 所示。

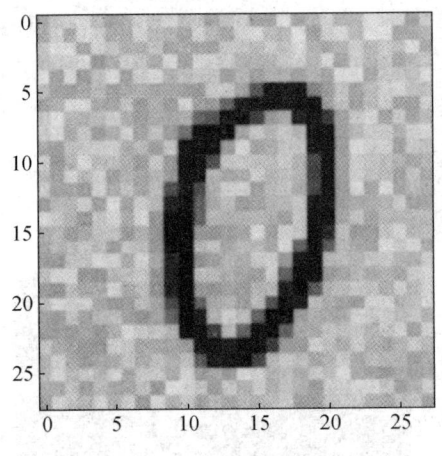

图 5-80　归一化数据显示效果

⑤　模型结构的设计。

LeNet 模型是一个由 Yann LeCun 等人于 1998 年提出的经典卷积神经网络（CNN）模型，主要用于手写数字识别任务，尤其用于 MNIST 数据集。LeNet 模型是深度学习领域的重要里程碑之一，它为后来的卷积神经网络架构设计奠定了基础。LeNet 模型的核心思想是通过多个卷积层（Convolutional Layer）和池化层（Pooling Layer）提取图像的特征，再通过全连接层（Fully Connected Layer）进行分类。该模型使用了卷积神经网络的关键结构，使得图像分类任务不再依赖手工特征提取，而是能够自动学习图像中的有用信息。

LeNet 模型结构如图 5-81 所示。

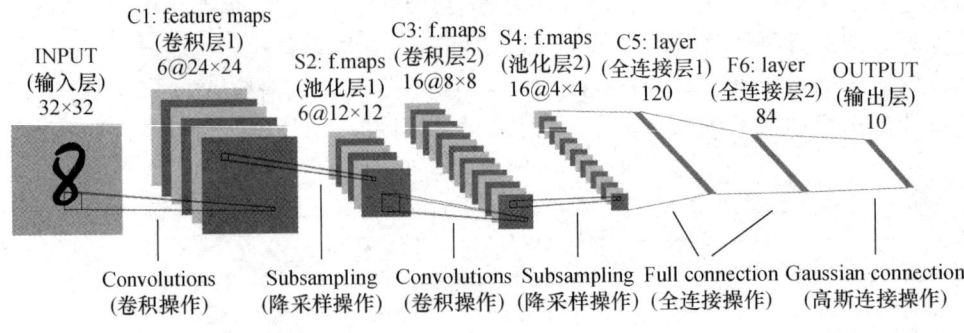

图 5-81　LeNet 模型结构

- 输入层：32×32 像素的灰度图像（MNIST 数据集中的图像）。
- 卷积层 1：6 个 5×5 的卷积核，步长为 1，输出尺寸为 24×24×6。
- 池化层 1：2×2 的最大池化层，步长为 2，输出尺寸为 12×12×6。
- 卷积层 2：16 个 5×5 的卷积核，步长为 1，输出尺寸为 8×8×16。
- 池化层 2：2×2 的最大池化层，步长为 2，输出尺寸为 4×4×16。
- 展平层（图中略）：将 4×4×16 的输出展平为一维向量（256 维）。
- 全连接层 1：120 个神经元。
- 全连接层 2：84 个神经元。
- 输出层：10 个神经元（每个数字类别对应一个神经元输出，LeNet 模型采用高斯连接，现在一般采用全连接层+Softmax 函数）。

参考 LeNet 模型，本实验进行了一定的优化和缩小，提高了模型推理速度，包括以下几个方面。

- 按照 MNIST 数据集的图像尺寸 28×28 像素修改输入层的尺寸。
- 激活函数：LeNet 模型中使用 Sigmoid 激活函数，本实验将在卷积层和全连接层都使用 ReLU 激活函数，提高模型训练的收敛速度。
- Dropout 层：增加 Dropout 层，减少过拟合，以提高模型的泛化能力。注意：仅在训练模型时使用。
- 全连接层的神经元数量：全连接层 1 改为 96 个神经元，全连接层 2 改为 32 个神经元，以减少计算量。

初始化模型权重采用 tensorflow/keras 默认的初始化方法。构建模型代码如下：

```python
import tensorflow as tf
from tensorflow.keras.layers import Conv2D, MaxPooling2D, Flatten, Dense, InputLayer, Dropout
from tensorflow.keras.models import Sequential

#初始化模型序列结构（Sequential）
model = tf.keras.Sequential()

# 添加输入层，输入尺寸为 28×28 像素，1 个通道（灰度图）
model.add(InputLayer(input_shape=(28, 28, 1), name='x_input'))

# 第一层：卷积层
# 该层使用 6 个 5×5 的卷积核，滑动步长为 1，激活函数使用 ReLU
model.add(Conv2D(filters=6, kernel_size=5, strides=1, activation='relu'))

# 第一层：池化层
# 使用 2×2 的池化窗口，步长为 2，对特征图进行下采样
model.add(MaxPooling2D(pool_size=2, strides=2))

# 第二层：卷积层
# 该层使用 16 个 5×5 的卷积核，滑动步长为 1，激活函数使用 ReLU
model.add(Conv2D(filters=16, kernel_size=5, strides=1, activation='relu'))

# 第二层：池化层
# 同样使用 2×2 的池化窗口，滑动步长为 2，进行下采样
model.add(MaxPooling2D(pool_size=2, strides=2))

# 展平层：将多维输入一维化，以便输入全连接层
```

```python
model.add(Flatten())

# Dropout 层：减少过拟合，随机丢弃 30%的神经元
model.add(Dropout(0.3))

# 第三层：全连接层
# 该层包含 96 个神经元，激活函数使用 ReLU
model.add(Dense(units=96, activation='relu'))

# Dropout 层：减少过拟合，随机丢弃 20%的神经元
model.add(Dropout(0.2))

# 第四层：全连接层
# 该层包含 32 个神经元，激活函数使用 ReLU
model.add(Dense(units=32, activation='relu'))

# Dropout 层：减少过拟合，随机丢弃 10%的神经元
model.add(Dropout(0.1))

# 第五层：输出层
# 输出 10 个类别的概率，使用 Softmax 激活函数进行多分类
model.add(Dense(units=10, activation='softmax'))

# 编译模型：使用 Adam 优化器，损失函数为最小化交叉熵
optimizer = tf.keras.optimizers.Adam(learning_rate=0.001)
model.compile(optimizer= optimizer, loss=tf.keras.losses.SparseCategoricalCrossentropy(from_logits=True),
                metrics=['accuracy'])

# 打印模型的摘要信息，展示模型的层次结构、参数数量等
model.summary()
```

输出的模型结构如下：

Layer (type)	Output Shape	Param #
conv2d_21 (Conv2D)	(None, 24, 24, 6)	156
max_pooling2d_18 (MaxPooling2D)	(None, 12, 12, 6)	0
conv2d_22 (Conv2D)	(None, 8, 8, 16)	2416
max_pooling2d_19 (MaxPooling2D)	(None, 4, 4, 16)	0
flatten_9 (Flatten)	(None, 256)	0
dropout_33 (Dropout)	(None, 256)	0
dense_33 (Dense)	(None, 96)	24672
dropout_34 (Dropout)	(None, 96)	0
dense_34 (Dense)	(None, 32)	3104
dropout_35 (Dropout)	(None, 32)	0
dense_35 (Dense)	(None, 10)	330

Total params: 30,678
Trainable params: 30,678
Non-trainable params: 0

⑥ 模型训练：对数据训练集进行随机乱序处理。

```
# 获取当前的随机数生成器状态
state = np.random.get_state()

# 随机打乱训练集的特征数据(x_train)
np.random.shuffle(x_train)
# 结果：[6, 4, 5, 3, 7, 2, 0, 1, 8, 9]（表示 x_train 被随机打乱的顺序）

# 恢复到原来的随机数生成器状态，确保随机打乱 y_train 时顺序一致
np.random.set_state(state)

# 随机打乱训练集的标签数据(y_train)，保证与 x_train 的顺序一致
np.random.shuffle(y_train)

# 获取当前的随机数生成器状态
state = np.random.get_state()

# 随机打乱测试集的特征数据(x_test)
np.random.shuffle(x_test)
# 结果：[6, 4, 5, 3, 7, 2, 0, 1, 8, 9]（表示 x_test 被随机打乱的顺序）

# 恢复到原来的随机数生成器状态，确保随机打乱 y_test 时顺序一致
np.random.set_state(state)

# 随机打乱测试集的标签数据(y_test)，保证与 x_test 的顺序一致
np.random.shuffle(y_test)
```

使用 Adam 优化器训练模型，损失函数（Loss）采用最小化交叉熵。在训练过程中通过计算准确率，并用 tf.summary.scalar 记录准确率。

为了提高模型的训练精度，将模型训练过程分为 3 个阶段，即粗训练、细训练和精训练，通过逐步提高训练次数和每次训练的数据量（即 batch_size），让模型逐渐提高对数据的感知能力。

```
history = model.fit(x_train, y_train, epochs=5,batch_size=8, validation_data=(x_test, y_test))
history = model.fit(x_train, y_train, epochs=20,batch_size=16, validation_data=(x_test, y_test))
history = model.fit(x_train, y_train, epochs=10,batch_size=32, validation_data=(x_test, y_test))
```

训练结果可以达到 **99%** 的精度。

```
Epoch 10/10
1875/1875 [==========] - 10s 6ms/step - loss: 0.0340 - accuracy: 0.9903 - val_loss: 0.0247 - val_accuracy: 0.9928
```

⑦ 模型量化：要将模型在没有浮点运算能力的单片机或者 STM32 核心板上运行，需要对模型进行量化处理。

```
train_images = x_train
# 定义代表性数据生成器，用于量化模型
def representative_data_gen():
    # 从数据训练集中选取前 100 张图像，作为代表性数据
    for image in train_images[0:100, :, :]:
        # 重塑图像数据为符合模型输入要求的格式，并转换为 float32 类型
        yield [image.reshape(-1, train_images.shape[1], train_images.shape[2], 1).astype("float32")]

# 创建 TensorFlow Lite 转换器对象
converter = tf.lite.TFLiteConverter.from_keras_model(model)
```

```python
# 设置优化策略，启用默认优化（通常包括量化等）
converter.optimizations = [tf.lite.Optimize.DEFAULT]

# 设置代表性数据集，以便进行量化
converter.representative_dataset = representative_data_gen

# -------- 新增加的代码：量化操作相关设置 -----------------------
# 指定仅支持 TFLite 的 INT8 量化操作
converter.target_spec.supported_ops = [tf.lite.OpsSet.TFLITE_BUILTINS_INT8]

# 设置输入和输出的数据类型为 uint8，以便量化后的模型使用整数类型进行推理
converter.inference_input_type = tf.uint8        # 输入数据类型为 uint8
converter.inference_output_type = tf.uint8       # 输出数据类型为 uint8
# -----------------------------------------------------------

# 执行转换，生成量化后的 TensorFlow Lite 模型
tflite_model_quant = converter.convert()

# 保存转换后的量化模型为.tflite 文件
FullInt_name = "MNSIT_uint8.tflite"
open(FullInt_name, "wb").write(tflite_model_quant)

# 查看转换后模型的输入和输出数据类型
interpreter = tf.lite.Interpreter(model_content=tflite_model_quant)
input_type = interpreter.get_input_details()[0]['dtype']        # 获取输入数据类型
print('input: ', input_type)        # 打印输入数据类型

output_type = interpreter.get_output_details()[0]['dtype']  # 获取输出数据类型
print('output: ', output_type) # 打印输出数据类型
```

（2）TinyML 部署。

本实验可在 5.3.2 节 LCD 屏与触摸实验的基础上载入 TinyML 模型。主要通过 LCD 屏获取手写输入的数字，然后将数字载入 TinyML 模型中进行推理。

打开 LCD 屏与触摸实验的 STM32CubeMX 项目，添加 CubeMX.AI，如图 5-82 和图 5-83 所示。

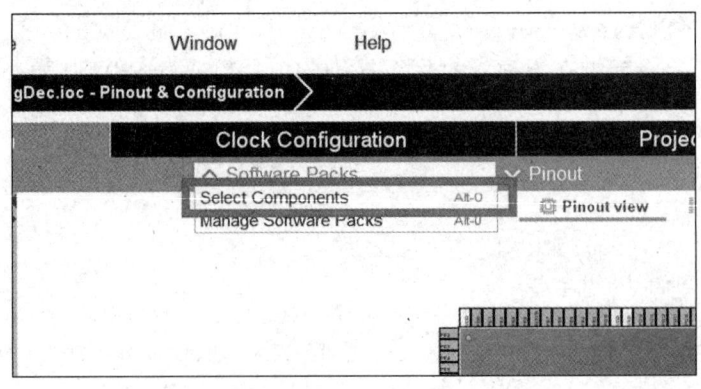

图 5-82　添加 CubeMX.AI 设置一

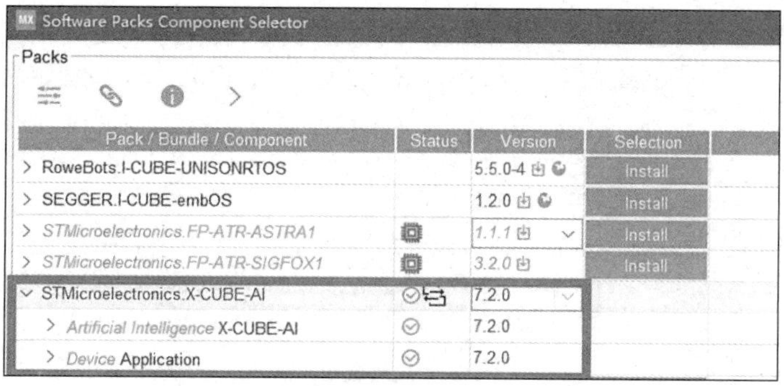

图 5-83　添加 CubeMX.AI 设置二

添加 TinyML 模型文件，如图 5-84 所示。

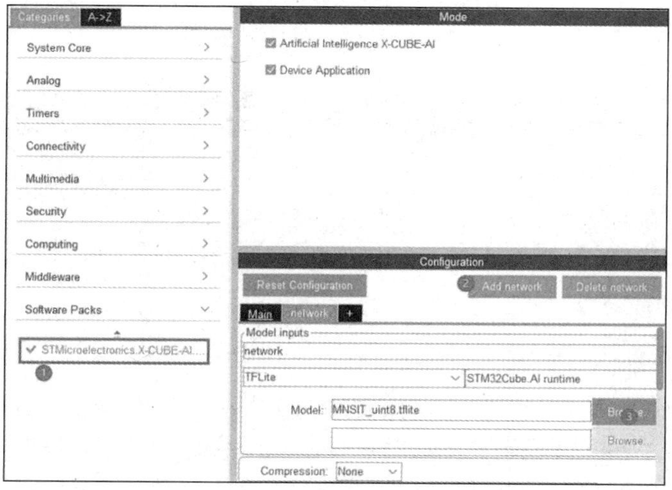

图 5-84　加载模型文件

分析 TinyML 模型文件，如图 5-85 所示。

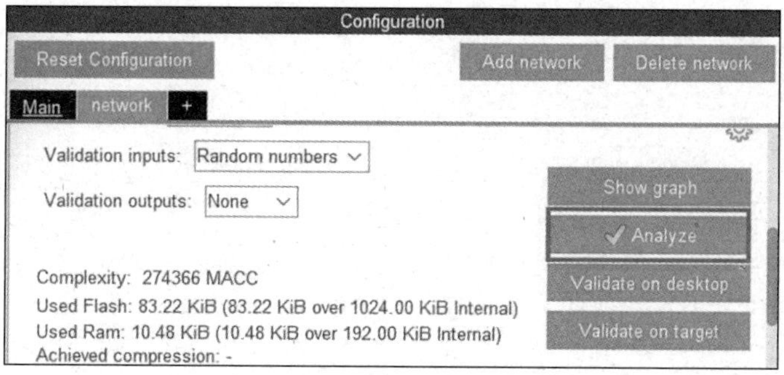

图 5-85　分析模型文件

查看分析结果，如图 5-86 所示。

根据分析结果，输入数据为 28×28 像素的 8 位整型图像数据，表示手写数字图像。每个输入图像被转换为一个 28×28 的矩阵，其中每个元素是一个 8 位整型值，表示图像的灰度值。输出则为一个包含 10 个 8 位整型数据的向量，分别对应数字 0~9 的分类置信度。输出的每个元素值的范围是 0~255，其中 0 表示对应数字的分类准确率最低，而 255 表示对应数字的分类准确率最高。

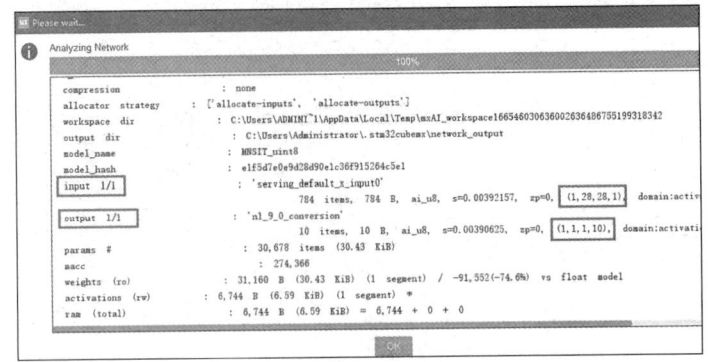

图 5-86　分析结果

设置好项目路径，IDE 选择 MDK，确定 MDK 版本，单击 GENERATE CODE，生成项目代码，如图 5-87 所示。

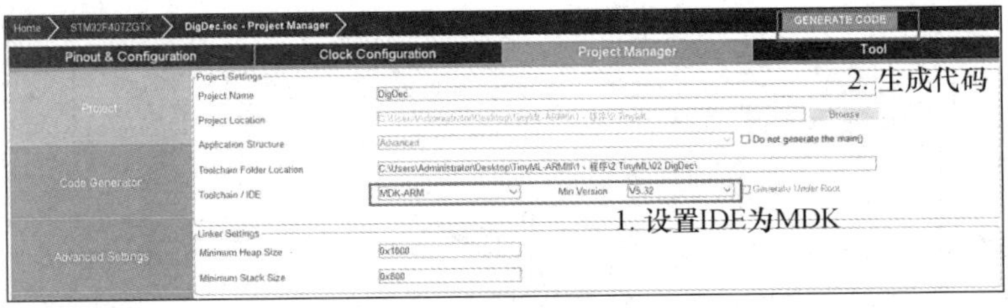

图 5-87　生成项目代码

为了实现手写数字识别的交互界面，需要解决输入尺寸与模型输入要求之间的匹配问题。由于模型要求的输入是 28×28 像素的图像数据，而实验系统的屏幕分辨率为 320×240 像素，可采用以下解决方案：首先在屏幕上开设一个 240×240 像素的正方形窗口作为手写区域，这样既充分利用了屏幕高度，又保持了良好的手写体验。当完成数字手写并确认后，系统会将 240×240 像素的手写数字图像等比例压缩至 28×28 像素，从而满足模型的输入要求。

获取触摸屏信息，并显示在 LCD 上：

```
// 读取 ADS7846 触摸屏数据
P = Read_Ads7846();

// 如果读取成功（P 为真）
if(P)
{
    // 获取触摸点的真实坐标并将其存储到 RealXY 结构体中、触摸点数据 P 和用于存储坐标的 matrix
    getDisplayPoint(&RealXY, P, &matrix);

    // 在 LCD 上绘制一个圆圈，圆心为触摸点坐标，半径为 8，颜色为 1
    LCD_Draw_Circle(RealXY.x, RealXY.y, 8, 1);
}
```

压缩图像数据至 28×28 像素：

```
// 遍历 28×28 的像素区域
for(i = 0; i < 28; i++)
{
    for(j = 0; j < 28; j++)
    {
        // 从 LCD 上读取指定位置的像素值，计算位置为(40 + j*8, i*8)
```

```
        // 这里的坐标计算基于 8×8 像素块的偏移
        temp = LCD_ReadPoint(40 + j*8, 0 + i*8);

        // 延时 1000 单位（可能是微秒、毫秒或其他单位，视 Delay 函数实现而定）
        Delay(1000);

        // 根据读取到的像素值设置缓冲区 Buf，若值为非零，则赋值为 0xff，否则为 0x00
        // 这里的逻辑是：将 LCD 读取的亮度值转换为 0x00（黑色）或 0xff（白色）
        Buf[i*28 + j] = temp ? 0xff : 0x00;
    }
}
```

本实验通过外设模块（见图 5-25）的 K1 按键触发 TinyML 模型推理，并将推理结果显示在 LCD 上：

```
if(HAL_GPIO_ReadPin(GPIOA, GPIO_PIN_10) == 0)  // 检测 K1 按钮是否按下
{
    HAL_Delay(10);   // 防抖延迟，避免多次触发

    // 等待按钮释放
    while(HAL_GPIO_ReadPin(GPIOA, GPIO_PIN_10) == 0);

    // 获取 28×28 像素的图像数据，并存储到 Buf 中
    for(i = 0; i < 28; i++)  // 遍历行
        for(j = 0; j < 28; j++)  // 遍历列
        {
            temp = LCD_ReadPoint(40 + j * 8, 0 + i * 8);  // 读取 LCD 上的像素值
            Delay(1000);  // 延时，可能是为了确保读取稳定
            Buf[i * 28 + j] = temp ? 0xff : 0x00;  // 将读取的像素值存入 Buf，0x00(黑色)或 0xff(白色)
        }

    LCD_Clear(GREEN);   // 清空 LCD 并设置背景为绿色

    /*
    // 注释部分：用于显示图像在 LCD 上的原始黑白效果
    for(i = 0; i < 28; i++)  // 遍历每个像素
        for(j = 0; j < 28; j++)
            LCD_Fast_DrawPoint(200 + j, 100 + i, Buf[i * 28 + j] ? 0xffff : 0x0000);  // 在 LCD 上绘制点
    */

    // 调用 AI 推理处理
    MX_X_CUBE_AI_Process();

    // 从推理结果中获取最大值的索引
    temp1 = *(char*)Result;  // 获取第一个分类结果
    max = 1;  // 假设最大值的索引为 1

    // 遍历 Result 数组（1~9），查找最大分类结果
    for(i = 1; i < 10; i++)
    {
        if(temp1 < *((char*)Result + i))  // 如果当前值大于已知最大值
        {
            temp1 = *((char*)Result + i);  // 更新最大值
            max = i;  // 更新最大值的索引
        }
    }
```

```
// 如果最大值的索引为10，则设置为0（避免无效索引）
if(max == 10)
    max = 0;

// 在 LCD 上显示分类结果（最大值）
LCD_ShowxNum(150, 110, max, 3, 32, 0);    // 显示识别出的数字，位置(150, 110)

// 显示所有分类结果
for(i = 1; i < 10; i++)
{
    LCD_ShowxNum(10, 10 + i * 16, Result[i], 3, 16, 0);   // 显示每个类别的预测值
}

// 等待按钮释放，确保不会重复触发
while(HAL_GPIO_ReadPin(GPIOA, GPIO_PIN_10));   // 等待按钮释放
HAL_Delay(10);   // 防抖延迟

// 等待按钮再次按下，触发下一次操作
while(HAL_GPIO_ReadPin(GPIOA, GPIO_PIN_10) == 0);   // 等待按钮按下

// 清屏并重新填充背景
LCD_Clear(WHITE);   // 清空 LCD
LCD_Fill(0, 0, 40, 240, GREEN);   // 填充左侧区域为绿色
LCD_Fill(280, 0, 320, 240, GREEN);   // 填充右侧区域为绿色
}
```

其中，MX_X_CUBE_AI_Process()函数如下：

```
void MX_X_CUBE_AI_Process(void)
{
    /* USER CODE BEGIN 6 */
    int res = -1, i, j;   // 初始化处理状态变量 res 和循环计数器 i, j
    extern volatile unsigned char Buf[28*28];   // 输入数据缓存区，存储 28×28 像素的图像数据
    extern unsigned char *Result;   // 输出结果指针，存储分类结果

    (*ai_input).data = Buf;   // 将输入数据 Buf 赋给 ai_input 输入结构体的 data 成员，作为 TinyML 模型的输入数据
    printf("TEMPLATE - run - main loop\r\n");   // 输出调试信息，表示进入主循环

    // 如果 TinyML 模型存在，执行推理
    if (network) {

        //1 - 获取并预处理输入数据
        memcpy(data_ins[0], Buf, AI_NETWORK_IN_1_SIZE_BYTES);   // 复制 Bug 到 data_ins，用于预处理
        res = acquire_and_process_data(data_ins);   // 本实验预处理函数为空，返回 0

        //2 - 执行推理引擎处理，重复执行 5 次（可以根据需要调整次数）
        for(i = 0; i < 5; i++)
            res = ai_run();   // 调用推理引擎进行推理，ai_run()使用 ai_input 组为 TinyML 模型输入数据

        //   3 - 处理推理结果
        if (res == 0)
            res = post_process(data_outs);   // 对输出数据进行后处理，本实验后处理函数为空

    }
```

```
// 将 TinyML 模型处理后的输出结果存入 Result 指针
Result = (*ai_output).data;

// 如果 TinyML 模型处理过程中出现错误,输出错误信息
if (res) {
    ai_error err = {AI_ERROR_INVALID_STATE, AI_ERROR_CODE_NETWORK}; //  错误信息结构体
    ai_log_err(err, "Process has FAILED");   //  输出错误信息,说明处理失败
}

/* USER CODE END 6 */
```

3. 程序编译与烧录

参考前面实验的方法对程序进行编译,并使用 J-Link 连接实验系统完成下载。

运行后,在 LCD 上手写输入数字,按下 K1 按键,获得显示结果,如图 5-88 和图 5-89 所示。

图 5-88　在 LCD 上手写数字

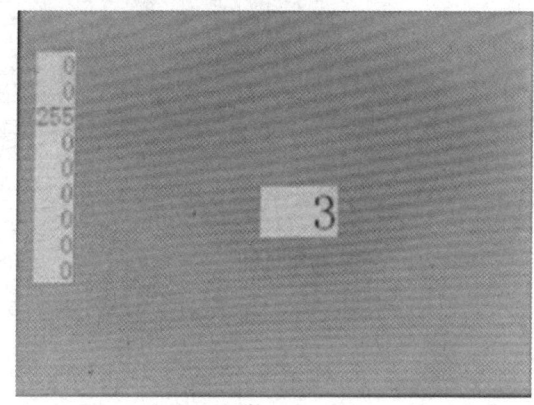

图 5-89　显示结果

图 5-89 中,左边的数字为识别的概率,0 表示可能性最小,255 表示可能性最高;中间的 3 为识别到的类别。

5.4.3　TinyML 的口罩识别实验

【实验目的】

(1) 掌握 TensorFlow 训练卷积神经网络的基本过程;

(2) 掌握 TinyML 部署模型的基本步骤。

【实验环境】

硬件平台:高级嵌入式 AI 综合实验系统的 STM32 核心板,PC。

【实验原理与内容】

在众多场景中,确保人们正确佩戴口罩对于公共卫生至关重要。然而,人工检查每位行人的口罩佩戴情况既耗费人力,又效率低下。为此,设计一种自动检测行人是否佩戴口罩的算法显得尤为重要。该问题可视为一个二分类任务:判断行人是否佩戴口罩。通过收集大量戴口罩和不戴口罩的人脸图像数据,提取其特征,并利用分类器进行分类。

在实现过程中,采用 TinyML 技术具有重要意义。在口罩检测场景中,使用 TinyML 可将模型部署在入口处的嵌入式设备上,实现实时检测,降低对网络连接的依赖,保护用户隐私,并减少对云端资源的需求。此外,TinyML 的低功耗特性使设备可长期运行,降低维护成本。

1．神经网络模型构建

在 Windows 的"开始"菜单中打开 Anaconda 软件，选择 Anaconda Prompt 选项，如图 5-72 所示，启动 Anaconda 的命令模式。

在 Anaconda 命令行界面输入 jupyter lab 命令，启动 JupyterLab 服务，此时计算机上的浏览器会自动打开并进入 JupyterLab 网页开发环境。在如图 5-74 所示的环境中打开网页编辑，创建一个后缀为.ipynb 的文件用于 Python 编辑（实验系统的资料中提供了.ipynb 后缀的文件，可直接打开编辑）。

① 数据集处理。本实验使用了一个人脸口罩训练的数据集，数据集包含戴口罩的和不戴口罩的彩色图像。其中，戴口罩和不戴口罩的图像约 6000 张，如图 5-90 所示。

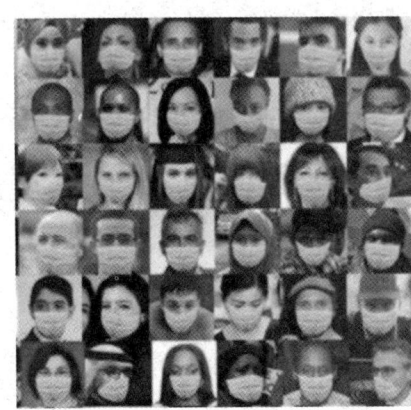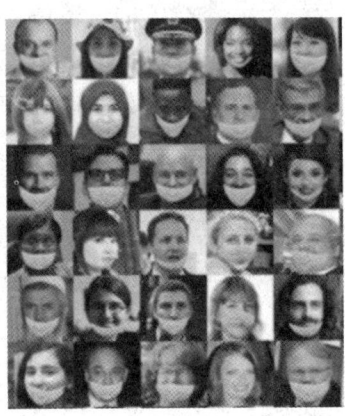

图 5-90　人脸口罩图像数据集（部分）

首先，读取存放戴口罩和不戴口罩图像的文件夹，这里列出这两个文件夹中的前 5 个文件名：

```
# 获取存放戴口罩图像的文件夹中的所有文件名，并存入列表
with_mask with_mask os.listdir('data/with_mask')
# 获取存放不戴口罩图像的文件夹中的所有文件名，并存入列表
without_mask without_mask = os.listdir('data/without_mask')
# 打印出 with_mask 列表中的前五个文件名，查看戴口罩的图像文件
print(with_mask[0:5])
# 打印出 without_mask 列表中的前五个文件名，查看不戴口罩的图像文件
print(without_mask[0:5])
```

为戴口罩和不戴口罩的图像创建标签。每个标签表示图像的类别：1 表示戴口罩，0 表示未戴口罩。这里的 3725 和 3828 分别是戴口罩和不戴口罩图像的数量：

```
# 为戴口罩图像创建标签列表，标签为 1，表示该图像是戴口罩的
with_mask_labels = [1] * 3725   # 假设戴口罩的图像有 3725 张，所有标签为 1

# 为不戴口罩图像创建标签列表，标签为 0，表示该图像是不戴口罩的
without_mask_labels = [0] * 3828   # 假设不戴口罩的图像有 3828 张，所有标签为 0
```

由于 STM32 核心板的资源有限，输入数据需要做一定的限制。因此，将输入图像的分辨率缩小到 64×64 像素，并且将 RGB 的 3 通道转换为灰度单通道。这里以数据训练集处理为例，具体如下：

```
# 定义包含戴口罩和不戴口罩图像的文件夹路径
with_mask_path = 'data/with_mask/'        # 存放戴口罩图像的文件夹路径
without_mask_path = 'data/without_mask/'   # 存放不戴口罩图像的文件夹路径
```

```
# 设置图像类型为灰度（'L'代表亮度模式）
Img_Type = 'L'

# 初始化一个空列表，用来存储戴口罩的图像数据
data = []

# 遍历戴口罩图像文件列表（假设 with_mask 是文件名的列表）
for i in with_mask:
    # 打开戴口罩图像文件
    image = Image.open(with_mask_path + i)

    # 将图像调整为 64×64 像素
    image = image.resize((64, 64))

    # 将图像转换为灰度图（'L'模式）
    image = image.convert(Img_Type)

    # 将图像转换为 NumPy 数组，并将其添加到数据列表中
    image = np.array(image)
    data.append(image)

# 遍历不戴口罩图像文件列表（假设 without_mask 是文件名的列表）
for i in without_mask:
    # 打开不戴口罩图像文件
    image = Image.open(without_mask_path + i)

    # 将图像调整为 64×64 像素
    image = image.resize((64, 64))

    # 将图像转换为灰度图（'L'模式）
    image = image.convert(Img_Type)

    # 将图像转换为 NumPy 数组（注意：这里没有将其添加到 data 列表中）
    image = np.array(image)
    data.append(image)
```
灰度化人脸戴口罩效果如图 5-91 所示。

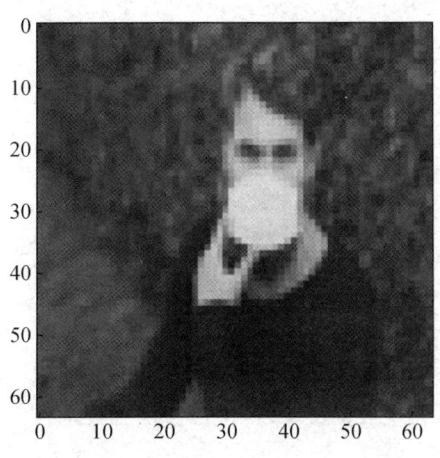

图 5-91　灰度化人脸戴口罩效果

将数据集和对应的标签分割为训练集和测试集。具体来说，80%的数据将用于训练模型，剩余的20%将用于测试模型的性能：

```python
# 导入 train_test_split 函数
from sklearn.model_selection import train_test_split

# 将数据集 X 和标签 Y 分割为训练集和测试集
# test_size=0.2 表示测试集占比为20%，训练集占比为80%
# random_state=2 设置随机种子，确保每次分割的结果一致，便于复现
X_train, X_test, Y_train, Y_test = train_test_split(
    X,  # 输入特征数据（如图像数据）
    Y,  # 标签数据（如是否戴口罩）
    test_size=0.2  # 20%的数据用于测试，80%的数据用于训练
    random_state=2
)

# 注释:
# X_train 和 Y_train 是训练集的输入特征数据和对应标签
# X_test 和 Y_test 是测试集的输入特征数据和对应标签
```

对图像数据进行归一化处理。通过将每个像素值除以255，可以将图像的像素值从0~255的范围缩放到0~1的范围：

```python
# 对训练集数据进行归一化，将像素值压缩到0~1之间
X_train_scaled = X_train / 255

# 对测试集数据进行归一化，将像素值压缩到0~1之间
X_test_scaled = X_test / 255

# 打印原始训练集中的第一张图像的像素值（归一化前）
print(X_train[0])

# 打印归一化后的第一张图像的像素值（归一化后）
print(X_train_scaled[0])
```

② 模型结构的设计。本实验设计的卷积神经网络模型的输入为64×64像素的灰度图像。首先，网络通过三个卷积层来提取图像的特征。第一个卷积层使用32个3×3的卷积核，并采用 ReLU 激活函数进行非线性转换。接下来，第二个卷积层使用64个3×3的卷积核，同样使 ReLU 激活函数，进一步提取图像的特征。第三个卷积层与第二个卷积层相似，依然使用64个3×3的卷积核和 ReLU 激活函数来学习更复杂的特征。每个卷积层后面都跟随一个2×2的最大池化层，池化操作将特征图的尺寸减小，减少计算量，并提取最重要的特征。经过卷积和池化处理后，图像的特征被展平并输入两个全连接层。第一个全连接层包含128个神经元，使用 ReLU 激活函数，并且后接一个 Dropout 层，丢弃率为0.5，以防止过拟合。第二个全连接层包含64个神经元，激活函数仍为 ReLU，并添加一个 Dropout 层，丢弃率为0.5。最后，输出层使用一个神经元并应用 Sigmoid 激活函数，用于输出两个类别的概率值。其中，戴口罩图像输出值接近1，不戴口罩图像输出值接近0。

```python
import tensorflow as tf
from tensorflow import keras

# 定义类别数量，假设是2个类别（例如，戴口罩，不戴口罩）
```

```
num_of_classes = 2

# 创建一个顺序模型
model = keras.Sequential()

# 第一卷积层: 32 个卷积核, 尺寸为 3×3, 激活函数为 ReLU, 输入数据形状为 64×64×1 (灰度图)
model.add(keras.layers.Conv2D(32, kernel_size=(3,3), activation='relu', input_shape=(64,64,1)))

# 第一池化层: 2×2 窗口的最大池化层
model.add(keras.layers.MaxPooling2D(pool_size=(2,2)))

# 第二卷积层: 64 个卷积核, 尺寸为 3×3, 激活函数为 ReLU
model.add(keras.layers.Conv2D(64, kernel_size=(3,3), activation='relu'))

# 第二池化层: 2×2 窗口的最大池化层
model.add(keras.layers.MaxPooling2D(pool_size=(2,2)))

# 第三卷积层: 64 个卷积核, 尺寸为 3×3, 激活函数为 ReLU
model.add(keras.layers.Conv2D(64, kernel_size=(3,3), activation='relu'))

# 第三池化层: 2×2 窗口的最大池化层
model.add(keras.layers.MaxPooling2D(pool_size=(2,2)))

# 展平层: 将卷积层的输出展平成一维数组, 以便输入全连接层
model.add(keras.layers.Flatten())

# 第一全连接层: 128 个神经元, 激活函数为 ReLU
model.add(keras.layers.Dense(128, activation='relu'))

# Dropout 层: 随机丢弃 50%的神经元, 防止过拟合
model.add(keras.layers.Dropout(0.5))

# 第二全连接层: 64 个神经元, 激活函数为 ReLU
model.add(keras.layers.Dense(64, activation='relu'))

# Dropout 层: 随机丢弃 50%的神经元, 防止过拟合
model.add(keras.layers.Dropout(0.5))

# 输出层: 根据类别数量来设置神经元的数量, 这里为 2 个类别, 激活函数使用 Sigmoid
# 注意: 对于二分类任务, 通常使用 Sigmoid 激活函数, 输出一个 0~1 之间的值, 表示某个类别的概率
model.add(keras.layers.Dense(num_of_classes, activation='sigmoid'))
```

③ 模型训练: 默认学习率为 0.001, 采用 Adam 优化方法:

```
model.compile(optimizer='adam',
              loss='sparse_categorical_crossentropy',
              metrics=['acc'])
# training the neural network
history = model.fit(X_train_scaled, Y_train, validation_split=0.1, epochs=20) # 10%作为验证数据
```

模型训练效果如图 5-92 所示。

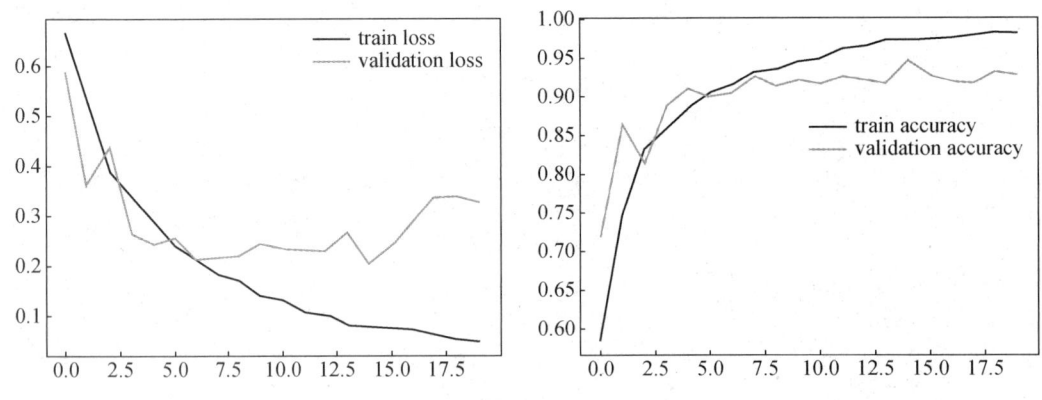

图 5-92　模型训练效果

④ 模型量化。要将模型在没有浮点运算能力的单片机或者 STM32 核心板上运行，需要对模型进行量化处理：

```
train_images = X_train_scaled
def representative_data_gen():
    for image in train_images[0:100,:,:]:
        yield[image.reshape(-1,train_images.shape[1],train_images.shape[2],1).astype("float32")]


converter = tf.lite.TFLiteConverter.from_keras_model(model)
converter.optimizations = [tf.lite.Optimize.DEFAULT]
converter.representative_dataset = representative_data_gen


#--------新增加的代码----------------------------------------------
# 确保量化操作不支持时抛出异常
converter.target_spec.supported_ops = [tf.lite.OpsSet.TFLITE_BUILTINS_INT8]
# 设置输入、输出为 uint8 格式
converter.inference_input_type = tf.uint8 #or unit8
converter.inference_output_type = tf.uint8 #or unit8
# ---------------------------------------------------------------------------


tflite_model_quant = converter.convert()
# 保存转换后的模型
FullInt_name = "FaceMaskDec_RGB2Gray_uint8.tflite"
open(FullInt_name, "wb").write(tflite_model_quant)


# 查看输入、输出类型
interpreter = tf.lite.Interpreter(model_content=tflite_model_quant)
input_type = interpreter.get_input_details()[0]['dtype']
print('input: ', input_type)
output_type = interpreter.get_output_details()[0]['dtype']
print('output: ', output_type)
```

2．TinyML 模型部署

本实验可在 5.3.3 节摄像头实验的基础上载入 TinyML 模型。主要通过摄像头获取图像，然后将图像载入 TinyML 模型中进行推理。

采用与 5.4.2 节一样的方法，添加 CubeMX.AI，加载 TinyML 模型文件。STM32CubeMX 生成代码后，在 Keil 项目中增加摄像头数据处理的代码，用于接收并处理来自图像传感器的数据，并将其存储到不同的图像缓冲区中。

```
void bmp_dcmi_rx_callback(void)
{
    uint16_t i;    // 定义循环变量 i，用于遍历数据
    uint16_t *p = NULL;    // 定义指针 p，用于指向图像缓冲区

    // 根据 Buf_Flag 的值选择目标图像缓冲区
    if(Buf_Flag == 1) {
        // 如果 Buf_Flag 为 1，指向 IMG_1 缓冲区，并加上 P_Off_Set 偏移量
        p = IMG_1 + P_Off_Set;
    } else {
        // 如果 Buf_Flag 不为 1，指向 IMG_2 缓冲区，并加上 P_Off_Set 偏移量
        p = IMG_2 + P_Off_Set;
    }

    // 遍历 RGB_Cache 缓冲区的数据，将其复制到目标图像缓冲区
    for(i = 0; i < 3200; i++) {
        *(p + i) = *(RGB_Cache + i);    // 将 RGB_Cache 中的每个像素值复制到目标图像缓冲区
    }

    // 更新 P_Off_Set 偏移量，每次接收 3200 像素
    P_Off_Set += 3200;

    // 判断是否达到每帧图像的大小（320×240 像素）
    if(P_Off_Set >= 320 * 240) {
        P_Off_Set = 0;    // 如果已处理完整一帧，重置 P_Off_Set 为 0

        // 切换图像缓冲区
        if(Buf_Flag == 1) {
            Buf_Flag = 2;    // 如果当前是 IMG_1，切换到 IMG_2
        } else {
            Buf_Flag = 1;    // 如果当前是 IMG_2，切换到 IMG_1
        }
    }
}
```

  在获得摄像头数据后，需要将图像进行灰度化处理，尺寸转换为 64×64 像素，输入模型进行推理并获得结果。其中，在图像预处理过程中，需将 RGB 彩色图像转换为灰度图像。标准灰度计算采用加权平均法：Gray=R×0.299+G×0.587+B×0.114，但该方法涉及浮点运算，不适合资源有限的 STM32 平台。为提高执行效率，STM32 平台中常采用整数近似算法。当前使用的转换公式为：Gray=(R×77+G×150+B×29+128)/256，其中各系数分别对应标准权重的缩放值，加 128 实现四舍五入，除以 256 恢复灰度范围。图像灰度化效果如图 5-93 所示。

图 5-93 图像灰度化效果

```c
while (1)
{
    /* USER CODE END WHILE */

    // 检查是否需要更新屏幕内容
    if(Renew)
    {
        // 如果需要更新，将 Renew 设置为 0，表示屏幕内容已更新
        Renew = 0;

        // 设置 LCD 显示光标位置为(0,0)
        LCD_SetCursor(0,0);

        // 准备 LCD 写入 RAM 数据
        LCD_WriteRAM_Prepare();

        // 根据 Buf_Flag 决定使用哪个图像缓冲区（IMG_1 或 IMG_2）
        if(Buf_Flag == 1)
            BUF = IMG_2;    // 如果 Buf_Flag 为 1，使用 IMG_2 缓冲区
        else
            BUF = IMG_1;    // 否则使用 IMG_1 缓冲区

        // 图像处理：转换图像颜色格式并存储到缓存 gm_cache
        for(i = 0; i < 64; i++)    // 遍历 64×64 像素区域
            for(j = 64; j > 0; j--)
            {
                // 读取缓冲区中的 RGB 数据（以 16 位存储的 RGB 数据）
                RGB_temp = (uint16_t)*(BUF + j * 3 + (i * 3) * 320 + 40);

                // 分离 RGB 分量
                gm_red = (RGB_temp & 0xF800) >> 8;      // 提取红色分量
                gm_green = (RGB_temp & 0x07E0) >> 3;    // 提取绿色分量
                gm_blue = (RGB_temp & 0x001F) << 3;     // 提取蓝色分量

                // 将 RGB 转换为灰度值并存储到 gm_cache 缓存中
                gm_cache[j + i * 64] = (uint8_t)((gm_red * 77 + gm_green * 150 + gm_blue * 29 + 128) / 256);
            }

        // 调用 AI 处理函数，进行图像分析处理
        MX_X_CUBE_AI_Process();

        // 更新 LCD 显示：遍历整个图像，处理特定区域并显示不同颜色
        for(i = 0; i < 240; i++)    // 遍历图像的每一行
            for(j = 320; j > 0; j--)    // 遍历每行的每一列
            {
                // 判断当前列是否在特定范围内（例如，40~280 列）
                if(j < 40 || j > 280)
                {
                    // 如果 AI 处理结果显示第一个类别的值较大，显示红色，否则显示绿色
                    if(result[0] >= result[1])
                        LCD_LCD_RAM = RED;        // 显示红色
                    else
                        LCD_LCD_RAM = GREEN;     // 显示绿色
                }
                else
```

```
                {
                    // 否则，显示原始图像数据
                    LCD_LCD_RAM = (unsigned int)*(BUF + j + i * 320);
                }
            }
        }

    /* USER CODE BEGIN 3 */
}
```

其中，MX_X_CUBE_AI_Process()函数如下：

```
void MX_X_CUBE_AI_Process(void)
{
    /* USER CODE BEGIN 6 */
    extern volatile uint8_t gm_cache[64*64];   // 外部声明的图像缓存，用于存储图像数据
    extern uint8_t *result;   // 外部声明的结果存储指针，用于存储推理结果

    int res = -1;   //初始化返回值为-1，表示未成功
    printf("TEMPLATE - run - main loop\r\n");   // 打印调试信息，表示进入了主循环

    // 如果 AI 存在，则开始处理
    if (network) {

        // 将图像数据（gm_cache）赋值给 ai_input 输入结构体，作为 TinyML 模型的输入数据
        (*ai_input).data = gm_cache;

        /* 1 - 获取并预处理输入数据*/
        // 调用函数获取并预处理输入数据，结果存储在 data_ins 中
        res = acquire_and_process_data(data_ins);   // 本实验的预处理为空函数，返回 0

        // 如果获取并预处理成功，继续进行推理
        if (res == 0)
            res = ai_run();   // 调用推理引擎进行推理，ai_run()使用 ai_input 作为 TinyML 模型的输入数据

        /* 2 - 后处理预测结果*/
        if (res == 0)
            res = post_process(data_outs);   // 对推理结果进行后处理，本实验后处理函数为空函数

        // 将 TinyML 模型处理后的结果存储到 result 中
        result = (*ai_output).data;
    }

    // 如果处理过程出错，则记录错误并输出日志
    if (res) {
        ai_error err = {AI_ERROR_INVALID_STATE, AI_ERROR_CODE_NETWORK};   // 错误类型为网络状
            态无效
        ai_log_err(err, "Process has FAILED");   // 输出错误信息
    }
    /* USER CODE END 6 */
}
```

3. 程序编译与烧录

参考前面实验的方法对程序进行编译，并使用 J-Link 连接实验系统完成下载。

运行后，如果当前画面检测到人脸没戴口罩，则屏幕的两侧会显示红色边框；如果当前画面检测到人脸戴口罩，则屏幕的两侧会显示绿色边框，如图 5-94 和图 5-95 所示。

图 5-94 彩图

图 5-94　没有戴口罩人脸效果

图 5-95 彩图

图 5-95　戴口罩人脸效果

第 6 章　具备 AI 算力的嵌入式系统开发

6.1　AI 与算力的介绍

人工智能（AI）的发展离不开算力的支撑。算力指计算设备处理数据的能力，是驱动 AI 算法运行的关键因素。近年来，随着深度学习模型规模的快速增长和数据量的持续增加，对算力的需求也呈现指数级增长。从传统的 CPU 到并行处理能力更强的 GPU，再到专门设计的 AI 加速芯片（如 TPU），硬件技术的进步为 AI 模型的高效训练和推理提供了重要保障。算力的提升不仅加速了 AI 模型的研发，还拓宽了 AI 的应用场景，如自动驾驶、语言生成和精准医疗等领域。因此，AI 的算法、算力和数据三大要素，相辅相成，如图 6-1 所示。

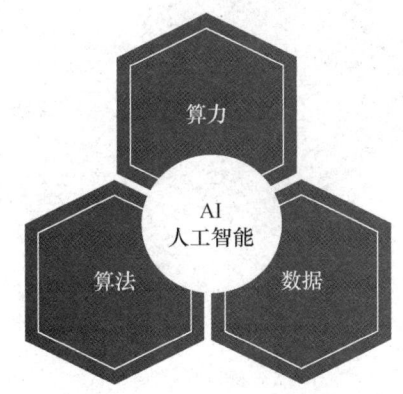

图 6-1　AI 的三大要素

具体而言，算法是 AI 的"智慧来源"，决定了 AI 如何从数据中学习以及如何解决问题。近年来，从传统的机器学习算法到以深度学习为代表的神经网络模型，AI 算法不断迭代升级。无论是图像识别中的卷积神经网络（CNN），还是自然语言处理中的 Transformer 架构，算法的创新推动了 AI 技术的持续突破，使其在多个领域展现出强大的能力。

算力是 AI 发展的"驱动力"，为算法的训练和推理提供了必要的计算能力。随着数据规模和算法复杂度的不断增加，对算力的需求也随之快速增长。从 CPU 到 GPU，再到专为 AI 设计的 TPU 等硬件设备的迭代升级，算力的提升大幅缩短了模型训练时间，并支持更大规模的模型运行。例如，训练一个复杂的自然语言模型可能需要数千块 GPU 同时运作，算力的进步成为 AI 突破瓶颈的重要支撑。

数据是 AI 的"燃料"，决定了算法的学习深度和模型的预测能力。高质量、丰富且多样化的数据是训练优秀 AI 模型的前提。例如，在自动驾驶领域，汽车需要通过大量真实道路场景数据的训练，来学习如何正确应对各种复杂的路况。同时，数据的规模和质量还直接影响 AI 的表现：数据越准确和丰富，AI 的预测能力就越强。

可以说，算法提供了解决问题的方法，算力是支撑算法运行的技术基础，而数据则是驱动 AI 学习的核心资源。

6.2　算力在嵌入式系统的发展

随着 AI 技术的普及，嵌入式系统的算力需求也大幅提升，从简单的数据处理逐步发展到支持实时图像处理、语音识别和复杂算法推理。算力的提升为嵌入式系统拓展更多智能化应用场景提供了可能。

在嵌入式系统的发展中，算力的突破主要依靠高效的硬件平台和优化的系统架构。传统嵌入式设备使用低功耗的微处理器，算力有限。虽然 TinyML 可以运行部分简单而小型的模型，但仅能处理简单的任务；在面对复杂的任务需求时，普通的嵌入式系统难以满足模型的运行需求。近年来，随着技术的进步，专为嵌入式 AI 设计的硬件平台逐步问世，其中 NVIDIA 的 Jetson 系列成为这一领域的代表性产品。Jetson 系列平台集成了高性能的 GPU 和 AI 加速器，能够在低功耗条件下实现强大的 AI 算力，为嵌入式设备赋能。Jetson 核心主板如图 6-2 所示。

图 6-2　Jetson 核心主板

Jetson 系列平台继承了服务器相同架构的 GPU，支持 CUDA 软件架构，可以无缝部署 PC 训练的模型，使得 Jetson 系列平台在多个行业中得到了广泛的应用。例如，在机器人领域，Jetson Xavier NX 被用于智能机器人导航和物体识别，使机器人能够实时分析周围环境并做出精准决策。在智慧零售领域，Jetson Nano 支持智能货架系统，利用计算机视觉分析顾客行为并优化商品摆放，从而提升零售效率。在工业检测场景中，Jetson AGX Orin 被广泛应用于工业自动化流水线，用于实时检测产品缺陷和优化生产流程。在自动驾驶技术中，大部分产品都使用了 Jetson 系列平台，为其车辆提供高性能的边缘计算能力。特斯拉早期的自动驾驶硬件（如 HW2.0 和 HW2.5）采用了 NVIDIA 的计算模块，实现了实时的视觉感知和路径规划。

6.3　初识 Jetson Nano 核心板

如图 6-3 所示，Jetson Nano 核心板具备 USB、HDMI 和以太网接口，并且将 GPIO 按照树莓派的标准进行排列为 40 个引脚，可运行图像处理、网络编程及外设电路驱动。如第 2 章介绍，Jetson Nano 核心板具备标准的 128 CUDA 核心，可直接运行 CUDA 框架下的模型推理（包括 PyTorch、TensorFlow 等），对深度学习架构具有较好的支持。本书主要围绕图像处理介绍高级嵌入式 AI 综合实验系统中 Jetson Nano 核心板的应用，包括 OpenCV、PyTorch 和 MediaPipe 等典型的实验。

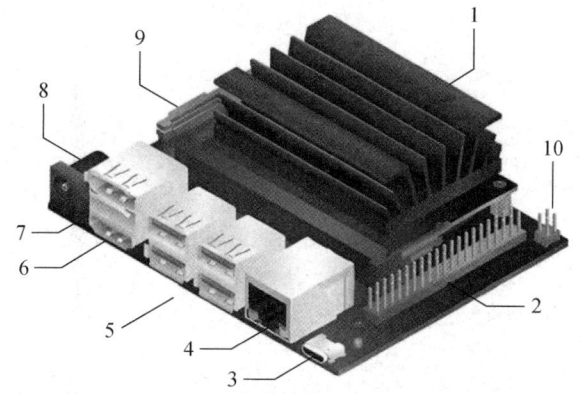

1—主存储器SD卡插槽；2—40针膨胀头；3—micro USB接口；
4—千兆以太网接口；5—USB3.0接口(X4)；6—HDMI输出接口；
7—显示接口连接器；8—DC电源接口；9—MIPI CSI摄像头接口；
10—Poe接口

图 6-3　Jetson Nano 核心板

6.4　OpenCV 实验

　　OpenCV（Open Source Computer Vision Library，开源计算机视觉库）是一个跨平台的计算机视觉和机器学习库，它提供了丰富的库函数，成为图像处理应用的标准框架。由于 Jetson Nano 核心板拥有高性能的 GPU，可以加速 OpenCV 中的图像处理和深度学习模型的推理，使得开发者能够在低功耗设备上实现高效的图像处理和 AI 应用。

6.4.1　OpenCV 调用 USB 摄像头

【实验目的】

（1）掌握在 JupyterLab 环境中使用 OpenCV；

（2）掌握 OpenCV 调用 USB 摄像头。

【实验环境】

硬件平台：高级嵌入式 AI 综合实验系统的 Jetson Nano 核心板，PC。

【实验原理与内容】

1．实验内容

　　① 使用 OpenCV 调用 USB 摄像头，在 JupyterLab 环境中创建交互式图像控件并显示摄像头捕获的实时图像。

　　② 参数设置：设置显示窗口的宽度和高度，以确保图像显示的合适尺寸。

　　③ 创建交互式图像控件：使用 JupyterLab 的控件库创建一个交互式图像控件，用于在 JupyterLab 环境中实时显示摄像头捕获的图像。

　　④ 获取摄像头图像：使用 OpenCV 的 cv2.VideoCapture()函数初始化摄像头，然后循环不断地读取摄像头的帧图像，将每一帧图像通过格式转换后赋值给交互式图像控件，实现实时显示。

2. 实验步骤

（1）加载包

```
# 加载 OpenCV 包
import cv2
# JupyterLab 交互式图像控件，窗口控件
import ipywidgets.widgets as widgets
# 格式转换包
from jetcam.utils import bgr8_to_jpeg
# 图像显示包
from IPython.display import display
```

（2）显示框参数设置

```
# 显示控件尺寸
disp_W = 640
disp_H = 480
```

（3）设置显示窗口

```
# 创建显示控件
Image_widget = widgets.Image(format='jpeg',width= disp_W, height= disp_H)
# 将显示加载到页面上进行显示，在这一步没有相关的数据输入，仅显示控件框
display(Image_widget)
```

（4）获取摄像头图像

```
# 获取摄像头设备对象
cam = cv2.VideoCapture(0)

# 循环读取摄像头图像
while True:
    # 读取 1 帧图像数据
    ret, frame = cam.read()
# 将图像数据从 RGB 格式转换为 JPG 格式，结果输入显示空间的数值变量中，此时显示控件显示图像数据
    Image_widget.value = bgr8_to_jpeg(frame)
```

运行后，摄像头实时捕获当前的摄像头图像，并将图像显示到 JupyterLab 中。

6.4.2 OpenCV 常用图像操作

【实验目的】

了解 OpenCV 中常用的图像操作方法，包括图像读取、显示、色彩转换、缩放、保存等基本操作。

【实验环境】

硬件平台：高级嵌入式 AI 综合实验系统的 Jetson Nano 核心板，PC。

【实验原理与内容】

1. 实验原理

在 Python 中，OpenCV 使用 NumPy 类型的数组来存储图像数据。可以使用 cv2.imread() 函数读取图像，并将其表示为一个 NumPy 类型的数组，通常为（height，width，channels），其中 height 和 width 是图像的尺寸，channels 是颜色通道数（例如，对于彩色图像，通道数为 3）。

2. 实验步骤

（1）加载包

```
import cv2          # 加载 OpenCV 包
import numpy as np  # 加载 Numpy 包
```

（2）设置显示窗口

```
# JupyterLab 交互式图像控件，窗口控件
import ipywidgets.widgets as widgets
# 格式转换
from jetcam.utils import bgr8_to_jpeg
# 图像显示
from IPython.display import display
# 绘图包
import matplotlib.pyplot as plt
```

（3）显示框参数设置

```
# 显示控件尺寸
Img_W = 640
Img_H = 480
# 创建显示控件
image_color = widgets.Image(format='jpeg', width= disp_W, height= disp_H)
image_gray = widgets.Image(format='jpeg', width= disp_W, height= disp_H)
display(image_color)
display(image_gray)
```

（4）读取图像并色彩转换

```
# 读取图像数据
# 读取彩色图像
input_color = cv2.imread('./Media File/Photo/image.jpg',cv2.IMREAD_COLOR)
# 将彩色图像读取为灰度图像
input_gray = cv2.imread('./Media File/Photo/image.jpg',cv2.IMREAD_GRAYSCALE)
# 输出图像尺寸
print('Height of Image:', int(input_color.shape[0]), 'pixels')
print('Width of Image: ', int(input_color.shape[1]), 'pixels')
```

Height of Image: 1080 pixels

Width of Image: 1080 pixels

（5）对图像进行缩放操作

```
# 图像缩放
input_color = cv2.resize(input_color,(Img_W,Img_H))
input_gray = cv2.resize(input_gray,(Img_W,Img_H))
# 输出图像尺寸
print('Height of Image:', int(input_color.shape[0]), 'pixels')
print('Width of Image: ', int(input_color.shape[1]), 'pixels')
```

Height of Image: 480 pixels

Width of Image: 640 pixels

（6）在 JupyterLab 控件写入图像数据进行显示

```
# 显示控件写入图像数据
image_color.value = bgr8_to_jpeg(input_color)
image_gray.value = bgr8_to_jpeg(input_gray)
```

（7）保存图像

```
# 保存修改后的图像
cv2.imwrite('./Media File/Photo/image_color.jpg', input_color)
```

运行后，可以看到两个图像显示控件，分别显示原始彩色图像和缩放后的灰度图像，如图 6-4 所示，并输出了图像高度和宽度信息。此外，修改后的彩色图像应保存在本地路径中。

图 6-4 彩图

图 6-4　灰度化处理效果

6.4.3　OpenCV 颜色识别实验

【实验目的】

（1）了解图像蒙版的基本使用方法；

（2）了解图像腐蚀与膨胀的基本操作；

（3）了解图像颜色比对的基本过程。

【实验环境】

硬件平台：高级嵌入式 AI 综合实验系统的 Jetson Nano 核心板，PC。

【实验原理与内容】

1．实验原理

本实验主要通过从摄像头实时获取图像，按照指定的颜色对图像进行对比，实现对颜色的识别，最终将识别到的颜色物体画出轮廓并输出，主要包括：

① 将图像从 RGB 颜色空间转换为 HSV 颜色空间，根据设定的颜色阈值，生成颜色遮罩，通过形态学（腐蚀和膨胀）操作进行噪声去除，找到颜色物体的轮廓；

② 通过 cv2.findContours()函数找到图像中的轮廓，选择最大的轮廓，根据轮廓画出边缘。

为什么需要将图像从 RGB 颜色空间转换为 HSV 颜色空间呢？

RGB 颜色空间中的每个通道（红、绿、蓝）表示的是颜色的强度，但它们对实际颜色的感知和描述并不直观。例如，在 RGB 颜色空间中，黄色可能是红色和绿色的高值，而蓝色通道值较低。要从 RGB 颜色空间中分辨出黄色区域，可能需要非常具体的颜色值范围。

在 HSV 颜色空间中，色相（H）表示的是颜色的类型，例如红色、绿色、蓝色、黄色等。色相的值在 0~360°之间，通常可以用一个简单的角度来表示颜色。比如，红色的色相通常在 0°附近，绿色大约在 120°左右，而蓝色则在 240°左右。因此，HSV 颜色空间的色相通道非常适合用来进行颜色分类和识别。

RGB 颜色空间与 HSV 颜色空间对比如图 6-5 所示。

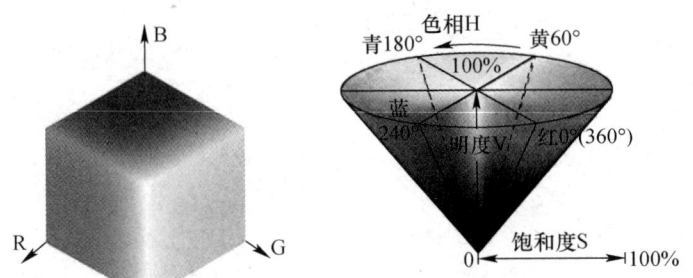

图 6-5 彩图

图 6-5　RGB 颜色空间与 HSV 颜色空间对比

腐蚀（Erosion）与膨胀（Dilation）是图像处理中常用的形态学操作，主要用于处理二值图像的结构变化。腐蚀操作通过结构元素的滑动，减少图像中前景（亮区）的大小，扩展背景（暗区），常用于去噪、分离连接的物体、去除小物体等。膨胀操作则相反，它使前景物体扩展，背景收缩，通常用于填补物体之间的空隙或连接物体的断裂部分。因此，腐蚀和膨胀在图像处理中可以去除面积较小的孤立区域，同时可以将面积较大的区域连接在一起。

2．实验步骤

（1）加载包

```
# 加载 Numpy 包和 OpenCV 包
import numpy as np
import cv2
# 线程函数操作包
import threading
import ctypes
import inspect
# 显示控件包
from jetcam.utils import bgr8_to_jpeg
import traitlets
import ipywidgets.widgets as widgets
from IPython.display import display
```

（2）定义线程退出函数

```
# 标准线程结束函数
def _async_raise(tid, exctype):
    #"""raises the exception, performs cleanup if needed"""
    tid = ctypes.c_long(tid)
    if not inspect.isclass(exctype):
        exctype = type(exctype)
    res = ctypes.pythonapi.PyThreadState_SetAsyncExc(tid, ctypes.py_object(exctype))
    if res == 0:
        raise ValueError("invalid thread id")
    elif res != 1:
        # """if it returns a number greater than one, you're in trouble,
        # and you should call it again with exc=NULL to revert the effect"""
        ctypes.pythonapi.PyThreadState_SetAsyncExc(tid, None)
        raise SystemError("PyThreadState_SetAsyncExc failed")

def stop_thread(thread):
    _async_raise(thread.ident, SystemExit)
```

（3）显示窗口创建

```
# 显示控件尺寸
disp_W=640
disp_H=480
# 两个显示图像
Frame = widgets.Image(format='jpeg', width=disp_W, height=disp_H)
Brame = widgets.Image(format='jpeg', width=disp_W, height=disp_H)
# 两个显示图像进行 3 排列
image_container = widgets.HBox([Frame,Brame])
```

（4）获取摄像头设备对象

```
camera = cv2.VideoCapture(0)
```

（5）定义检测颜色

```
# 定义检测 RGB 颜色参考，这里选择了浅绿色
B_Value = 30
G_Value = 110
R_Value = 40

# 根据 RGB 值生成指定颜色
color = np.uint8([[[B_Value, G_Value, R_Value]]])

# 将指定的颜色转换成 HSV 颜色
hsv_color = cv2.cvtColor(color, cv2.COLOR_BGR2HSV)
# 根据 HSV 颜色的特点，取色相 hue 作为识别的范围
hue = hsv_color[0][0][0]

# 颜色检测范围设定，取色相 hue 的-20~+20 范围作为匹配蒙版，用以制作颜色遮罩
colorLower = np.array([hue-20, 100, 100], dtype=np.uint8)
colorUpper = np.array([hue+20, 255, 255], dtype=np.uint8)
```

（6）颜色识别函数

```
def color_detect():
    while True:
        (grabbed, frame) = camera.read()   # 获取摄像头图像
        if not grabbed:   # 如果没有图像，视频结束
            break
        hsv = cv2.cvtColor(frame, cv2.COLOR_BGR2HSV)   # 转换为 HSV 颜色空间

        # 创建颜色蒙版，这里根据 colorLower 和 colorUpper 筛选颜色区域
        mask = cv2.inRange(hsv, colorLower, colorUpper)
        mask = cv2.erode(mask, None, iterations=2)    # 腐蚀（去噪）
        mask = cv2.dilate(mask, None, iterations=2)   # 膨胀（去噪）
        Brame.value = bgr8_to_jpeg(mask)              # 载入颜色遮罩匹配区域的图像
        # 找到轮廓
        cnts = cv2.findContours(mask.copy(), cv2.RETR_EXTERNAL, cv2.CHAIN_APPROX_SIMPLE)[-2]
        # 绘制轮廓
        for c in cnts:
            if cv2.contourArea(c) > 500:   # 设置最小面积过滤掉小的轮廓
                # 直接绘制轮廓，颜色为绿色，线条宽度为2
                cv2.drawContours(frame, [c], -1, (0, 255, 0), 2)   # 绿色轮廓
        Frame.value = bgr8_to_jpeg(frame)
    camera.release()
```

（7）开启线程并运行

```
# 显示窗口
display(image_container)
```

```
# 新线程运行
t = threading.Thread(target=color_detect)
t.setDaemon(True)
t.start()
```

（8）结束运行

```
# 结束线程
stop_thread(t)
```

运行后，通过摄像头实时获取图像，并在图像中识别检测出特定颜色区域，如图 6-6 所示。

图 6-6 彩图

图 6-6　颜色识别效果

6.4.4　Haar 特征人脸检测实验

【实验目的】

（1）了解 Haar 特征的基本定义和用途；

（2）了解 Haar 特征与分类器的基本用法。

【实验环境】

硬件平台：高级嵌入式 AI 综合实验系统的 Jetson Nano 核心板，PC。

【实验原理与内容】

1．Haar 特征

在深度学习出现之前，人脸检测中使用的 Haar 特征+级联分类器是一种常用的技术，它通过对比分析相邻图像区域的特征，判断给定图像或子图像是否与已知对象（如人脸）匹配。其中，Haar 特征是通过计算图像中不同区域的亮度差异来描述图像的局部特征。

具体而言，Haar 特征通常可以分为 4 种基本类型：边缘特征、线性特征、中心特征和对角线特征。这些特征通过白色和黑色矩形的组合来表示。进一步，特征值通过计算白色矩形区域的像素总和与黑色矩形区域像素总和的差值来获得。最后，这些特征模板被用来在图像中进行匹配，从而实现目标检测。

随着 Haar 特征的不断发展，Lienhart 等人对 Haar-like 矩形特征模板进行了扩展，如图 6-7 所示。扩展后的特征可大致分为 4 种类型：边缘特征、线性特征、圆心环绕特征和特定方向特征。这些新特征进一步提升了级联分类器在多种场景中的识别能力，尤其是在复杂背景或多角度的情况下。

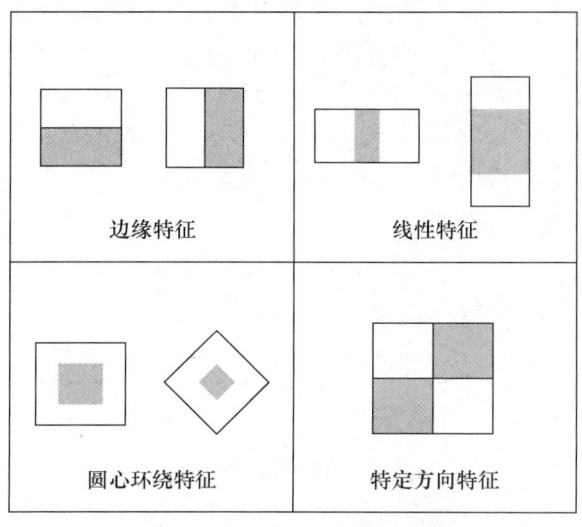

图 6-7　扩展的 Haar 特征模板

图 6-7 中的特征模板被称为"特征原型"。特征原型在图像子窗口中进行扩展（包括平移和缩放）后，得到的特征被称为"矩形特征"。这些矩形特征的数值则称为特征值。通过这种方式，矩形特征能够表示图像中不同区域的亮度差异。如图 6-8 所示，图 6-8（b）展示的矩形特征表示眼睛区域的颜色比脸颊区域的颜色深，图 6-8（c）则展示了鼻梁两侧的颜色比鼻梁区域的颜色深。通过这些特征，级联分类器能够识别出人脸的特定区域，如眼睛、鼻子和脸颊。

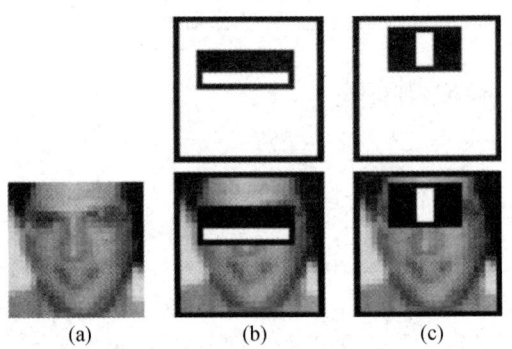

(a)　　　　　　(b)　　　　　　(c)

图 6-8　Haar 特征计算示意图

简而言之，Haar 特征的提取过程是通过不断调整特征模板的大小、位置和类型，计算模板中白色矩形区域像素的总和与黑色矩形区域像素总和的差值。这样，通过大量不同类型的模板，生成了许多子特征，这些子特征可以用于检测图像中的不同目标或特征，从而为人脸检测（特征提取）提供有效支持。

2. AdaBoost 分类器

AdaBoost（Adaptive Boosting，自适应增强）算法是 Boosting 系列算法中最有名的一种，其主要思想是通过组合多个"弱分类器"（即表现稍逊于随机猜测的模型）来构建一个"强分类器"（即表现显著优于随机猜测的模型）。

AdaBoost 算法主要有以下优点：分类精度高；灵活性强，在可以使用各种回归和分类模型来构建弱学习器；可解释性强；抗过拟合，AdaBoost 算法不容易发生过拟合，尤其是在使用决策树作为弱学习器时。

（1）级联分类器

级联分类器是一种结构化的分类模型，通常用于快速而准确地检测目标。级联分类器的结构类似于树状结构，其中每个节点（或阶段，Stage）代表一个分类器，如图 6-9 所示。

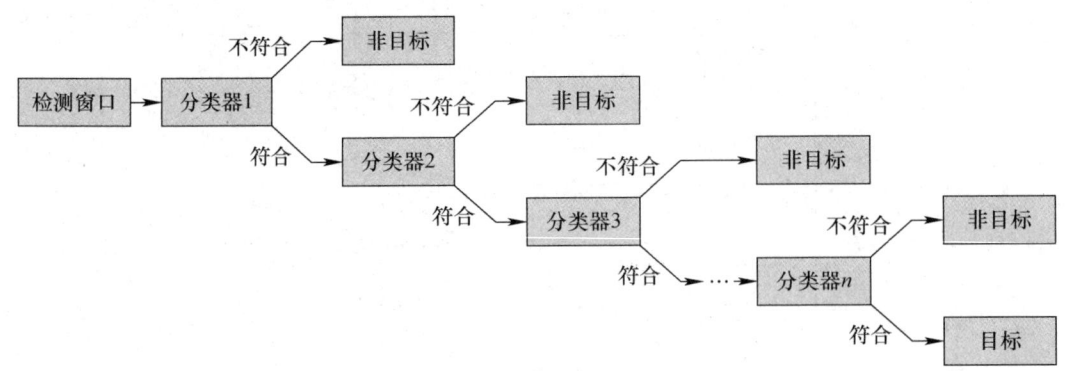

图 6-9　级联分类器示意图

当检测窗口通过所有阶段的分类器时，才被认为是正样本（目标）。这种结构的设计使级联分类器具有以下特点：

① 高效性：由于每个分类器对负样本（非目标）的判别准确度非常高，一旦检测到的目标被某个强分类器判定为负样本，就不会继续调用后续的分类器，从而显著减少了检测时间。在实际应用中，一幅图像中待检测的区域大部分都是负样本，因此级联分类器在初期就抛弃了大量负样本，加快了检测速度。

② 低误检率：只有通过所有阶段的正样本才会被最终输出，这保证了最后输出的正样本出现"伪正样"的可能性非常低。

（2）AdaBoost 级联分类器

AdaBoost 级联分类器便是一种将多个 AdaBoost 分类器按照级联的方式组合在一起的多阶段分类器，广泛应用于高效且准确的目标检测任务中。

人脸检测级联分类器示意图如图 6-10 所示。

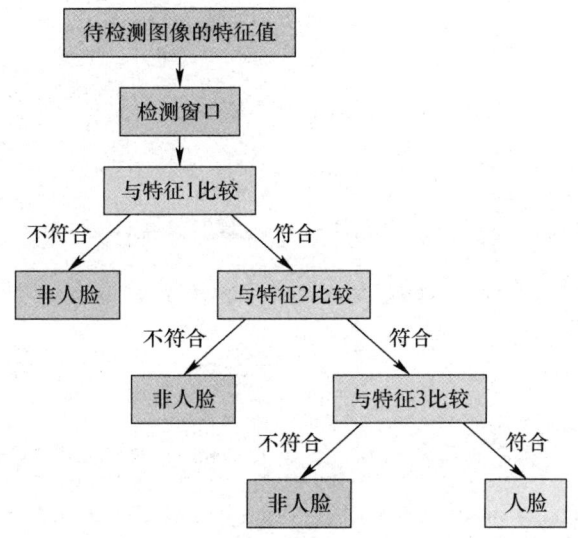

图 6-10　人脸检测级联分类器示意图

3. 实验步骤

（1）加载包

```
# 加载 Numpy 包和 OpenCV 包
import numpy as np
import cv2
# 线程函数操作库
import threading
import ctypes
import inspect
# 显示控件库
from jetcam.utils import bgr8_to_jpeg
import traitlets
import ipywidgets.widgets as widgets
from IPython.display import display
```

（2）定义线程退出函数

```
# 标准线程结束函数
def _async_raise(tid, exctype):
    #"""raises the exception, performs cleanup if needed"""
    tid = ctypes.c_long(tid)
    if not inspect.isclass(exctype):
        exctype = type(exctype)
```

```
    res = ctypes.pythonapi.PyThreadState_SetAsyncExc(tid, ctypes.py_object(exctype))
    if res == 0:
        raise ValueError("invalid thread id")
    elif res != 1:
        # """if it returns a number greater than one, you're in trouble,
        # and you should call it again with exc=NULL to revert the effect"""
        ctypes.pythonapi.PyThreadState_SetAsyncExc(tid, None)
        raise SystemError("PyThreadState_SetAsyncExc failed")

def stop_thread(thread):
    _async_raise(thread.ident, SystemExit)
```

（3）Haar 人脸检测模型和分类器载入

```
# 加载 Haar 人脸检测模型和分类器
face_cascade = cv2.CascadeClassifier('./Media/File/Haarcascades/haarcascade_frontalface_alt2.xml')

# 以下是基于 Haar 其他特征和分类器
# 1、笑脸特征
smile_cascade = cv2.CascadeClassifier('./Media/File/Haarcascades/haarcascade_smile.xml')
# 2、眼部特征
eye_cascade = cv2.CascadeClassifier('./Media File/Haarcascades/haarcascade_eye.xml')
# 3、右眼特征
R_eye_cascade = cv2.CascadeClassifier('./Media/File/Haarcascades/haarcascade_lefteye_2splits.xml')
# 左眼特征
L_eye_cascade = cv2.CascadeClassifier('./Media/File/Haarcascades/haarcascade_righteye_2splits.xml')
```

（4）对图像进行人脸识别

```
# 加载图像
Color_Img = cv2.imread('./Media File/Photo/Face_test.jpg',cv2.IMREAD_COLOR)

# 创建窗口，根据上面图像大小设置窗口大小。Color_Img.shape[1]是图像宽度，Color_Img.shape[0]是图像高度
In_image = widgets.Image(format='jpeg', width=Color_Img.shape[1], height=Color_Img.shape[0])
Out_image = widgets.Image(format='jpeg', width=Color_Img.shape[1], height=Color_Img.shape[0])
# 设置输入和输出图像在控件显示的位置
image_container = widgets.HBox([In_image,Out_image])

# 加载输入图像进行显示
In_image.value = bgr8_to_jpeg(Color_Img)

# 人脸识别
# 1、彩色图像转为灰度图像
Gray_Img = cv2.cvtColor(Color_Img, cv2.COLOR_BGR2GRAY)

# 2、采用 faces 对象存储识别的人脸坐标，按照 Haar 特征提取方法，将图像按照原图像尺寸的 1/1.1 多次缩小
进行检测，并对每个检测到的特征进行比对，如果同时有 3 个特征被检测到，则认为目标存在
faces = face_cascade.detectMultiScale(Gray_Img, 1.1, 3 ,0)
# 采用 faces 对象存储识别的人脸坐标，遍历检测到的人脸信息，在输入上画出识别到的人脸框
for (x,y,w,h) in faces:
    cv2.rectangle(Color_Img,(x,y),(x+w,y+h),(0,0,255),2)

# 将识别图像作为输出显示值
Out_image.value = bgr8_to_jpeg(Color_Img)

# 显示图像
display(image_container)
# 打印识别到的人数
print("total number of people :"+str(len(faces)))
```

Haar 特征人脸检测输出效果图如图 6-11 所示。

图 6-11　Haar 特征人脸检测输出效果图

（5）对视频进行人脸识别

① 显示窗口：

```
disp_W=640
disp_H=480
Image_widget = widgets.Image(format='jpeg', width=disp_W, height=disp_H)
```

② 获取摄像头设备对象：

```
cap= cv2.VideoCapture(0)
```

③ 封装人脸检测函数：

```
def face_detect():
  # 循环处理摄像头获得的图像
while True:
# 获取摄像头图像
    ret, fame = cap.read()
# 人脸检测
# 1、按照 Haar 特征的要求，将彩色图像转为灰度图像
    gray = cv2.cvtColor(fame, cv2.COLOR_BGR2GRAY)
# 2、采用 faces 对象存储识别的人脸坐标，按照 Haar 特征提取方法，将图像按照原图像尺寸的 1/1.3 多次缩小
进行检测，并对每个检测到的特征进行比对，如果同时有 5 个特征被检测到，则认为目标存在
    faces = face_cascade.detectMultiScale(gray, 1.3, 5)
    #遍历检测到的人脸信息，在原始图像上画出检测到的人脸框
    for (x,y,w,h) in faces:
      cv2.rectangle(fame,(x,y),(x+w,y+h),(255,0,0),2)
    #将识别图像作为输出显示值
    Image_widget.value = bgr8_to_jpeg(fame)
cap.release()
```

④ 开启线程并运行：

```
# 显示图像
display(Image_widget)
# 开始线程
t = threading.Thread(target=face_detect)
t.setDaemon(True)
t.start()
```

⑤ 结束运行：

```
# 结束线程
stop_thread(t)
```

运行后，可以在 JupyterLab 环境中看到摄像头的实时画面，并标出检测到的人脸位置。

6.4.5　深度神经网络的人脸检测实验

【实验目的】

（1）了解深度神经网络进行人脸检测的基本过程；

（2）对比 Haar 特征方法与深度神经网络方法的区别。

【实验环境】

硬件平台：高级嵌入式 AI 综合实验系统的 Jetson Nano 核心板，PC。

【实验原理与内容】

1. 深度神经网络（DNN）简介

随着算力的不断提高，尤其是 GPU 与 CUDA 的发展，大规模数据的可获得性提高以及优化算法的改进，基于神经网络的深度学习迅速发展并在计算机视觉、自然语言处理等领域取得突破性进展。一般而言，神经网络分为输入层、隐藏层和输出层 3 部分，其中隐藏层超过 1 个的模型被称为深度学习模型，如图 6-12 所示。

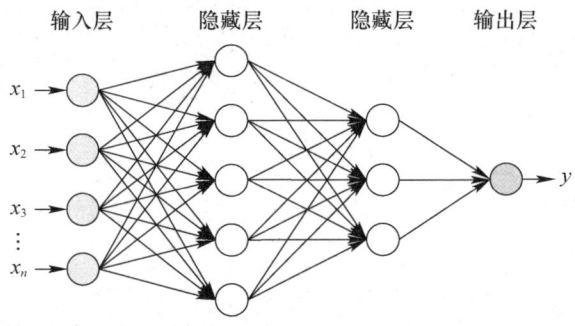

图 6-12　深度学习模型

OpenCV 支持深度学习模型的人脸检测，其结构与图 6-13 类似（特别说明：图 6-13 仅使用全连接结构说明 OpenCV 使用 DNN，但实际并不是如图所示，可能使用卷积、注意力机制等结构）。

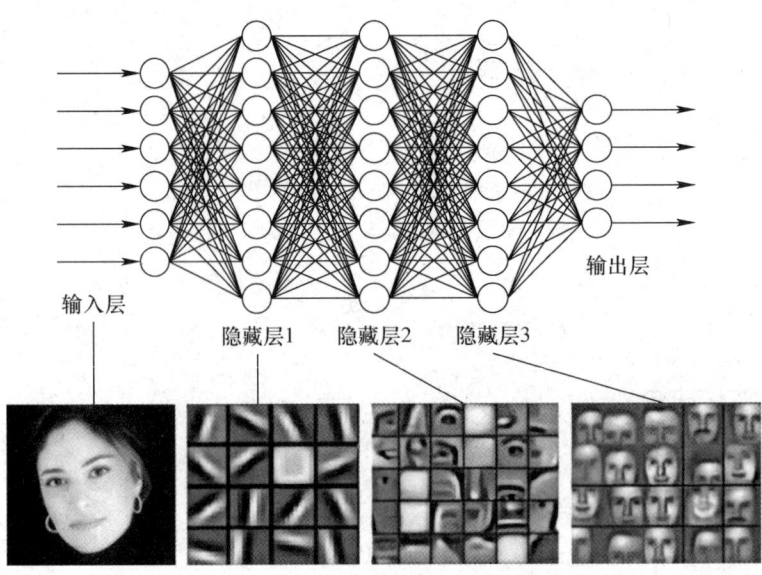

图 6-13　人脸检测的深度学习模型结构

在实际应用中，采用全连接结构的深度神经网络并不适合直接处理图像数据。这是因为全连接结构会导致参数量过大，计算效率低下，且容易过拟合。相比之下，卷积神经网络（Convolutional Neural Network，CNN）凭借其局部连接、权值共享等特性，不仅大大减少了参数量，而且能更好地利用图像的局部相关性和平移不变性，因此，在图像处理中，CNN 结构成为首选的模型设计方案，如图 6-14 所示。

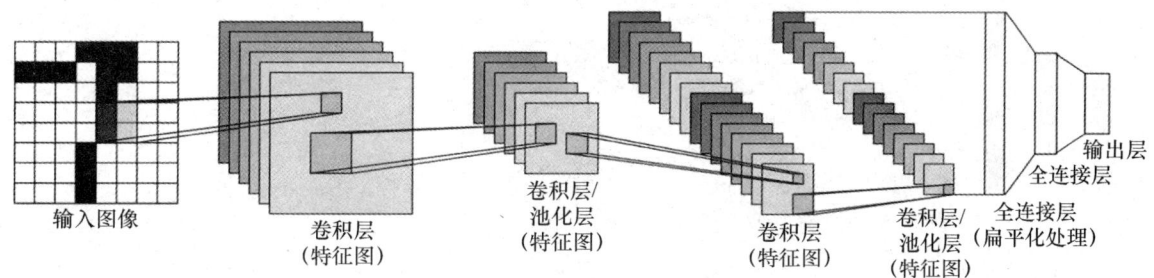

图 6-14 典型的 CNN 结构示意图

在 OpenCV 中，已经有训练的 DNN 人脸检测模型，本实验展示如何使用 DNN 模型检测人脸，并与 Haar 特征方法进行对比。

2．实验步骤

（1）加载包

```python
# 加载 Numpy 包和 OpenCV 包
import numpy as np
import cv2
# 线程函数操作包
import threading
import ctypes
import inspect
# 显示控件包
from jetcam.utils import bgr8_to_jpeg
import traitlets
import ipywidgets.widgets as widgets
from IPython.display import display
```

（2）定义线程退出函数

```python
# 标准线程结束函数
def _async_raise(tid, exctype):
    #"""raises the exception, performs cleanup if needed"""
    tid = ctypes.c_long(tid)
    if not inspect.isclass(exctype):
        exctype = type(exctype)
    res = ctypes.pythonapi.PyThreadState_SetAsyncExc(tid, ctypes.py_object(exctype))
    if res == 0:
        raise ValueError("invalid thread id")
    elif res != 1:
        # """if it returns a number greater than one, you're in trouble,
        # and you should call it again with exc=NULL to revert the effect"""
        ctypes.pythonapi.PyThreadState_SetAsyncExc(tid, None)
        raise SystemError("PyThreadState_SetAsyncExc failed")


def stop_thread(thread):
    _async_raise(thread.ident, SystemExit)
```

（3）DNN 模型加载

```python
# 采用 TensorFlow 方式加载 DNN 模型
model_bin = "./Media File/model/opencv_face_detector_uint8.pb";
config_text = "./Media File/model/opencv_face_detector.pbtxt";
net = cv2.dnn.readNetFromTensorflow(model_bin, config_text)

# 设置 CUDA 加速运行（原生的 Jetson 系统，OpenCV 不支持 CUDA，本实验采用 Jetson 重新交叉编译，支持
CUDA）
net.setPreferableBackend(cv2.dnn.DNN_BACKEND_CUDA)
net.setPreferableTarget(cv2.dnn.DNN_TARGET_CUDA)

# 设置 CPU 架构运行
# net.setPreferableBackend(cv2.dnn.DNN_BACKEND_OPENCV)
# net.setPreferableTarget(cv2.dnn.DNN_TARGET_CPU)
```

（4）显示窗口创建

```python
disp_W=640
disp_H=480
Image_widget = widgets.Image(format='jpeg', width=disp_W, height=disp_H)
```

（5）获取摄像头设备对象

```python
cap= cv2.VideoCapture(0)
```

（6）封装人脸检测函数

```python
def face_detect():
while True:
    # 获取摄像头图像
    ret, image = cap.read()
    # 获取图像高和宽
    h, w = image.shape[:2]
    # 数据格式转换，将 OpenCV 的 RGB 数据转换为符合神经网络输入的 blob 格式数据，1.0 表示对图像保
持原尺寸大小，输出图像尺寸调整为(300,300)，对 B、G、R 三个颜色通道采用减去平均值(104.0, 177.0, 123.0)
进行处理。由于 OpenCV 的 DNN 模型按照 B、G、R 的顺序进行处理，不需要交换 B 和 R 的顺序，同时，不
需要对图像进行 crop 处理，因此，最后的参数均为 False
    blobImage = cv2.dnn.blobFromImage(image, 1.0, (300, 300), (104.0, 177.0, 123.0), False, False)
    # 将图像加载到 DNN 中
    net.setInput(blobImage)
    # 模型推理，获得人脸位置数据
    cvOut = net.forward()

    # 输出结果
    for detection in cvOut[0,0,:,:]:
        # 获得人脸的概率
        score = float(detection[2])
        objIndex = int(detection[1])#检测到类别
        # 如果评分大于 0.5，认为是人脸
        if score > 0.5:
            # 将归一化的人脸位置矩形框位置数据输出结果放大到图像实际的尺寸
            left = detection[3]*w
            top = detection[4]*h
            right = detection[5]*w
            bottom = detection[6]*h
            # 画出人脸位置矩形
            cv2.rectangle(image, (int(left), int(top)), (int(right), int(bottom)), (255, 0, 0), thickness=2)
```

```
        cv2.putText(image, "score:%.2f"%score, (int(left), int(top)+30), cv2.FONT_HERSHEY_SIMPLEX, 1.5, (0,
0, 255), 1)
             # 将识别图像作为输出显示值
    Image_widget.value = bgr8_to_jpeg(image)
cap.release()
```
（7）开启线程并运行
```
# 显示图像
display(Image_widget)
# 开始线程
t = threading.Thread(target=face_detect)
t.setDaemon(True)
t.start()

Image(value=b'', format='jpeg', height='480', width='640')
```
（8）结束运行
```
# 结束线程
stop_thread(t)
```

实验结果：基于 DNN 模型的人脸检测效果与 Haar 特征方法的效果类似，但相比于 Haar 特征方法，基于 DNN 模型的人脸检测的处理速度更快，准确度更高，识别结果更加稳定。尤其是人脸中出现眼镜、口罩等局部遮挡时，也能获得人脸的高精度检测结果；而 Haar 特征方法则会出现人脸漏检问题。如果切换到 CPU 模式，处理速度难以保证实时效果。可见，GPU 对深度学习处理算力至关重要。

6.4.6　深度学习基础实验——PyTorch 基础

【实验目的】
（1）熟悉 PyTorch 的基本概念和核心思想。
（2）熟悉 PyTorch 基本函数的使用方法。

【实验环境】
硬件平台：高级嵌入式 AI 综合实验系统的 Jetson Nano 核心板、PC。

【实验原理与内容】

1. PyTorch 简介

PyTorch 是 Facebook 开源的深度学习框架，是 Torch 的 Python 实现版本。作为一个现代化的深度学习工具，PyTorch 专门针对 GPU 加速的深度神经网络（DNN）设计，在保持灵活性的同时提供了卓越的性能。PyTorch 最显著的特征是其动态计算图框架。与 TensorFlow 等采用静态计算图的框架不同，PyTorch 允许在运行时动态构建和修改计算图，这为研究人员提供了更大的灵活性和直观的调试体验。

PyTorch 的开发基于两个核心目标：
① 作为 NumPy 的现代替代方案，通过 GPU 加速实现神经网络的高效计算；
② 通过自动微分机制，简化神经网络的实现过程，降低深度学习应用的开发门槛。

2. 张量

在 PyTorch 中，张量（Tensor）是最基础的数据结构，类似于数组和矩阵，但它具有更强大的功能。它不仅用于表示神经网络的输入量、输出量和参数，还支持在 GPU 等专用硬件上进行加速计算。虽然 PyTorch 的张量操作与 NumPy 的 ndarray 非常相似，但其硬件加速能力使其在深度学习应用中具有显著优势。

首先，加载 torch 包：

```
import torch
```

判断设备是否有 GPU 支持：

```
torch.cuda.is_available()
```

Jetson Nano 运行结果如下：

```
True
# 创建一个 5×3 的矩阵，该矩阵默认值为 0
x = torch.empty(5, 3)
print(x)
print(x.dtype)
```

运行结果如下：

```
tensor([[0.0000e+00, 0.0000e+00, 0.0000e+00],
        [0.0000e+00, 6.4933e-35, 0.0000e+00],
        [1.9521e-35, 0.0000e+00, 5.1385e-37],
        [1.7796e-43, 1.4013e-45, 0.0000e+00],
        [2.1019e-44, 0.0000e+00, 0.0000e+00]])

torch.float32
```

可以看到，默认的数值类型为 32 位的 float 型。

```
# 创建一个随机初始化的 5×3 矩阵
rand_x = torch.rand(5, 3)#范围为[0,1]
print(rand_x)
print(rand_x.dtype)
#范围符合均值为 1，方差为 1
randn_x = torch.randn(5, 3)
print(randn_x)
print(randn_x.dtype)
#最小值为 1，最大值为 10。注意范围是[1,10)，不包含右边界 10
randn_x1 = torch.randint(1,10,[5,3])
print(randn_x1)
print(randn_x1.dtype)
```

运行结果如下：

```
tensor([[0.4407, 0.6674, 0.1033],
        [0.1279, 0.8826, 0.9661],
        [0.2140, 0.6658, 0.9540],
        [0.1645, 0.0932, 0.5794],
        [0.1393, 0.2072, 0.1863]])

torch.float32
tensor([[ 0.6231,  0.6485,  0.1788],
        [-0.7286,  0.8509,  0.2986],
        [ 0.6045,  0.3124, -0.6807],
        [ 0.9737,  0.5366,  0.2834],
        [ 0.1050,  1.7097,  1.8179]])

torch.float32
tensor([[2, 2, 8],
        [3, 4, 7],
```

        [9, 3, 6],

        [2, 5, 3],

        [5, 6, 5]])
torch.int64

可以看到，int 默认为 64 位的整型。

```
# 创建一个数值为 0，类型为 long 的矩阵
zero_x = torch.zeros(5, 3, dtype=torch.long)
print(zero_x)
print(zero_x.dtype)
```

运行结果如下：

tensor([[0, 0, 0],

        [0, 0, 0],

        [0, 0, 0],

        [0, 0, 0],

        [0, 0, 0]])
torch.int64

```
# 用数字 6 填充一个 2×3 的矩阵
full_x = torch.full([2,3],6)
print(full_x)
print(full_x.dtype)
```

运行结果如下：

tensor([[6, 6, 6],

        [6, 6, 6]])
torch.int64

```
# 生成一个 3×3 的对角矩阵
eye_x = torch.eye(3,3)
print(eye_x)
print(eye_x.dtype)
```

运行结果如下：

tensor([[1., 0., 0.],

        [0., 1., 0.],

        [0., 0., 1.]])
torch.float32

```
# 生成一个 3×3 的单位矩阵
ones_x = torch.ones(3,3)
print(ones_x)
print(ones_x.dtype)
```

运行结果如下：

tensor([[1., 1., 1.],

        [1., 1., 1.],

        [1., 1., 1.]])
torch.float32

```
# 生成一个 3×3 的 0 值矩阵
zeros_x = torch.zeros(3,3)
print(zeros_x)
```

```
print(zeros_x.dtype)
```

运行结果如下：

```
tensor([[0., 0., 0.],
        [0., 0., 0.],
        [0., 0., 0.]])
torch.float32
```

```
# torch.tensor()：直接传递 tensor 数值来创建
tensor1 = torch.tensor([5.5, 3])
print(tensor1)
print(tensor1.dtype)
```

运行结果如下：

```
tensor([5.5000, 3.0000])
```

torch.float32

PyTorch 还提供了一种灵活的方式，即基于已有的张量创建新的张量变量。这种方法不仅可以保留原始张量的关键属性（如尺寸和数据类型），还支持对这些继承的属性进行自定义修改。例如：

```
# 显式地定义新矩阵尺寸为 5×3，数值类型是 torch.double
# new_方法需要输入 tensor 大小
tensor2 = tensor1.new_ones(5, 3, dtype=torch.double)
tensor2
```

运行结果如下：

```
tensor([[1., 1., 1.],
        [1., 1., 1.],
        [1., 1., 1.],
        [1., 1., 1.],
        [1., 1., 1.]], dtype=torch.float64)
```

```
# torch.randn_like(old_tensor)：保留相同的尺寸
# 修改数值类型
tensor3 = torch.randn_like(tensor2, dtype=torch.float)
tensor3
```

运行结果如下：

```
tensor([[ 1.6376, -0.8499, -1.6716],
        [ 1.2948,  1.2202, -0.1299],
        [ 0.4162,  0.1375, -0.5258],
        [ 0.2824,  0.4759, -1.2961],
        [ 1.0418, -0.1966, -1.2565]])
```

```
# 张量尺寸的获取可以采用 tensor.size()函数：
tensor3.size()
```

运行结果如下：

torch.Size([5, 3])

PyTorch 提供了丰富的张量操作，这里主要以加法运算为例进行介绍。如需了解更多高级操作，如张量的转置、索引、切片、数学计算、随机数生成等，可参考 PyTorch 官方文档。

```
# + 运算符
# torch.add(tensor1, tensor2, [out=tensor3])
# tensor1.add_(tensor2)：直接修改 tensor 变量
```

```
tensor4 = torch.rand(5, 3)
print('tensor3 + tensor4= ', tensor3 + tensor4)
print('tensor3 + tensor4= ', torch.add(tensor3, tensor4))
```

运行结果如下：

```
tensor3 + tensor4=    tensor([[ 2.1329, -0.1292, -0.7830],
        [ 1.4707,   2.1874, -0.0769],
        [ 1.0206,   0.5403,   0.0187],
        [ 0.3337,   0.7067, -0.3717],
        [ 1.4210,   0.1523, -0.7781]])
# 新声明一个张量变量保存加法操作的结果
result = torch.empty(5, 3)
torch.add(tensor3, tensor4, out=result)
print('add result= ', result)
```

运行结果如下：

```
add result=tensor([[ 2.1329, -0.1292, -0.7830],
        [ 1.4707,   2.1874, -0.0769],
        [ 1.0206,   0.5403,   0.0187],
        [ 0.3337,   0.7067, -0.3717],
        [ 1.4210,   0.1523, -0.7781]])
# 直接运算，并修改原张量
tensor3.add_(tensor4)
print('tensor3= ', tensor3)
```

运行结果如下：

```
tensor3= tensor([[ 2.1329, -0.1292, -0.7830],
        [ 1.4707,   2.1874, -0.0769],
        [ 1.0206,   0.5403,   0.0187],
        [ 0.3337,   0.7067, -0.3717],
        [ 1.4210,   0.1523, -0.7781]])
```

注意：可以改变张量变量的操作都带有一个后缀_，例如 x.copy_(y), x.t_()都可以改变 x 张量。

```
# 访问 tensor3 第一列数据
print(tensor3[:, 0])
```

运行结果如下：

```
tensor([2.1329, 1.4707, 1.0206, 0.3337, 1.4210])
# 张量的尺寸修改
x = torch.randn(4, 4)
y = x.view(16)
#-1 表示除给定维度外的其余维度的乘积
z = x.view(-1, 8)
print(x.size(), y.size(), z.size())
```

运行结果如下：

```
torch.Size([4, 4]) torch.Size([16]) torch.Size([2, 8])
# 张量仅有一个元素，可以采用.item()转换为 Python 标准的数值
x = torch.randn(1)
print(x)
print(x.item())
```

运行结果如下：

tensor([0.5384])

0.5384492874145508

Tensor 和 Numpy 数组可以相互转换，两者转换后共享在 CPU 下的内存空间，即改变其中一个的数值，另一个变量也会随之改变。

```
# 实现张量转换为 Numpy 数组
a = torch.ones(5)
print(a)
b = a.numpy()
print(b)
```

运行结果如下：

tensor([1., 1., 1., 1., 1.])

[1. 1. 1. 1. 1.]

```
# 两者是共享同一个内存空间的，如下所示，修改张量变量 a，从 a 转换得到的 Numpy 数组变量 b 发生变化
a.add_(1)
print(a)
print(b)
```

运行结果如下：

tensor([2., 2., 2., 2., 2.])

[2. 2. 2. 2. 2.]

```
# 实现 Numpy 数组转换为张量
import numpy as np
a = np.ones(5)
b = torch.from_numpy(a)
np.add(a, 1, out=a)
print(a)
print(b)
```

运行结果如下：

[2. 2. 2. 2. 2.]

tensor([2., 2., 2., 2., 2.], dtype=torch.float64)

张量具有广播机制。两个张量"可广播"规则：

● 参与运算的每个张量至少具有一个维度；

● 当迭代维度有区别时，从最后一个维度（尾维度）开始逐一比较，必须满足以下条件之一：维度大小相等；其中一个维度为 1；其中一个维度不存在。

```
# 创建两个维度不相同的张量
x=torch.empty((0,))
y=torch.empty(2,2)
#x，y 不可广播，因为 x 没有任何维度

x=torch.empty(5,7,3)
y=torch.empty(5,7,3)
# 相同的形状总是可广播的

x=torch.empty(5,3,4,1)
y=torch.empty(  3,1,1)
# 第一个尾维度:大小都为 1
# 第二个尾维度:y 的大小为 1
```

```
# 第三个尾维度:x 的大小 == y 的大小
# 第四个尾维度:y 的不存在
# 满足可广播规则，因此 x 和 y 是可广播的。

x=torch.empty(5,2,4,1)
y=torch.empty(  3,1,1)
#x 和 y 是不可广播的，因为在第三个尾维度中，2≠3
```

如果两个张量可以广播，则得到的张量大小计算如下：

● 如果 x 和 y 的维度不相等，在维度较少的张量的维度前加 1，使它们的维度相等；

● 对于每个维度大小，生成的维度大小是该维度上 x 和 y 大小的最大值。

```
# 创建一个 2×3 矩阵和一个长度为 3 的张量
matrix = torch.tensor([[1, 2, 3],
              [4, 5, 6]])   # shape: (2, 3)
vector = torch.tensor([10, 20, 30])   # shape: (3,)

result = matrix + vector
print(result)
```

运行结果如下：

```
tensor([[11, 22, 33],
        [14, 25, 36]])
```

vector 被广播到与 matrix 相同的形状(2,3)，相当于每一行都加上 vector。

```
# 创建一个 2×3×4 的张量和一个 3×1 的矩阵
tensor_3d = torch.tensor([[[1, 2, 3, 4],
              [5, 6, 7, 8],
              [9, 10, 11, 12]],

             [[13, 14, 15, 16],
              [17, 18, 19, 20],
              [21, 22, 23, 24]]])   # shape: (2, 3, 4)

matrix_2d = torch.tensor([[2],
              [3],
              [4]])    # shape: (3, 1)

result = tensor_3d * matrix_2d.unsqueeze(0)
print(result.shape)    # torch.Size([2, 3, 4])
print(result[0])    # 打印第一个批次
```

运行结果如下：

```
tensor([[ 2,  4,  6,  8],
        [15, 18, 21, 24],
        [36, 40, 44, 48]])
```

matrix_2d.unsqueeze(0)将形状从(3,1)变为(1,3,1)，(1,3,1)的张量被广播到(2,3,4)，每个位置上的元素相乘得到最终结果。

此外，还可以将张量在不同的设备上进行传输。

```
# CUDA 张量
# 张量可以通过.to()函数转换到不同的设备上，即 CPU 或 GPU 上
x = torch.randn(1)
# 当 CUDA 可用时，可运行下面的代码，采用 torch.device()函数来改变张量是否在 GPU 上进行计算操作
if torch.cuda.is_available():
```

```
       # 定义一个 CUDA 设备对象
   device = torch.device("cuda")
          # 显示创建在 GPU 上的一个张量
y = torch.ones_like(x, device=device)
          # 也可以采用.to("cuda")
x = x.to(device)
   z = x + y
   print(z)
# .to()函数也可以改变数值类型
print(z.to("cpu", torch.double))
```

运行结果如下：

tensor([0.6872], device='cuda:0')

tensor([0.6872], dtype=torch.float64)

3. 梯度计算

在深度学习中，模型通常包含数百万甚至数十亿个参数需要优化。面对如此大规模的参数空间，传统的闭式解方法（如最小二乘法）已经无法直接求解最优参数值。这种情况下，梯度成为指导模型优化的关键工具。梯度反映了损失函数对各个参数的敏感程度，为参数更新提供方向和幅度的指导，使得这个看似不可能完成的优化任务变得可行。梯度采用迭代的优化策略，而梯度下降法就是最有效的选择之一。在梯度下降法中，通过计算损失函数相对于每个参数的梯度，沿着梯度的反方向小步（学习率）更新参数；同时，这个方向也是函数值局部下降最快的方向，如图 6-15 所示。

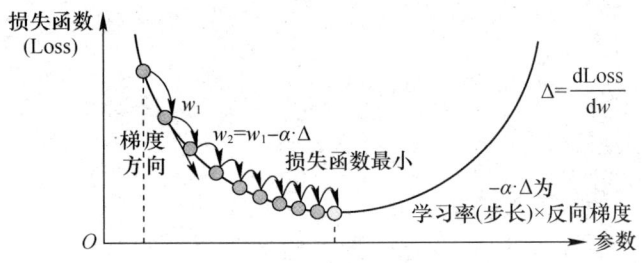

图 6-15　反向梯度传播训练示意图

PyTorch 中的自动求导机制通过 autograd 库实现。autograd 库为张量上的所有运算操作提供了自动微分功能，它采用动态图机制，这意味着反向梯度传播图是在运行时动态构建的。这种设计让 PyTorch 在处理复杂的模型时具有更大的灵活性，开发者可以根据需要随时修改反向梯度传播图。

在 PyTorch 中，梯度计算的核心是 Tensor 和 Function 两个类。当创建 Tensor 类时，设置 requires_grad=True 就能启用梯度追踪功能，系统会记录该张量上的所有操作。每个这样的张量都带有 grad_fn 属性，指向创建该张量的 Function 类，从而构建了一个完整的反向梯度传播图。计算完成后，调用 backward()函数就能自动计算所有的梯度，并将结果存储在各个张量的 grad 属性中。对于标量张量，直接调用 backward()函数即可；而对于多元张量，则需要指定一个与之尺寸匹配的梯度张量作为参数。

此外，PyTorch 还提供了一系列工具来控制梯度计算过程。detach()函数可以断开与之前计算的联系，阻止梯度继续回传；torch.no_grad()函数可以暂时禁用梯度计算，主要用于模型推理阶段。

首先加载 torch 包：

```
import torch
```

然后进行梯度属性设置：

```
# 创建一个张量，并让 requires_grad=True 来追踪该变量相关的梯度计算：
x = torch.ones(2, 2, requires_grad=True)
print(x)
```

运行效果如下：

```
tensor([[1., 1.],
        [1., 1.]], requires_grad=True)
```

```
# 执行任意计算操作，这里进行简单的加法运算：
y = x + 2
print(y)
print(y.grad_fn)
```

运行效果如下：

```
tensor([[3., 3.],
        [3., 3.]], grad_fn=<AddBackward0>)
<AddBackward0 object at 0x7f0fad8e80>
```

```
# 继续对变量 y 进行计算：
z = y * y * 3
out = z.mean()

print('z=', z)
print('out=', out)
```

运行效果如下：

```
z= tensor([[27., 27.],
        [27., 27.]], grad_fn=<MulBackward0>)

out= tensor(27., grad_fn=<MeanBackward0>)
```

注意：在 PyTorch 中，Tensor 类的 requires_grad 属性默认为 False。可以在创建张量时通过设置 requires_grad=True 来启用梯度计算，也可以在创建后通过调用 requires_grad_(True) 方法来开启。这里的下划线后缀表示这是一个 in-place（原地）操作，会直接修改张量本身的属性，这种命名方式在 PyTorch 中很常见，比如之前介绍的 add_() 计算。例如：

```
a = torch.randn(2, 2)
a = ((a * 3) / (a - 1))
print(a.requires_grad)
a.requires_grad_(True)
print(a.requires_grad)
b = (a * a).sum()
print(b.grad_fn)
```

运行效果如下：

```
False
True
<SumBackward0 object at 0x7f0fad8e80>
```

从梯度的概念介绍中可知，计算梯度的主要作用是用于反向传播，以获得模型的最优参数值。如前所述，$out = \overline{3 \cdot (x + 2) \cdot (x + 2)}$ 是一个求平均结果的标量（"—"为求平均值算子符号），因此，调用 out.backward() 实际上等价于调用 out.backward(torch.tensor(1.))：

```
out.backward()
# 输出梯度 d(out)/dx
print(x.grad)
```

运行效果如下：

```
tensor([[4.5000, 4.5000],
        [4.5000, 4.5000]])
```

综上可知，得到元素都为 4.5 的矩阵。由于 out 为 2×2 的矩阵，则

$$out = \Sigma[3 \cdot (x + 2) \cdot (x + 2)]$$

对 out 进行求导得

$$\Delta = \frac{dout}{dx}$$

由于 x 是一个初始值全为 1 的矩阵，因此，计算梯度得

$$\Delta = \frac{dout}{dx} = \frac{3 \cdot (x + 2)}{2} = \frac{9}{2} = 4.5$$

如果是一个多变量的矩阵，求导结果便是雅可比矩阵。调用 torch.autograd()函数可获得雅克比向量(vector-Jacobian)：

```
x = torch.randn(3, requires_grad=True)
# y.data.norm()指的是 y 的范数，举一个例子
# 假设 x 为[1.,2.,3.]，则 y 为[2.,4.,6.]，那么
# y.data.norm()的计算过程为: sqrt{y1^2 + y2^2 + y3^2} = sqrt{4 + 16 + 36} = 7.48
y = x * 2
while y.data.norm() < 1000:
    y = y * 2
print(y)
```

运行结果如下：

```
tensor([320.6650, 740.9059, 840.2358], grad_fn=<MulBackward0>)
```

当输出 y 是向量（而不是标量）时的梯度计算。PyTorch 的 autograd 库在这种情况下无法直接计算完整的雅可比矩阵，但它提供了一个解决方案——通过向量与雅可比矩阵的乘积来获得需要的梯度。具体来说，当调用 backward()函数时，可以传入一个向量 v 作为参数。具体而言，v 作为求解梯度后的权重，即结果为 v·Δ。

```
v = torch.tensor([0.1, 1.0, 0.0001], dtype=torch.float)
y.backward(v)
print(x.grad)
```

运行结果如下：

```
tensor([5.1200e+01, 5.1200e+02, 5.1200e−02])
# 停止追踪变量历史进行自动梯度计算
print(x.requires_grad)
print((x ** 2).requires_grad)
with torch.no_grad():
    print((x ** 2).requires_grad)
```

运行结果如下：

```
True
True
False
```

6.4.7　数字分类神经网络设计——PyTorch 构建深度学习模型

【实验目的】

（1）熟悉 PyTorch 处理数据的方法；

（2）熟悉 PyTorch 构建深度学习模型的方法。

【实验环境】

硬件平台：高级嵌入式 AI 综合实验系统的 Jetson Nano 核心板，PC。

【实验原理与内容】

对比 5.4.2 节的 TinyML 手写数字识别实验，本实验仍然采用 MNIST 数据集，训练并实现手写数字的分类模型。

1. LeNet 模型结构

LeNet 模型结构如图 5-82 所示。为了提高模型速度，本实验设计的模型对图 5-82 所示 LeNet 模型做了如下修改。

● 按照 MNIST 数据集的图像尺寸 28×28 像素修改输入层的尺寸。

● 扩大卷积运算输出，由 LeNet 模型从第一层到第三层 1→6→16 通道数输出改为 1→16→32。

● 在卷积操作中增加 padding=2 操作。

● 激活函数：LeNet 模型中使用 Sigmoid 激活函数，本实验将在卷积层和全连接层都使用 ReLU 激活函数，提高模型训练的收敛速度。

● Dropout 层：增加 Dropout 层来减少过拟合，以提高模型的泛化能力。注意：仅在训练模型时使用。

● 全连接层的层数和神经元数量：只采用一个全连接层，神经元数量为 1568→10。

模型训练流程如下：

● 通过调用 torchvision 包加载和归一化 MNIST 训练集和测试集；

● 构建一个卷积神经网络模型；

● 定义一个损失函数；

● 在训练集上训练网络；

● 在测试集上测试网络性能。

2. 实验步骤

（1）加载包

```
# 加载 PyTorch 包
import torch
import torchvision
import matplotlib.pyplot as plt
import torch.nn as nn
from torch.autograd import Variable
import torch.utils.data as Data
```

（2）获取 MNIST 数据集并设置 batch_size

```
# 设置随机种子
torch.manual_seed(1)
# 每次训练批数的输入数据量
BATCH_SIZE=64
# 获得 MNIST 数据集，这里是训练部分数据集（训练集）
train_data=torchvision.datasets.MNIST(#训练数据
  root= './mnist/',  # 数据集存储位置
  train=True,       # 指明为训练集
  transform=torchvision.transforms.ToTensor(), # 图像预处理，将[0,255]压缩到[0,1]
    #如果没有下载，选择 True；如果已下载，选择 False
  download=False
  )
# 获得 MNIST 数据集，这里是测试部分数据集（测试集）
test_data = torchvision.datasets.MNIST(root='./mnist/', train=False, download=False)
```

```
# 按照 batch_size 批量加载训练集，并打乱数据顺序
train_loader = Data.DataLoader(dataset=train_data, batch_size=BATCH_SIZE, shuffle=True)
```

（3）可视化部分数据

```
# 读取第一个 Batch 的数据，共 64 个数字
images, label = next(iter(train_loader))
# 将多个图像拼接成一幅图像
images_example = torchvision.utils.make_grid(images)
# 将图像的通道值置换到维度，即将 PyTorch 张量转换为 NumPy 数组。转换后，张量的形状从(1, 28, 28)变为(28,
28, 1)，符合 Numpy 格式
images_example = images_example.numpy().transpose(1,2,0)
plt.imshow(images_example)
plt.show()
```

MNIST 数据集中一个 Batch 的图像如图 6-16 所示。

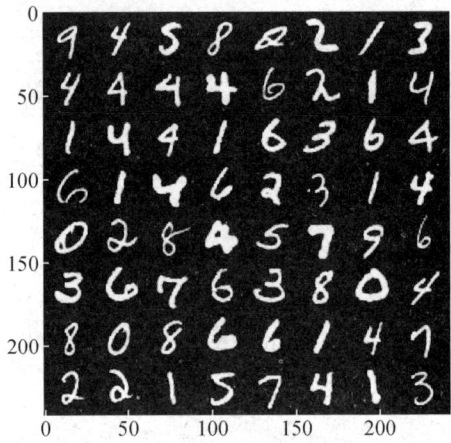

图 6-16　MNIST 数据集中一个 Batch 的图像

（4）显示其中一个数据

```
# 把一个 Batch 训练数据的第一个取出
image_array, _=train_data[0]
# 转换成 28×28 像素的矩阵
image_array=image_array.reshape(28,28)
plt.imshow(image_array)
plt.show()
```

MNIST 数据集中一个数字的图像如图 6-17 所示。

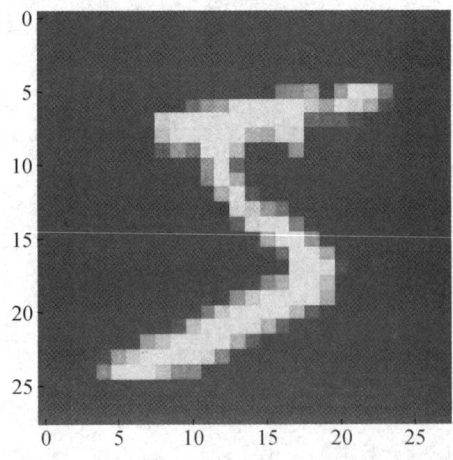

图 6-17　MNIST 数据集中一个数字的图像

（5）对测试数据做处理

```
# 测试数据不需要梯度，关闭梯度跟踪
with torch.no_grad():
    # 对数据张量增加一个维度，从(2000, 28, 28)变为(2000, 1, 28, 28)，并压缩到[0, 1]
    test_x=Variable(torch.unsqueeze(test_data.data, dim=1)).type(torch.FloatTensor)/255.
# 标签
test_y=test_data.targets
```

（6）定义卷积神经网络模型

```
class CNN(nn.Module):
  def __init__(self):
    super(CNN, self).__init__()
    self.conv1 = nn.Sequential(  # input shape (1, 28, 28)
        nn.Conv2d(
            in_channels=1,       # 输入图像的通道数
            out_channels=16,     # 输出图像（张量）通道数
            kernel_size=5,       # 卷积核尺寸
            stride=1,            # 卷积核滑动步长
            padding=2,           # 如果想要卷积处理后的图像尺寸保持不变，padding 设置为(kernel_size-1)/2
        ),                       # 输出张量维度为(16, 28, 28)
        nn.ReLU(),               # 激活函数
        # 在 2×2 窗口中向下采样，输出张量的维度为(16, 14, 14)
        nn.MaxPool2d(kernel_size=2),
    )
    self.conv2 = nn.Sequential(  # 对应的参数可参考 conv1
        nn.Conv2d(16, 32, 5, 1, 2),
        nn.ReLU(),
        nn.MaxPool2d(2),                  # 输出张量维度为(32, 7, 7)
    )
           # 全连接层，输出 10 个值
    self.out = nn.Linear(32×7×7, 10)
  def forward(self, x):
    x = self.conv1(x)
    x = self.conv2(x)
    # 展平张量为(batch_size, 32×7×7)维度
    x = x.view(x.size(0), -1)
    output = self.out(x)
    return output

cnn = CNN()
print(cnn)  # 显示模型结构
```

运行结果如下：

```
CNN(
 (conv1): Sequential(
  (0): Conv2d(1, 16, kernel_size=(5, 5), stride=(1, 1), padding=(2, 2))
  (1): ReLU()
  (2): MaxPool2d(kernel_size=2, stride=2, padding=0, dilation=1, ceil_mode=False)
 )
 (conv2): Sequential(
  (0): Conv2d(16, 32, kernel_size=(5, 5), stride=(1, 1), padding=(2, 2))
```

```
  (1): ReLU()
  (2): MaxPool2d(kernel_size=2, stride=2, padding=0, dilation=1, ceil_mode=False)
 )
 (out): Linear(in_features=1568, out_features=10, bias=True)
)
```

（7）训练模型

```
# 训练整批数据的次数设置。由于 Jetson Nano 核心板的资源限制，这里以 1 个循环次数作为例子
EPOCH=1
# 学习率设置。学习率的设置直接影响梯度调整的步长
LR=0.001
# Adam 优化函数
optimizer = torch.optim.Adam(cnn.parameters(), lr=LR)
# 损失函数（损失函数有很多种，其中 CrossEntropyLoss（交叉熵损失）适用于作为多分类问题的损失函数）
loss_func = nn.CrossEntropyLoss()
# 开始训练
for epoch in range(EPOCH):
# 定义损失值累加变量
    running_loss = 0.0
    # 每个批次的数量
    for step, (x, y) in enumerate(train_loader):
        # batch x
        b_x = Variable(x)
        # batch y
        b_y = Variable(y)
        output = cnn(b_x)                    # 模型推理输出
        loss = loss_func(output, b_y)        # 计算损失值
        optimizer.zero_grad()                # 梯度清零
        loss.backward()                      # 损失函数的反向传播
        optimizer.step()                     # 对卷积神经网络中的参数进行更新
        # 打印状态信息
        # 取出 loss 的数值，并进行累加
        running_loss += loss.item()
        # 每 100 个批次打印一次
        if step % 100 == 99:
            print('[%d, %5d] loss: %.3f %
            # 每 100 个批次就取平均
            (epoch + 1, step + 1, running_loss / 100))
            running_loss = 0.0
print('Finished Training')
```

（8）测试网络

```
test_output = cnn(test_x)
pred_y = torch.max(test_output, 1)[1].data.numpy().squeeze()
print(pred_y, 'prediction number')
print(test_y.numpy(), 'real number')
```

运行结果如下：

[7 2 1 ... 4 5 6] prediction number

[7 2 1 ... 4 5 6] real number

预测的数字与真实结果一致。本实验并未保存训练好的模型，在实际部署中有可能需要进一步将保存的模型转换为如 ONNX 格式才能跨平台和终端使用。

6.4.8　口罩检测模型设计

【实验目的】

（1）熟悉 PyTorch 处理自用数据的方法；

（2）熟悉 PyTorch 与 ONNX 格式的转换方法。

【实验环境】

硬件平台：高级嵌入式 AI 综合实验系统的 Jetson Nano 核心板，PC。

【实验原理与内容】

1．实验内容

实验原理同 5.4.3 节。本实验采用 PyTorch 框架进行模型训练，训练完成后的模型需要部署到不同的设备上进行推理。

为实现跨平台部署，本实验选用 ONNX（Open Neural Network Exchange）作为模型转换的输出格式，以实现模型的跨平台部署。

2．模型结构的设计

本实验设计的模型结构同 5.4.3 节。

3．实验步骤

（1）加载包

```
# 加载 PyTorch 包
import torch
import torch.nn as nn
import torch.optim as optim
import torch.nn.functional as F
import torchvision.transforms as transforms
from torch.utils.data import Dataset, DataLoader
import numpy as np
from PIL import Image
import os
```

（2）定义卷积神经网络模型

```
class FaceMaskCNN(nn.Module):
  def __init__(self):
    super(FaceMaskCNN, self).__init__()
    self.conv1 = nn.Conv2d(1, 32, kernel_size=3, stride=1, padding=1)
    self.conv2 = nn.Conv2d(32, 64, kernel_size=3, stride=1, padding=1)
    self.conv3 = nn.Conv2d(64, 64, kernel_size=3, stride=1, padding=1)
    self.fc1 = nn.Linear(64 * 8 * 8, 128)
    self.fc2 = nn.Linear(128, 64)
    self.fc3 = nn.Linear(64, 2)   # 输出 2 个类别：戴口罩或不戴口罩

  def forward(self, x):
    x = F.relu(self.conv1(x))
    x = F.max_pool2d(x, 2)
    x = F.relu(self.conv2(x))
    x = F.max_pool2d(x, 2)
    x = F.relu(self.conv3(x))
    x = F.max_pool2d(x, 2)
    x = x.view(-1, 64 * 8 * 8)   # 将卷积处理后的张量展平
    x = F.relu(self.fc1(x))
```

```python
        x = F.dropout(x, 0.5)
        x = F.relu(self.fc2(x))
        x = F.dropout(x, 0.5)
        x = self.fc3(x)
        return x

model = FaceMaskCNN()
```

（3）定义自定义数据集类

```python
class FaceMaskDataset(Dataset):
    def __init__(self, img_paths, labels, transform=None):
        self.img_paths = img_paths
        self.labels = labels
        self.transform = transform

    def __len__(self):
        return len(self.img_paths)

    def __getitem__(self, idx):
        img_path = self.img_paths[idx]
        label = self.labels[idx]

        # 读取图像并进行处理
        image = Image.open(img_path).convert('L')      # 转换为灰度图像
        image = image.resize((64, 64))                 # 将输入图像尺寸变换为(64, 64)

        if self.transform:
            image = self.transform(image)

        return image, label
```

（4）图像预处理

```python
transform = transforms.Compose([
    transforms.ToTensor(),   # 将图像数据转换为张量，并将数值压缩到[0, 1]
    transforms.Normalize(mean=[0.5], std=[0.5]), # 按照均值 0.5、方差 0.5 归一化
])
```

（5）准备数据集

```python
img_paths = []   # 存放图像路径
labels = []   # 存放标签

# 读取有口罩和无口罩的图像路径
with_mask = os.listdir('data/with_mask')
without_mask = os.listdir('data/without_mask')

# 给每张图像对应的标签
for img in with_mask:
    img_paths.append(os.path.join('data/with_mask', img))
    labels.append(1)   # 1 代表戴口罩

for img in without_mask:
    img_paths.append(os.path.join('data/without_mask', img))
    labels.append(0)   # 0 代表未戴口罩
```

（6）创建数据集

```python
dataset = FaceMaskDataset(img_paths=img_paths, labels=labels, transform=transform)
```

（7）按照 8：2 划分训练集和测试集

```
from sklearn.model_selection import train_test_split

train_paths, test_paths, train_labels, test_labels = train_test_split(img_paths, labels, test_size=0.2, random_state=2)

train_dataset = FaceMaskDataset(train_paths, train_labels, transform=transform)
test_dataset = FaceMaskDataset(test_paths, test_labels, transform=transform)

train_loader = DataLoader(train_dataset, batch_size=32, shuffle=True)
test_loader = DataLoader(test_dataset, batch_size=32, shuffle=False)
```

（8）定义训练函数

```
def train(model, train_loader, criterion, optimizer, device):
    model.train()
    running_loss = 0.0
    correct = 0
    total = 0

    for inputs, labels in train_loader:
        inputs, labels = inputs.to(device), labels.to(device)

        # 清空梯度
        optimizer.zero_grad()

        # 模型推理，并计算损失值
        outputs = model(inputs)
        loss = criterion(outputs, labels)

        # 反向传播，更新模型参数
        loss.backward()
        optimizer.step()

        running_loss += loss.item()

        _, predicted = torch.max(outputs.data, 1)
        total += labels.size(0)
        correct += (predicted == labels).sum().item()

    accuracy = 100 * correct / total
    return running_loss / len(train_loader), accuracy
```

（9）定义模型推理评价函数

```
def evaluate(model, test_loader, criterion, device):
    model.eval()
    running_loss = 0.0
    correct = 0
    total = 0

    with torch.no_grad():  # 关闭梯度计算，用于模型推理
        for inputs, labels in test_loader:
            inputs, labels = inputs.to(device), labels.to(device)

            # 前向传播
            outputs = model(inputs)
```

```
        loss = criterion(outputs, labels)

        running_loss += loss.item()

        _, predicted = torch.max(outputs.data, 1)
        total += labels.size(0)
        correct += (predicted == labels).sum().item()

    accuracy = 100 * correct / total
    return running_loss / len(test_loader), accuracy
```

（10）设置 Pytorch 使用 GPU 或 CPU

```
device = torch.device("cuda" if torch.cuda.is_available() else "cpu")
model = model.to(device)
```

（11）定义损失函数、优化器和学习率

```
criterion = nn.CrossEntropyLoss()
optimizer = optim.Adam(model.parameters(), lr=0.001)
```

（12）训练模型

```
num_epochs = 20
for epoch in range(num_epochs):
    train_loss, train_accuracy = train(model, train_loader, criterion, optimizer, device)
    test_loss, test_accuracy = evaluate(model, test_loader, criterion, device)

    print(f"Epoch {epoch+1}/{num_epochs}, "
        f"Train Loss: {train_loss:.4f}, Train Accuracy: {train_accuracy:.2f}%, "
        f"Test Loss: {test_loss:.4f}, Test Accuracy: {test_accuracy:.2f}%")
```

运行效果如下：

……

Epoch 17/20, Train Loss: 0.0435, Train Accuracy: 98.41%, Test Loss: 0.2518, Test Accuracy: 93.71%

Epoch 18/20, Train Loss: 0.0427, Train Accuracy: 98.51%, Test Loss: 0.3198, Test Accuracy: 92.98%

Epoch 19/20, Train Loss: 0.0343, Train Accuracy: 98.79%, Test Loss: 0.3518, Test Accuracy: 93.05%

Epoch 20/20, Train Loss: 0.0448, Train Accuracy: 98.43%, Test Loss: 0.2770, Test Accuracy: 93.18%

（13）导出模型为 ONNX 格式

```
import torch.onnx

dummy_input = torch.randn(1, 1, 64, 64).to(device)   # 假设输入是 64×64 像素的单通道图像
onnx_path = "facemask_model.onnx"
torch.onnx.export(model, dummy_input, onnx_path, verbose=True)
```

注意：由于 Jetson Nano 核心板上的 GPU 资源有限，该训练过程可以在 PC 上采用独立的 GPU 完成，转换后的 ONNX 模型为 facemask_model.onnx。

（14）在 Jetson Nano 核心板上推理单张图像

```
import onnx
import onnxruntime as ort
import numpy as np
from PIL import Image

# 加载 ONNX 模型
onnx_path = "facemask_model.onnx"   # ONNX 模型保存的路径
onnx_model = onnx.load(onnx_path)
onnx.checker.check_model(onnx_model)
```

```python
# 使用 ONNX 模型进行实时推理
ort_session = ort.InferenceSession(onnx_path)

# 定义推理函数
def predict_with_onnx(image_path):
    # 读取并预处理图像
    image = Image.open(image_path).convert('L')   # 转换为灰度图像
    image = image.resize((64, 64))   # 图像尺寸变换为 64×64 像素
    image = np.array(image, dtype=np.float32)

    # 将输入维度转换为 NCHW 格式 (batch_size, channels, height, width)
    image = image / 255.0   # 将图像值压缩到[0,1]
    image = (image −0.5) / 0.5   # 对应 transforms.Normalize(mean=[0.5], std=[0.5]), 进行归一化处理
    image = image.reshape(1, 1, 64, 64)

    # 进行模型推理
    ort_inputs = {ort_session.get_inputs()[0].name: image}
    ort_outs = ort_session.run(None, ort_inputs)

    # 对结果进行后处理，获得最大值所在输出值的位置（索引号）与最大值（置信度）
    prediction = np.argmax(ort_outs[0])
    confidence = np.max(ort_outs[0])
    result = "戴口罩" if prediction == 1 else "未戴口罩"
    return result, confidence
# 使用示例
if __name__ == "__main__":
    result, confidence = predict_with_onnx("data/with_mask/with_mask_10.jpg")
    print(f"预测结果: {result}, 置信度: {confidence:.2f}")
```

预测结果：戴口罩, 置信度: 1.55

可见输出结果准确。

（15）在 Jetson Nano 核心板上获得摄像头图像进行推理

① 加载包：

```python
# 加载 OpenCV 和 Numpy 包
import cv2
import numpy as np

# ONNX 包
import onnx
import onnxruntime as ort

# 线程相关包
import threading
import ctypes
import inspect

# 显示控件包
from jetcam.utils import bgr8_to_jpeg
import traitlets
import ipywidgets.widgets as widgets
from IPython.display import display
```

```
# 时间包
import time
from PIL import Image
```

② 定义线程结束函数：

```python
# 标准线程结束函数
def _async_raise(tid, exctype):
    #"""raises the exception, performs cleanup if needed"""
    tid = ctypes.c_long(tid)
    if not inspect.isclass(exctype):
        exctype = type(exctype)
    res = ctypes.pythonapi.PyThreadState_SetAsyncExc(tid, ctypes.py_object(exctype))
    if res == 0:
        raise ValueError("invalid thread id")
    elif res != 1:
        # """if it returns a number greater than one, you're in trouble,
        # and you should call it again with exc=NULL to revert the effect"""
        ctypes.pythonapi.PyThreadState_SetAsyncExc(tid, None)
        raise SystemError("PyThreadState_SetAsyncExc failed")


def stop_thread(thread):
    _async_raise(thread.ident, SystemExit)
```

③ 创建显示控件：

```python
disp_W = 480
disp_H = 320
mask_image = widgets.Image(format='jpeg', width= disp_W, height= disp_H)
```

④ 加载 ONNX 模型：

```python
onnx_path = "./facemask_model.onnx"
onnx_model = onnx.load(onnx_path)
onnx.checker.check_model(onnx_model)
ort_session = ort.InferenceSession(onnx_path)
```

⑤ 定义图像预处理函数：

```python
def preprocess_frame(frame):
    # 转换为灰度图像
    gray = cv2.cvtColor(frame, cv2.COLOR_BGR2GRAY)
    # 调整大小到 64×64 像素
    resized = cv2.resize(gray, (64, 64))
    # 数据格式转换
    processed = resized.astype(np.float32) / 255.0
    processed = (processed -0.5) / 0.5
    # 转换为 NCHW 格式
    processed = processed.reshape(1, 1, 64, 64)
    return processed
```

⑥ 获得摄像头设备对象：

```python
cap = cv2.VideoCapture(0)  # 使用摄像头，或替换为视频文件路径
```

⑦ 定义检测处理函数：

```python
def detect_mask():
    while cap.isOpened():
        ret, frame = cap.read()
        if not ret:
            print("视频结束...")
            break
```

```
# 预处理帧
processed_frame = preprocess_frame(frame)

# 进行模型推理
ort_inputs = {ort_session.get_inputs()[0].name: processed_frame}
ort_outs = ort_session.run(None, ort_inputs)

# 对结果进行后处理
prediction = np.argmax(ort_outs[0])
confidence = np.max(ort_outs[0])
result = "With Mask" if prediction == 1 else "Without Mask"

# 在图像上绘制结果，包括分类结果与置信度
cv2.putText(frame,
        f"{result} {confidence:.2f}",
        (10, 30),
        cv2.FONT_HERSHEY_SIMPLEX,
        1,
        (0, 255, 0) if prediction == 1 else (0, 0, 255),
        2)

# 更新显示
mask_image.value = bgr8_to_jpeg(frame)

cap.release()
```

⑧ 显示控件并启动检测线程：

```
display(mask_image)
t = threading.Thread(target=detect_mask)
t.setDaemon(True)
t.start()
```

⑨ 停止检测线程：

```
stop_thread(t)
```

运行后，戴口罩检测效果如图 6-18 所示。

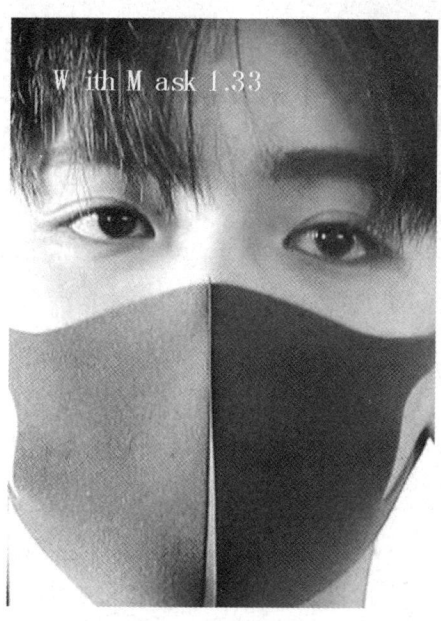

图 6-18　戴口罩检测效果

6.4.9 行人检测模型设计——采用 YOLOv5 模型

【实验目的】

（1）熟悉目标检测技术的基本过程；

（2）熟悉 YOLOv5 模型的部署方法。

【实验环境】

硬件平台：高级嵌入式 AI 综合实验系统的 Jetson Nano 核心板，PC。

【实验原理与内容】

1．目标检测概念

目标检测是计算机视觉领域的一个重要研究方向，其主要任务是在给定的图像或视频中自动识别并定位特定目标。与简单的图像分类不同，目标检测不仅需要确定目标的类别，还要精确定位目标在图像中的位置，通常使用边界框来标示目标的空间范围。这项技术需要同时解决"是什么"和"在哪里"两个基本问题，具有端到端处理、多尺度检测、实时性要求等技术特点。目标检测在智能视频监控、自动驾驶、医学影像分析等领域有着广泛应用，随着深度学习技术的发展，目标检测算法的性能得到显著提升，为计算机视觉技术在实际场景中的应用提供了重要支撑。

2．目标检测的方法

类似于人脸检测，基于 Haar 特征的目标检测是一种经典的传统检测方法。该方法使用简单的矩形特征描述图像的局部特征，通过计算矩形区域内像素值的差值得到 Haar 特征值。在检测过程中，采用 AdaBoost 级联分类器对特征进行选择和分类，通过多个分类器的级联组合，实现高效且准确的目标检测。这种方法特别适合检测结构相对固定的目标（如人脸），并且对光照变化具有良好的鲁棒性。

背景减除法是一种基于运动检测的目标检测方法，主要应用于固定摄像头场景。该方法的核心是建立可靠的背景模型，常用的建模方法包括高斯混合模型（GMM）、ViBe 等。检测过程：首先对背景进行建模，然后将当前帧图像与背景模型进行差分运算，通过设定合适的阈值，将差分结果二值化得到前景目标。为了应对光照变化、阴影等干扰，背景模型通常需要不断更新。这种方法计算简单，实时性好，但容易受到光照变化和复杂背景的影响。

YOLO 或 SSD 等是深度学习中具有代表性的目标检测方法。YOLO 将目标检测转化为回归问题，通过单次网络前向传播即可同时完成目标定位和分类。其基本原理是将输入图像划分为网格，每个网格负责预测可能落在其中的目标，直接输出目标的位置和类别信息。SSD 则采用多尺度特征图和预设框机制，在不同尺度的特征图上进行目标检测，能够更好地处理不同尺度的目标。这两种方法都属于端到端的目标检测方法，具有较快的检测速度和较好的检测精度，特别适合需要实时处理的应用场景。与传统方法相比，深度学习方法具有更强的特征表达能力和更好的泛化性能，但通常需要大量标注数据进行训练，且计算资源要求较高。

本实验对比背景减法和 YOLO 方法在行人检测中的使用。

3．背景减法行人检测基本原理

背景减法（Background Subtraction，BS）是一种基于静态摄像机实现目标检测的经典技术方法。该方法通过构建背景模型并与当前帧进行差分运算，生成前景掩码（Foreground Mask），即一个标识运动目标像素位置的二值图像。其核心思想是将图像分解为相对静态的背景部分和动态变化的前景部分，从而实现运动目标的检测和分割。

背景减法包括两个关键步骤：背景建模和前景提取。首先，系统通过对场景的持续观察建立背景模型，该模型需要能够表征场景中相对稳定的部分。其次，将当前输入帧与建立的背景模型进行像素级的差分运算，通过设定合适的阈值，将差分结果转换为二值图像，从而得到前景掩码。在前景掩码中，像素值为 1 的区域表示检测到的运动目标，像素值为 0 的区域则对应于静态背景，如图 6-19 所示。

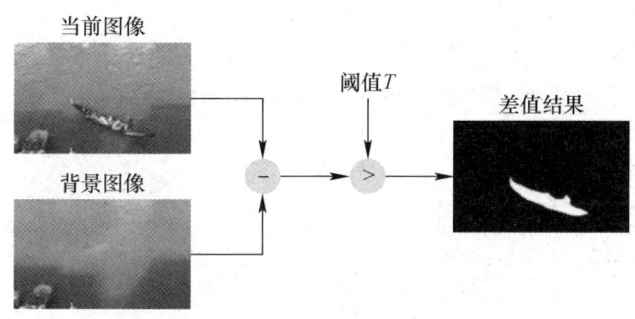

图 6-19　背景减法过程示意图

OpenCV 提供了多种背景减法的实现，其中 BackgroundSubtractorMOG 是一种基于高斯混合模型（Gaussian Mixture Model，GMM）的背景建模方法，具有较强的适应性和鲁棒性。该方法认为背景的实际分布应是多个高斯分布混合在一起，因此，使用 K 个高斯分布的混合模型（通常 K 取 3 或 5）对每个背景像素点进行建模，并根据各高斯分布在时间序列上的持续性确定其权重，从而有效区分背景和前景。其主要特点如下。

● 多模态建模：对每个像素点使用 3~5 个 GMM 进行描述，能够更好地表达背景的动态变化。

● 权重更新：根据各高斯分布在图像序列中的持续时间确定权重，持续时间越长的颜色分量，其权重越大。

● 前景判定：当新像素值与所有 GMM 的距离均超过各自 2 倍标准差时，判定为前景目标。

同时，为了保证鲁棒性，该方法具备在线持续更新机制：持续更新每个高斯分布的均值、方差和权重；动态调整 GMM 的数量，适应场景变化；通过在线学习不断优化模型参数。

4．背景减法行人检测实验步骤

（1）加载包

```python
import cv2
import numpy as np

# 线程函数操作库
# 线程
import threading
import ctypes
import inspect

# 创建显示控件
from jetcam.utils import bgr8_to_jpeg
import traitlets
import ipywidgets.widgets as widgets
from IPython.display import display
```

```
# 时间包
import time
```

（2）定义线程结束函数

```
# 标准线程结束函数
def _async_raise(tid, exctype):
    #"""raises the exception, performs cleanup if needed"""
    tid = ctypes.c_long(tid)
    if not inspect.isclass(exctype):
        exctype = type(exctype)
    res = ctypes.pythonapi.PyThreadState_SetAsyncExc(tid, ctypes.py_object(exctype))
    if res == 0:
        raise ValueError("invalid thread id")
    elif res != 1:
        # """if it returns a number greater than one, you're in trouble,
        # and you should call it again with exc=NULL to revert the effect"""
        ctypes.pythonapi.PyThreadState_SetAsyncExc(tid, None)
        raise SystemError("PyThreadState_SetAsyncExc failed")


def stop_thread(thread):
    _async_raise(thread.ident, SystemExit)
```

（3）创建显示控件

```
disp_W = 480
disp_H = 320
#创建显示控件
Pedestrians_image = widgets.Image(format='jpeg', width=disp_W, height=disp_H)
```

（4）创建图像背景减法模型

```
foreground_background = cv2.createBackgroundSubtractorMOG2()
```

（5）视频载入

```
cap = cv2.VideoCapture('./Media File/Video/walking.avi')
```

（6）视频检测函数

```
# 运动目标检测及可视化处理
while True:
    time.sleep(0.1)      # 控制帧率

    # 读取视频帧
    ret, frame = cap.read()
    if not ret:      # 检查视频是否结束
        print("Video Ending ...")
        break

    # 运动目标检测
    foreground_mask = foreground_background.apply(frame)      # 应用背景减法获取前景掩码

    # 形态学处理
    # 通过腐蚀操作去除小的噪点
    foreground_mask = cv2.erode(foreground_mask, None, iterations=2)
    # 通过膨胀操作填充目标区域空洞
    foreground_mask = cv2.dilate(foreground_mask, None, iterations=3)

    # 目标轮廓提取
```

```
# 查找前景掩码中的所有轮廓，采用外轮廓提取方式
contours, _ = cv2.findContours(foreground_mask,
            cv2.RETR_EXTERNAL,
            cv2.CHAIN_APPROX_SIMPLE)

# 按轮廓面积降序排序
contours = sorted(contours,
        key=lambda x: cv2.contourArea(x),
        reverse=True)

# 目标筛选与标注
for cnt in contours:
    area = cv2.contourArea(cnt)       # 计算轮廓面积
    if area >= 300:       # 面积阈值过滤，去除小目标干扰
        # 获取目标最小外接矩形
        (x, y, w, h) = cv2.boundingRect(cnt)
        # 在原图像上绘制检测框，蓝色，线宽 2 像素
        cv2.rectangle(frame, (x, y), (x+w, y+h), (255, 0, 0), 2)

# 结果可视化
video_img.value = bgr8_to_jpeg(frame)       # 显示检测结果
foreground_mask_img.value = bgr8_to_jpeg(foreground_mask)       # 显示前景掩码

# 释放视频资源
cap.release()
```

（7）开启线程并运行

```
display(Pedestrians_image)
t = threading.Thread(target=humman_detect)
t.setDaemon(True)
t.start()

Image(value=b'', format='jpeg', height='320', width='480')
```

（8）结束运行

```
# 结束线程
stop_thread(t)
```

背景减法行人检测效果如图 6-20 所示。

图 6-20 彩图

图 6-20　背景减法行人检测效果

5. YOLOv5 行人检测基本原理

YOLOv5 是目标检测领域的主流模型之一，它延续了 YOLO 系列一阶段检测器的设计理念，在保持高速检测能力的同时，进一步提升了检测精度。由于 YOLOv5 提供不同尺寸的模型结构，使得该模型成为嵌入式系统目标检测的主要方法之一。

YOLOv5 模型结构主要包含 4 个关键部分：Backbone（主干网络）、Neck（特征融合网络）、Head（检测头）和损失函数。其中，Backbone 采用 CSPNet 结构提取图像特征；Neck 使用 PANet 进行多尺度特征融合，增强了对不同尺度目标的检测能力；Head 则负责目标框的回归和类别预测。YOLOv5 模型结构示意图如图 6-21 所示。

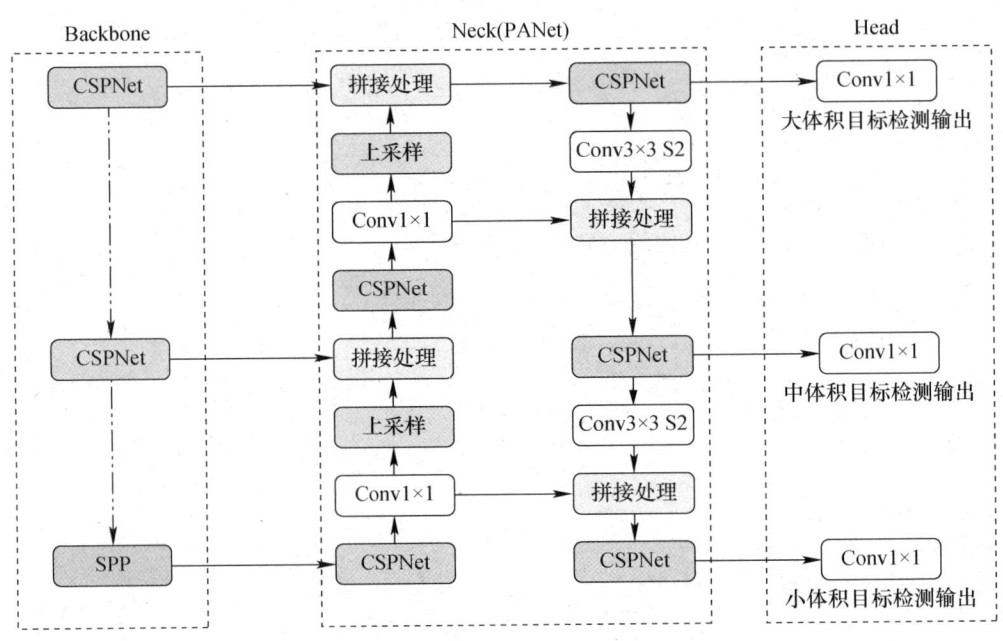

图 6-21　YOLOv5 模型结构示意图

YOLOv5 模型结构比较复杂，具体内容可参考相关资料。

YOLOv5 模型的部署与预测输出的使用紧密相关，这里着重介绍非极大值抑制（Non-Maximum Suppression，NMS）的概念。

非极大值抑制是目标检测中的一个关键后处理步骤，用于消除重复的检测框，保留最优的预测结果。在 YOLOv5 模型中，可能会遇到多个检测框重叠的情况。NMS 的主要思路：首先将所有检测框按照置信度（置信度是指有没有目标的概率或者不是背景的概率）进行降序排序，然后选取置信度最高的检测框，计算它与其余检测框的交并比（IOU，用于计算框之间面积重复的指标），将 IOU 大于设定阈值的检测框删除（因为这些框可能检测的是同一个目标），不断重复这个过程直到处理完所有的检测框。

6. 基于 YOLOv5 的行人检测实验

行人检测可看作一个二分类的检测问题，即检测出目标框的位置，以及框里的目标是行人的概率（是背景或者是行人的二分类概率）。YOLOv5 提供多种尺寸的模型，其中，YOLOv5-nano（YOLOv5n）是 YOLOv5 系列中最轻量化的版本，专门针对资源受限的设备设计，参数量约 1.9×10^6 个，仅为 YOLOv5s 的 1/4，模型大小约 4.5MB。

训练建议采用具备独立 GPU 的 PC，受限于篇幅，这里仅对模型的部署和推理做介绍，代码如下：

```python
# encoding=gbk
# 加载 OpenCV、Numpy、onnxruntime 等包
import os
import cv2
import numpy as np
import onnxruntime
import time

# 显示相关的库，用于 JupyterLab 的交互式显示
import ipywidgets.widgets as widgets      # 提供 JupyterLab 交互式控件，如窗口控件
from jetcam.utils import bgr8_to_jpeg      # 图像格式转换函数，将 RGB 图像转为 JPEG 格式图像
from IPython.display import display         # 用于 JupyterLab 中显示图像

# 目标检测类别，二分类问题只有 "person" 类（是或者不是 person 类）
CLASSES = ['person']

# YOLOv5 的推理类
class YOLOV5():
    """
    基于 ONNX 模型的 YOLOv5 推理类
    """
    def __init__(self, onnxpath):
        """
        初始化函数，加载 ONNX 模型并配置推理设备
        :param onnxpath:模型文件的路径
        """
        # 加载 ONNX 模型，使用 CUDA 加速
        self.onnx_session = onnxruntime.InferenceSession(onnxpath, providers=['CUDAExecutionProvider'])
        # 如果没有 GPU，也可以改为使用 CPU 推理
        # self.onnx_session = onnxruntime.InferenceSession(onnxpath, providers=['CPUExecutionProvider'])
        self.input_name = self.get_input_name()      # 获取模型输入名
        self.output_name = self.get_output_name()      # 获取模型输出名

    def get_input_name(self):
        """
        获取模型的输入节点名称
        :return:模型输入节点名称列表
        """
        input_name = []
        for node in self.onnx_session.get_inputs():
            input_name.append(node.name)
        return input_name

    def get_output_name(self):
        """
        获取模型的输出节点名称
        :return:模型输出节点名称列表
        """
        output_name = []
        for node in self.onnx_session.get_outputs():
            output_name.append(node.name)
        return output_name
```

```python
def get_input_feed(self, img_tensor):
    """
    构造模型输入数据
    :param img_tensor: 输入图像张量
    :return:模型所需的输入字典
    """
    input_feed = {}
    for name in self.input_name:
        input_feed[name] = img_tensor
    return input_feed


def inference(self, img_path):
    """
    对输入图像进行预处理并推理
    1. 读取图像并调整大小
    2. 颜色格式从 BGR 转换为 RGB
    3. 通道维度从 HWC 转换为 CHW
    4. 归一化处理 [0,255] -> [0,1]
    5. 增加 Batch 维度
    6. 进行模型推理
    :param img_path: 输入图像的路径
    :return:模型输出和原始图像
    """
    # 读取图像
    img = img_path
    img_o = img.copy()  # 保留原始图像
    # 调整图像大小为模型输入尺寸（640×640 像素）
    or_img = cv2.resize(img, (640, 640))
    # 转换颜色通道并调整维度顺序
    img = or_img[:, :, ::-1].transpose(2, 0, 1)   # BGR 转换为 RGB，HWC 转换为 CHW
    img = img.astype(dtype=np.float32)            # 转换为 float32 类型
    img /= 255.0                                  # 归一化处理
    img = np.expand_dims(img, axis=0)             # 增加 Batch 维度
    # 构造输入字典
    input_feed = self.get_input_feed(img)
    # 进行模型推理
    pred = self.onnx_session.run(None, input_feed)[0]
    return pred, img_o


def nms(dets, thresh):
    """
    非极大值抑制（NMS），用于去除多余的框
    :param dets: 检测框数组，每行包含[x1, y1, x2, y2, score, class]
    :param thresh: IOU 阈值
    :return: 保留下来的框索引
    """
    # 提取检测框的坐标和置信度
    x1, y1, x2, y2 = dets[:, 0], dets[:, 1], dets[:, 2], dets[:, 3]
    scores = dets[:, 4]
    areas = (y2-y1 + 1) * (x2-x1 + 1)  # 计算框面积
    keep = []  # 用于存储保留的框索引
    index = scores.argsort()[::-1]  # 按置信度从大到小排序
```

```python
    while index.size > 0:
        i = index[0]    # 选择置信度最大的框
        keep.append(i)
        # 计算当前框与其他框的重叠区域
        x11 = np.maximum(x1[i], x1[index[1:]])
        y11 = np.maximum(y1[i], y1[index[1:]])
        x22 = np.minimum(x2[i], x2[index[1:]])
        y22 = np.minimum(y2[i], y2[index[1:]])
        w = np.maximum(0, x22 - x11 + 1)
        h = np.maximum(0, y22 - y11 + 1)
        overlaps = w * h
        # 计算 IOU
        ious = overlaps / (areas[i] + areas[index[1:]] - overlaps)
        # 过滤掉 IOU 大于阈值的框
        idx = np.where(ious <= thresh)[0]
        index = index[idx + 1]
    return keep


def xywh2xyxy(x):
    """
    将 [x, y, w, h]格式转换为[x1, y1, x2, y2]，用于将目标检测框的坐标格式从中心点转换为角点表示
    :param x: 输入的检测框
    :return: 转换后的检测框
    """
    y = np.copy(x)
    y[:, 0] = x[:, 0] - x[:, 2] / 2
    y[:, 1] = x[:, 1] - x[:, 3] / 2
    y[:, 2] = x[:, 0] + x[:, 2] / 2
    y[:, 3] = x[:, 1] + x[:, 3] / 2
    return y


def filter_box(org_box, conf_thres, iou_thres):
    """
    过滤掉低置信度框并应用 NMS
    :param org_box: 原始检测框
    :param conf_thres: 置信度阈值
    :param iou_thres: IOU 阈值
    :return: 过滤后的框
    """
    org_box = np.squeeze(org_box)
    conf = org_box[..., 4] > conf_thres    # 筛选置信度大于阈值的框
    box = org_box[conf == True]
    cls_cinf = box[..., 5:]    # 获取类别置信度
    cls = [int(np.argmax(cls)) for cls in cls_cinf]
    all_cls = list(set(cls))    # 获取所有类别

    output = []
    for curr_cls in all_cls:
        curr_cls_box = np.array([b[:6] for i, b in enumerate(box) if cls[i] == curr_cls])
        curr_cls_box = xywh2xyxy(curr_cls_box)
        curr_out_box = nms(curr_cls_box, iou_thres)
        output.extend(curr_cls_box[curr_out_box])
    return np.array(output)
```

```python
def draw(image, box_data):
    """
    在图像上绘制检测框
    :param image: 原始图像
    :param box_data: 检测框数据
    """
    boxes = box_data[..., :4].astype(np.int32)
    scores = box_data[..., 4]
    classes = box_data[..., 5].astype(np.int32)
    img_height_o, img_width_o = image.shape[:2]
    x_ratio, y_ratio = img_width_o / 640, img_height_o / 640

    for box, score, cl in zip(boxes, scores, classes):
        top, left, right, bottom = box
        top = int(top * x_ratio)
        right = int(right * x_ratio)
        left = int(left * y_ratio)
        bottom = int(bottom * y_ratio)
        cv2.rectangle(image, (top, left), (right, bottom), (255, 0, 0), 2)
        cv2.putText(image, f'{CLASSES[cl]} {score:.2f}', (top, left), cv2.FONT_HERSHEY_SIMPLEX, 0.6, (0, 0, 255), 2)


if __name__ == "__main__":
    """
    主函数：实现实时目标检测
    """
    onnx_path = './model/person_jetson_opset15.onnx'
    model = YOLOV5(onnx_path)  # 初始化 YOLOv5 模型

    # 设置显示窗口的尺寸
    Img_W, Img_H = 640, 640
    Image_widget = widgets.Image(format='jpeg', width=Img_W, height=Img_H)
    display(Image_widget)

    # 打开视频文件
    cap = cv2.VideoCapture('./Video/walking2.flv')

    while True:
        ret, frame = cap.read()  # 读取视频
        if ret:
            output, in_img = model.inference(frame)  # 进行推理
            outbox = filter_box(output, 0.7, 0.5)  # 过滤框
            try:
                draw(in_img, outbox)  # 绘制检测框
                Image_widget.value = bgr8_to_jpeg(in_img)  # 显示图像
            except:
                Image_widget.value = bgr8_to_jpeg(frame)
        else:
            break

    cap.release()                    # 释放视频流
    cv2.destroyAllWindows()  # 关闭所有窗口
```

YOLOv5 模型检测行人效果图如图 6-22 所示。

图 6-22 彩图

图 6-22　YOLOv5 模型检测行人效果图

7．方法对比

（1）背景减法：该方法通过高斯建模获得背景，无须训练数据和对数据标注标签，属于无监督学习的方法之一。但背景的恢复受到当前光照等因素的影响，且需要对整张图像进行像素级的遍历操作，效率较低，无法采用 GPU 等进行算力加速。

（2）YOLOv5 模型：由模型直接输出目标位置和类型，属于端到端的方法之一，且支持 GPU 等算力加速。但精度受训练数据集规模和质量的影响较大，数据集构建难度较大。

6.4.10　MediaPipe 人手检测实验

【实验目的】

（1）熟悉 MediaPipe 的基本框架；

（2）熟悉 MediaPipe 人手检测的基本使用方法。

【实验环境】

硬件平台：高级嵌入式 AI 综合实验系统的 Jetson Nano 核心板，PC。

【实验原理与内容】

1．MediaPipe 的基本框架

MediaPipe 作为 Google 开源的跨平台机器学习解决方案框架，支持包括人脸检测、人体姿态估计、手势识别等多种预训练模型，使开发者能够快速构建端到端的机器学习应用。其核心优势在于高性能的跨平台推理能力，可在移动设备、Web 浏览器和物联网设备等多种环境下运行。

在实际应用中，MediaPipe 提供了完整的开发工具链和示例代码，支持 Python、C++、JavaScript 等多种编程语言。通过封装好的 Solutions API，开发者可以轻松集成人脸网格检测、人手关键点追踪等高级功能。

本实验采用的 Jetson Nano 核心板支持 CUDA 加速的 MediaPipe 框架，可以满足实时的处理要求。

2．MediaPipe 人手检测介绍

MediaPipe 的人手检测采用图模型，分两阶段进行检测，通过 Palm Detection 和 Hand Landmark 两个核心模型实现精确的人手关键点定位。该方案首先检测手掌区域，继而在检测到的手掌区域内进行 21 个关键点的精确定位，如图 6-23 所示。

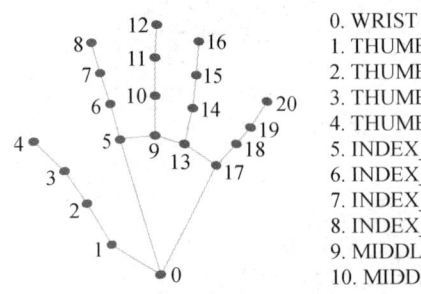

0. WRIST	11. MIDDLE_FINGER_DIP
1. THUMB_CMC	12. MIDDLE_FINGER_TIP
2. THUMB_MCP	13. RING_FINGER_MCP
3. THUMB_IP	14. RING_FINGER_PIP
4. THUMB_TIP	15. RING_FINGER_DIP
5. INDEX_FINGER_MCP	16. RING_FINGER_TIP
6. INDEX_FINGER_PIP	17. PINKY_MCP
7. INDEX_FINGER_DIP	18. PINKY_PIP
8. INDEX_FINGER_TIP	19. PINKY_DIP
9. MIDDLE_FINGER_MCP	20. PINKY_TIP
10. MIDDLE_FINGER_PIP	

图 6-23 MediaPipe 人手检测

典型的 MediaPipe 获取人手关键点检测的代码如下：

```python
# 1. 导入必要的包
import cv2   # OpenCV 包用于图像处理
import mediapipe as mp   # MediaPipe 包用于手部检测
import time   # 时间包用于 FPS 计算


"""
第一部分：系统初始化
"""
# 2. 初始化视频捕获
cap = cv2.VideoCapture(0)
# VideoCapture(0)表示使用系统默认摄像头
# 如果有多个摄像头，可以通过修改参数(1,2,...)来选择不同的摄像头

# 3. 初始化 MediaPipe 手部检测模型
mpHands = mp.solutions.hands   # 创建手部检测对象
hands = mpHands.Hands(
    static_image_mode=False,          # False 表示视频流模式，True 表示静态图像模式
    max_num_hands=2,                  # 最多检测两只手
    min_detection_confidence=0.5,     # 最小检测置信度，范围[0.0, 1.0]
    min_tracking_confidence=0.5       # 最小跟踪置信度，范围[0.0, 1.0]
)

# 4. 初始化绘图工具
mpDraw = mp.solutions.drawing_utils   # MediaPipe 提供的绘图工具

# 5. 初始化 FPS 计算参数
pTime = 0   # 前一帧的时间戳
cTime = 0   # 当前帧的时间戳


"""
第二部分：主循环处理
"""
while True:
```

```
# 6. 读取视频帧
success, img = cap.read()   # success 为布尔值，表示是否成功读取
img = cv2.flip(img, 1)      # 水平翻转图像，使其符合自拍视角


# 7. 图像预处理
imgRGB = cv2.cvtColor(img, cv2.COLOR_BGR2RGB)
# MediaPipe 需要 RGB 格式的输入，而 OpenCV 默认使用 BGR 格式


# 8. 手部检测处理
results = hands.process(imgRGB)        # 执行手部检测

# 9. 关键点检测和绘制
if results.multi_hand_landmarks:            # 如果检测到手部
    for handLms in results.multi_hand_landmarks:  # 遍历每只检测到的手
        for id, lm in enumerate(handLms.landmark):   # 遍历每个关键点
            # 获取图像尺寸
            h, w, c = img.shape   # 高度、宽度、通道数

            # 将关键点的相对坐标转换为像素坐标
            cx, cy = int(lm.x * w), int(lm.y * h)
            print(f'关键点 {id}: x={cx}, y={cy}')   # 输出关键点坐标

            # 在图像上绘制关键点
            cv2.circle(img, (cx,cy), 3, (255,0,255), cv2.FILLED)

            # 绘制手部骨架连接线
            mpDraw.draw_landmarks(
                img,
                handLms,
                mpHands.HAND_CONNECTIONS    # 定义了关键点之间的连接关系
            )


# 10. FPS 计算和显示
cTime = time.time()   # 获取当前时间戳
fps = 1 / (cTime - pTime)   # 计算 FPS
pTime = cTime   # 更新前一帧时间戳

# 在图像上显示 FPS
cv2.putText(
    img,   # 图像
    str(int(fps)),   # 显示文本（FPS 值）
    (10, 70),   # 位置坐标
    cv2.FONT_HERSHEY_PLAIN,   # 字体
    3,   # 字体大小
    (255, 0, 255),   # 颜色（紫色）
    3   # 线条粗细
)


# 11. 显示结果
cv2.imshow("Hand Detection", img)   # 显示处理后的图像


# 12. 按键检测（按 q 键退出）
if cv2.waitKey(1) & 0xFF == ord('q'):
```

```
        break

# 13. 资源释放
cap.release()    # 释放摄像头
cv2.destroyAllWindows()    # 关闭所有窗口
```

上述代码的核心部分包括：

（1）MediaPipe 手部检测器配置

```python
mpHands = mp.solutions.hands
hands = mpHands.Hands(
    static_image_mode=False,
    """
    static_image_mode 参数详解：
    - False：视频模式，使用目标跟踪来优化性能
    - True：静态图像模式，每帧都进行完整检测
    - 视频模式下性能更好，但可能在快速运动时略有延迟
    """

    max_num_hands=2,
    """
    max_num_hands 参数详解：
    - 设置最多检测的手数量
    - 范围：1~2，不建议设置更大的值
    - 检测多只手会降低性能
    """

    min_detection_confidence=0.5,
    """
    min_detection_confidence 参数详解：
    - 检测置信度阈值，范围为[0.0, 1.0]
    - 值越大，检测越严格，漏检率越高
    - 值越小，误检率越高
    - 0.5 是一个比较好的平衡点
    """

    min_tracking_confidence=0.5
    """
    min_tracking_confidence 参数详解：
    - 跟踪置信度阈值，范围为[0.0, 1.0]
    - 用于视频模式下的目标跟踪
    - 影响跟踪的稳定性和连续性
    """
)
```

（2）绘图工具初始化

```python
mpDraw = mp.solutions.drawing_utils
"""
drawing_utils 提供多种绘图功能：
- draw_landmarks：绘制关键点和连接线
- DrawingSpec：自定义绘制样式
 - color：颜色
 - thickness：线条粗细
 - circle_radius：圆点半径
"""
```

（3）手部检测处理

```python
results = hands.process(imgRGB)
"""
process 方法：
- 输入：RGB 格式图像
- 返回：包含检测结果的对象
- results.multi_hand_landmarks：包含所有检测到的人手关键点信息
- results.multi_handedness：左、右手的信息
"""


if results.multi_hand_landmarks:
    """
    检查是否检测到手：
    - multi_hand_landmarks 为 None，表示未检测到手
    - 否则包含检测到的每只手的关键点信息
    """

    for handLms in results.multi_hand_landmarks:
        """
        遍历每只检测到的手：
        - handLms 包含单只手的 21 个关键点信息
        - 每个关键点包含 x,y,z 坐标（归一化到[0,1]）
        """

        for id, lm in enumerate(handLms.landmark):
            """
            遍历单只手的所有关键点：
            - id：关键点的索引（0~20）
            - lm：关键点的坐标信息
            - lm.x：x 坐标（0~1）
            - lm.y：y 坐标（0~1）
            - lm.z：深度信息
            """

            h, w, c = img.shape
            """
            获取图像尺寸：
            - h：图像高度（像素）
            - w：图像宽度（像素）
            - c：图像通道数（一般为 3）
            """

            cx, cy = int(lm.x * w), int(lm.y * h)
            """
            坐标转换：
            - 将归一化坐标（0~1）转换为像素坐标
            - cx：x 方向的像素坐标
            - cy：y 方向的像素坐标
            """

            cv2.circle(img, (cx,cy), 3, (255,0,255), cv2.FILLED)
            """
            绘制关键点：
```

```
    - img：目标图像
    - (cx,cy)：圆心坐标
    - 3：圆的半径
    - (255,0,255)：颜色（紫色）
    - cv2.FILLED：填充圆
    """

mpDraw.draw_landmarks(img, handLms, mpHands.HAND_CONNECTIONS)
"""
绘制手部骨架：
- img：目标图像
- handLms：人手关键点信息
- HAND_CONNECTIONS：定义关键点之间的连接关系
可以通过 DrawingSpec 自定义：
- 关键点的颜色、大小
- 连接线的颜色、粗细
"""
```

其中，results.multi_hand_landmarks 包括 21 个关键点的索引分布：

```
- WRIST(0)：手腕
- THUMB_CMC(1) → THUMB_MCP(2) → THUMB_IP(3) → THUMB_TIP(4)：拇指
- INDEX_FINGER_MCP(5) → INDEX_FINGER_PIP(6) → INDEX_FINGER_DIP(7) → INDEX_FINGER_TIP(8)：
食指
- MIDDLE_FINGER_MCP(9) → MIDDLE_FINGER_PIP(10) → MIDDLE_FINGER_DIP(11) →
MIDDLE_FINGER_TIP(12)：中指
- RING_FINGER_MCP(13) → RING_FINGER_PIP(14) → RING_FINGER_DIP(15) → RING_FINGER_TIP(16)：
无名指
- PINKY_MCP(17) → PINKY_PIP(18) → PINKY_DIP(19) → PINKY_TIP(20)：小指
```

MediaPipe 人手检测效果如图 6-24 所示。

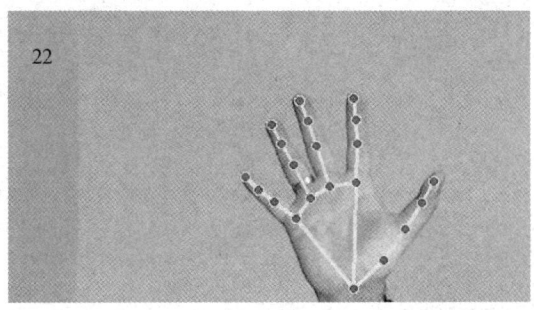

图 6-24　MediaPipe 人手检测效果（22 指明当前处理速度为 22 帧/秒）

3．MediaPipe 空中手写

基于 MediaPipe 的手指尖检测，主要包括以下功能：

● 实时检测并追踪人手关键点；
● 通过食指和中指的相对位置控制书写；
● 在虚拟画布上实时绘制轨迹；
● 支持清除画布和实时预览。

代码如下：

```python
import cv2   # OpenCV 包，用于图像处理和显示
import mediapipe as mp   # MediaPipe 包，用于人手关键点检测
import numpy as np   # NumPy 包，用于数组运算
```

```python
# ---------- 初始化 MediaPipe 手部检测器 ----------
mp_hands = mp.solutions.hands
hands = mp_hands.Hands(
    static_image_mode=False,        # 设置为 False 以启用视频流检测模式
    max_num_hands=1,                # 最多检测一只手
    min_detection_confidence=0.7,   # 检测置信度阈值
    min_tracking_confidence=0.5     # 追踪置信度阈值
)
# 初始化 MediaPipe 绘图工具
mp_draw = mp.solutions.drawing_utils

# ---------- 初始化绘图环境 ----------
# 创建黑色画布，大小为 480×640 像素
canvas = np.zeros((480, 640, 3), dtype=np.uint8)
# 初始化食指位置追踪变量
prev_x, prev_y = 0, 0   # 记录上一帧食指位置
writing = False         # 标记是否正在书写

# ---------- 配置视频捕获 ----------
cap = cv2.VideoCapture(0)   # 打开默认摄像头

# ========== 主循环 ==========
while cap.isOpened():
    # --- 1. 图像获取与预处理 ---
    success, image = cap.read()   # 读取一帧图像
    if not success:
        continue   # 如果读取失败，跳过当前帧

    # 水平翻转图像，创建镜像效果，使书写更直观
    image = cv2.flip(image, 1)

    # 将 BGR 格式转换为 RGB 格式（MediaPipe 要求 RGB 格式输入）
    image_rgb = cv2.cvtColor(image, cv2.COLOR_BGR2RGB)
    # 执行人手关键点检测
    results = hands.process(image_rgb)

    # --- 2. 人手关键点检测与处理 ---
    if results.multi_hand_landmarks:
        for hand_landmarks in results.multi_hand_landmarks:
            # 在原始图像上绘制关键点和连接线
            mp_draw.draw_landmarks(
                image,   # 目标图像
                hand_landmarks,   # 关键点数据
                mp_hands.HAND_CONNECTIONS   # 关键点连接关系
            )

            # 提取食指指尖坐标（关键点 8）
            index_finger = hand_landmarks.landmark[8]
            # 将相对坐标转换为像素坐标
            x = int(index_finger.x * image.shape[1])
            y = int(index_finger.y * image.shape[0])

            # 提取中指指尖坐标（关键点 12）
```

```python
        middle_finger = hand_landmarks.landmark[12]
        middle_y = int(middle_finger.y * image.shape[0])

    # --- 3. 书写控制逻辑 ---
    # 当食指高于中指时激活书写模式
    if y < middle_y:
        if not writing:
            # 开始新的笔画
            writing = True
            prev_x, prev_y = x, y
        else:
            # 继续当前笔画，在画布上绘制线段
            cv2.line(canvas, (prev_x, prev_y), (x, y),
                color=(255, 255, 255),  # 白色线条
                thickness=2)  # 线条粗细
            # 更新上一帧位置
            prev_x, prev_y = x, y
    else:
        # 当食指低于中指时停止书写
        writing = False


    # --- 4. 图像合成 ---
    # 将画布内容叠加到原始图像上
    # 1. 创建画布的灰度遮罩
    mask = cv2.cvtColor(canvas, cv2.COLOR_BGR2GRAY)
    # 2. 创建遮罩的反转图像
    mask_inv = cv2.bitwise_not(mask)
    # 3. 将原始图像中的书写区域置黑
    img_bg = cv2.bitwise_and(image, image, mask=mask_inv)
    # 4. 提取画布中的书写内容
    img_fg = cv2.bitwise_and(canvas, canvas)
    # 5. 合并背景和书写内容
    combined = cv2.add(img_bg, img_fg)

    # --- 5. 显示结果 ---
    cv2.imshow('Finger Writing', combined)

    # --- 6. 键盘控制 ---
    key = cv2.waitKey(1) & 0xFF
    if key == ord('c'):
        # 按 c 键清除画布
        canvas = np.zeros_like(canvas)
    elif key == ord('q'):
        # 按 q 键退出程序
        break

# ---------- 资源释放 ----------
# 释放摄像头
cap.release()
# 关闭所有 OpenCV 窗口
cv2.destroyAllWindows()
# 关闭 MediaPipe 手部检测器
hands.close()
```

上述代码的核心部分解释如下。

（1）MediaPipe Hands 模块

该模块负责实时捕获和分析手部关键点信息，通过摄像头实时识别和定位手部各个关键点，为后续的书写行为提供必要的输入数据。

```
# 初始化 MediaPipe 手部检测器
mp_hands = mp.solutions.hands
hands = mp_hands.Hands(
    static_image_mode=False,        # 设置为 False 以启用视频流检测模式
    max_num_hands=1,                # 最多检测一只手
    min_detection_confidence=0.7,   # 检测置信度阈值
    min_tracking_confidence=0.5     # 追踪置信度阈值
)
```

MediaPipe Hands 模块的主要功能如下。

● 实时手部检测：使用 MediaPipe Hands 模块实时捕捉并定位手部 21 个关键点。

● 关键点提取：重点提取食指指尖（索引 8）和中指指尖（索引 12）坐标，用于后续的书写控制。

● 坐标系转换：将 MediaPipe 提供的归一化坐标转换为图像像素坐标，实现位置到实际画面的精确映射。

（2）手势书写控制模块

该模块负责将手部姿态转换为书写行为的控制指令，根据手势的实时变化控制虚拟笔画的绘制与断续。

```
# 提取关键点坐标
index_finger = hand_landmarks.landmark[8]        # 食指指尖
middle_finger = hand_landmarks.landmark[12]      # 中指指尖
x = int(index_finger.x * image.shape[1])
y = int(index_finger.y * image.shape[0])
middle_y = int(middle_finger.y * image.shape[0])

# 书写控制逻辑
if y < middle_y:  # 食指高于中指时触发书写
    if not writing:
        writing = True
        prev_x, prev_y = x, y   # 开始新笔画
    else:
        cv2.line(canvas, (prev_x, prev_y), (x, y),
                 color=(255, 255, 255), thickness=2)   # 绘制线段
        prev_x, prev_y = x, y   # 更新位置
else:
    writing = False   # 停止书写
```

手势书写控制模块的主要控制机制如下。

● 手势识别机制：通过分析食指和中指的相对位置关系判断书写状态，当食指位置高于中指时触发书写动作。

● 轨迹控制机制：连续轨迹生成和笔画断续控制，通过手势的变化实现虚拟书写的自然断续性。

（3）图像合成显示模块

该模块负责将虚拟书写内容与实时摄像头画面进行融合，实现书写轨迹的实时显示效果。

```
# 图像合成处理
mask = cv2.cvtColor(canvas, cv2.COLOR_BGR2GRAY)        # 创建画布灰度遮罩
mask_inv = cv2.bitwise_not(mask)                        # 创建反转遮罩
img_bg = cv2.bitwise_and(image, image, mask=mask_inv)   # 背景图像处理
img_fg = cv2.bitwise_and(canvas, canvas)                # 前景书写内容
combined = cv2.add(img_bg, img_fg)                      # 合并背景和前景
```

图像合成显示模块的主要设计思路如下。

● 多层图像处理：将实时摄像头画面作为背景层，虚拟书写内容作为前景层，通过遮罩控制合成方式。

● 图像混合算法：使用位操作和遮罩技术实现前景与背景的无缝合成，确保书写轨迹的清晰显示和平滑过渡效果。

手指检测画线效果如图 6-25 所示。

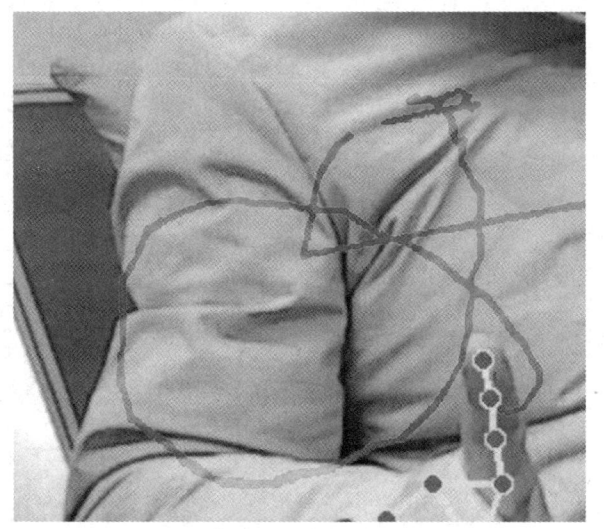

图 6-25 彩图

图 6-25　手指检测画线效果

参 考 文 献

[1] P G Depledge. a Review of Available Microprocessors[J]. International Journal of Electrical Engineering Education, 1979, 16(2-3): 114-123.

[2] K J Ayala. the 8051 Microcontroller[M]. Prentice Hall, 2000.

[3] M A Mazidi, S Naimi. AVR Microcontroller and Embedded Systems[M]. Pearson India, 2010.

[4] 邹颖婷, 李绍荣. ARM9 上的嵌入式 Linux 系统移植[J]. 自动化技术与应用, 2009(6): 43-45.

[5] 朱辰, 黄崇文, 刘冬, 等. 基于云边协同的嵌入式人工智能与物联网实验教学系统的设计及应用. 实验室研究与探索, 2025(6): 1-7.

[6] 胡恒, 金凤林, 郎思琪. 移动边缘计算环境中的计算卸载技术研究综述[J]. 计算机工程与应用, 2021, 57(14): 60-74.

[7] 施巍松, 孙辉, 曹杰, 等. 边缘计算: 万物互联时代新型计算模型[J]. 计算机研究与发展, 2017, 54(05): 907-924.

[8] 王丽轩, 李晟, 唐庆鑫. 基于 STM32 的嵌入式 BP 神经网络训练平台设计与手写数字识别应用[J]. 长江信息通信, 2025, 38(03): 172-174, 196.

[9] M Beck. Linux 内核编程指南[M]. 3 版. 北京: 清华大学出版社, 2004.

[10] 宋宝华. LINUX 设备驱动开发详解[M]. 北京: 人民邮电出版社, 2010.

[11] 鸟哥. 鸟哥的 Linux 私房菜: 基础学习篇[M]. 北京: 人民邮电出版社, 2010.

[12] 商斌. Linux 设备驱动开发入门与编程实践[M]. 北京: 电子工业出版社, 2009.

[13] 陆文周. Qt5 开发及实例[M]. 2 版. 北京: 电子工业出版社, 2015.

[14] 朱兆祺, 李强, 袁晋蓉. 嵌入式 LINUX 开发实用教程[M]. 北京: 人民邮电出版社, 2014.

[15] 郭霖. 第一行代码 Android[M]. 3 版. 北京: 人民邮电出版社, 2020.

[16] 郭宏志. Android 应用开发详解[M]. 北京: 电子工业出版社, 2010.

[17] 陈去疾, 李敬华, 郭华磊. JNI 在 Android 硬件开发中的应用[J]. 电信快报, 2014, (01): 27-29.

[18] 吴建邦, 邱天, 张昕, 等. TinyML 的研究现状及展望[J]. 单片机与嵌入式系统应用, 2023, 23(02): 7-11.

[19] G M Iodice. TinyML Cookbook[M]. Packt Publishing, 2023.

[20] 漆强. 嵌入式系统设计: 基于 STM32CubeMX 与 HAL 库[M]. 北京: 高等教育出版社, 2022.

[21] Y Lecun, L Bottou. Gradient-based Learning Applied to Document Recognition[J]. Proceedings of the IEEE, 1998, 86(11): 2278-232.

[22] 李立宗. OpenCV 轻松入门: 面向 Python[M]. 2 版. 北京: 电子工业出版社, 2023.

[23] 王博, 周蓝翔, 陈云. 深度学习框架 PyTorch 入门与实践[M]. 北京: 电子工业出版社, 2022.

[24] 周志华. 机器学习[M]. 北京: 清华大学出版社, 2016.

[25] 叶光泽, 童宣科, 侯保冀. 基于 Jetson Nano 的人脸口罩识别系统设计[J]. 电子产品世界, 2024, 31(1): 44-47.

反侵权盗版声明

电子工业出版社依法对本作品享有专有出版权。任何未经权利人书面许可，复制、销售或通过信息网络传播本作品的行为；歪曲、篡改、剽窃本作品的行为，均违反《中华人民共和国著作权法》，其行为人应承担相应的民事责任和行政责任，构成犯罪的，将被依法追究刑事责任。

为了维护市场秩序，保护权利人的合法权益，我社将依法查处和打击侵权盗版的单位和个人。欢迎社会各界人士积极举报侵权盗版行为，本社将奖励举报有功人员，并保证举报人的信息不被泄露。

举报电话：（010）88254396；（010）88258888

传　　真：（010）88254397

E-mail： dbqq@phei.com.cn

通信地址：北京市万寿路 173 信箱

　　　　　电子工业出版社总编办公室

邮　　编：100036